重大疫情防控与生态环境治理

杜欢政 等 著

内 容 提 要

本书系统梳理了国内外重大疫情的发生、发展，分析了重大疫情与生态环境治理之间的关系，论述了重大疫情下不同区域的环境卫生管理规范、废弃物管理、环境信息管理系统和应急机制建设等内容，阐述了当下疫情如何解决，如何从环境管理的角度来预防重大疫情等问题，旨在为将来重大疫情的管理提供有力参考。本书基于重大疫情防控，探讨其对生态环境管理的要求和挑战，以及如何提升生态环境管理水平，这在国内尚属首次，对于完善生态环境管理体系建设具有重要的创新性突破。

图书在版编目(CIP)数据

重大疫情防控与生态环境治理 / 杜欢政等著. —上海：同济大学出版社，2020.5

ISBN 978-7-5608-9264-1

Ⅰ.①重… Ⅱ.①杜… Ⅲ.①疫情管理—关系—生态环境—环境综合整治—研究—中国 Ⅳ.①X321.2

中国版本图书馆 CIP 数据核字(2020)第 093145 号

重大疫情防控与生态环境治理

杜欢政 等 **著**

责任编辑 华春荣 翁 晗 **责任校对** 徐春莲 **封面设计** 唐思雯

出版发行 同济大学出版社 www.tongjipress.com.cn
(地址:上海市四平路 1239 号 邮编:200092 电话:021-65985622)
经 销 全国各地新华书店
排 版 南京文脉图文设计制作有限公司
印 刷 江阴市机关印刷服务有限公司
开 本 710 mm×1000 mm 1/16
印 张 15.5
字 数 310 000
版 次 2020 年 5 月第 1 版 2020 年 5 月第 1 次印刷
书 号 ISBN 978-7-5608-9264-1

定 价 98.00 元

序　言

生态环境治理对疫情防控具有重要影响。新型冠状病毒在干燥的环境当中，存活时间只有 48 小时，在空气当中暴露 2 小时以后，它的活性就明显地下降。可见，外部环境对病毒传播是有影响的。一般说来，宏观生态环境的破坏会带来自然灾害的发生，人体微观生态的失衡则会导致疾病发生、发展。当前，新冠肺炎疫情防控进入了常态化，要全面杜绝病毒传播风险，就必须系统强化生态环境治理，从源头上做好隔离、保护、预防措施。

同济大学杜欢政教授团队 30 年以来一直从事生态环境治理研究，在城市废弃物、智能环卫、厕所革命、垃圾处置、环境治理等诸多领域形成了系统研究，不仅在理论研究方面开展了大量探索，而且联合企业在再生资源回收体系构建、医疗废弃物收集处置、环卫工人保险制度建设、大数据在城市环境管理的应用等实践方面积累了丰富经验。杜欢政教授团队以把论文写在祖国大地上为目标，坚持"以重大问题为导向—形成系统解决方案—突出应用实践效果—实现理论再提升"研究路径，在这次疫情期间，他们从重大疫情防控与生态环境治理角度进行了相关梳理总结，快速地形成了本书。此书立足中国生态环境治理及当前疫情防控实际，既丰富和发展了重大疫情防控与生态环境治理相关理论，又为实现疫情防控与生态环境治理互相协调、双向促进提供了政策与实践指南；既是应对当前疫情防控的生态环境治理方案又是提升生态环境治理水平的疫情防控贡献；对中国及全球疫情防控与生态环境治理具有较强的借鉴参考价值，是一本不可多得的专业书籍。总体来看，此书具有以下三方面特点：

一是从理论上系统梳理了重大疫情与生态环境的关系。较为深入地阐述了重大疫情对生态环境管理带来的挑战，以及强化生态环境系统保护对减少重大疫情发生的积极作用，从建立健全生态环境管理体系、加强生态环境应急管理等角度对疫情防控作了深入思考。

二是既有较强的实践应用价值又有一定的理论深度。本书可运用于当前疫情防控和未来疫情发生时的生态环境治理实践，特别是在国家将生态文明建设纳入中国特色社会主义事业总体布局、中国生态环境管理工作越来越重要，以及当前疫情防控进入常态化的背景下，其实践价值更为凸显。本书又可作为从当前中国新冠肺炎疫情防控期间生态环境治理的成功实践、先进经验层面的理论概括，弥补了目前缺乏相关系统理论研究的不足，具有较强的学术价值。所以，无论是对实际部门还是高等院校，本书都具有较强的参考借鉴价值。

三是既从当前疫情实际出发又考虑了未来出现疫情如何防治。对医院、农贸市场、公共场所、学校、社区、生产场所、办公楼宇等不同类型区域环境提出了系统治理方案，对消杀和个人防护、医疗废物、有害垃圾、废水、厨余垃圾、可回收垃圾等各类环境污染物管理提出了具体解决办法，并考虑了环境管理信息化系统与环境治理能力建设，对今后的实际工作有指导作用。

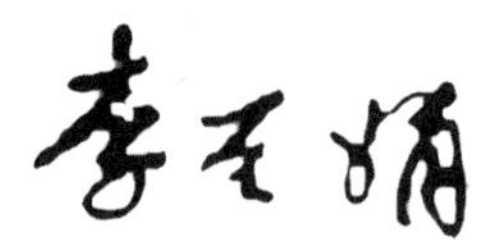

中国工程院院士
浙江大学教授
国家卫健委高级别专家组成员
2020 年 5 月 4 日

前　言

新冠肺炎疫情这一近百年来传播速度最快、感染范围最广、防控难度最大的突发公共卫生事件发生后，在以习近平同志为核心的党中央坚强领导下，中国坚持以人民为中心，采取最全面、最严格、最彻底的防控举措，取得了疫情防控阶段性重要成效。习近平总书记指出："这次疫情是对我国治理体系和能力的一次大考，我们一定要总结经验、吸取教训。"

自新冠肺炎疫情发生以来，我们团队围绕疫情防控与生态环境治理进行了大量研究，针对疫情防控中出现的、暴露的生态环境治理短板和不足，如环卫工人保险机制、菜市场及社区环境管理等方面，形成了13篇决策咨询报告并提交政府部门参考，部分成果获得中央相关领导人的重要肯定批示，部分成果转换成为国家及地方政府相关政策，在这一轮的新冠肺炎疫情防控中发挥了积极作用。

在此过程中，笔者深感当前关于重大疫情防控与生态环境治理相关研究尚未形成系统的理论体系。为现阶段更好地应对国内外新冠肺炎疫情防控形势、完善常态化疫情防控举措，预防今后重大疫情的发生，有必要对当前新冠肺炎疫情下的生态环境治理理论与实践研究成果进行系统总结梳理。本书试图立足中国实际，遵循重大疫情防控规律，努力在重大疫情防控和生态环境治理方面丰富发展相关理论体系，形成一套理论与实践相结合的系统解决方案。既是为适应当前常态化疫情防控和今后重大疫情突发时提升生态环境治理水平提供思路，又是响应党的十九大提出"成为全球生态文明建设的重要参与者、贡献者、引领者"重要号召，为全球疫情防控与生态环境治理探索出一套行之有效的"中国方案"。

本书由我为主，联合中国人民大学环境学院靳敏教授、应急管理部中国安全生产科学研究院职业危害研究所杜欢永副所长等相关专家共同策划撰写。同济大学博士研究生、江西省发展改革研究院综合部主任刘飞仁协助我进行总体设计、撰写、修改等工作。参加写作的有:同济大学博士研究生盛凡凡、王晓洁、张威威、闵庆峰、许元荣,中国人民大学硕士研究生于钟涵、刘明昕,美国宾夕法尼亚州立大学杜丰洋等。本书能够顺利完成与整个团队的互相理解、密切协作、辛勤努力是分不开的。本书还凝聚着各方支持、帮助和宝贵智慧,从大纲制订、初稿撰写、反复修改再到最后定稿出版的整个过程,得到了同济大学、中国人民大学等高校领导及国家应急管理部、生态环境部等政府部门领导的亲切关怀和指导,在此一并表示衷心的感谢,也要感谢同济大学出版社为此书出版所付出的大量辛勤劳动!在本书的研究和写作过程中,我们参考借鉴了大量国内外学者的宝贵研究成果,在此对相关作者致以最诚挚的感谢!

受水平和时间限制,本书研究仍显粗糙,部分领域研究不够深入、系统、全面,特别是随着疫情形势变化和生态环境治理要求的提升,还有很多方面需要不断补充完善。本书作为较早探索重大疫情防控与生态环境治理的一种尝试,希望能够"抛砖引玉",让更多的人关注疫情防控与生态环境治理,为完善治理体系、推进生态文明建设,为更好地满足人民日益增长的优美生态环境需要作出应有贡献。

2020 年 4 月 26 日

目　录

第1章　绪　　论

自古以来，人类一直都在与各种传染病进行着漫长的交锋，它们不仅威胁着人类个体的生命健康，同时损害着社会安全、经济安全、政治安全与环境安全。现今，全球人口快速增长，人口流动迁移范围愈来愈广，城市化进程也不断加快，在某一地区暴发的传染病会在全球范围内迅速传播，在短时间内导致全球性危机。SARS、甲型H1N1流感、埃博拉、寨卡等疫情的相继暴发，使人们重新认识到传染病所带来的威胁。世界卫生组织认为，21世纪，人类又回到了同传染病斗争的时代。

2019年12月，我国开始出现不明原因肺炎病例，并在短时间内迅速发展成一起特别重大的传染病疫情。经医学研究证明，引起此次肺炎疫情的病原体是一种新发现的冠状病毒，官方命名为“新型冠状病毒”，以下简称“新冠病毒”，由此引发的肺炎官方命名为“新型冠状病毒肺炎”，英文名称为COVID-19，以下简称“新冠肺炎”。

面对突如其来的疫情，我国果断开展全国范围内的疫情防控阻击战，各地纷纷启动重大突发公共卫生事件一级响应机制，并出台严格的疫情防控措施细则。尽管我国在各方面均采取了有力措施，但重大疫情带来的危害仍然是惨重的。截至2020年3月27日，全球累计确诊新冠肺炎病例542 816例，累计死亡24 752例，涉及198个国家及地区。新冠肺炎疫情的暴发再次为人们应对全球范围传染性疾病敲响了警钟。

近年来，人类活动对野生动植物栖息地造成空前的破坏，野生动物被迫与人类住区有更多的接触，它们机体中的病原体越来越容易感染家畜和人类，不仅可能加速病毒的进化，还会导致疾病多样化。不仅如此，生态环境治理的不健全不完善使得人类驯养、非法捕杀与食用野生动物的现象越来越普遍,《地球生命力报告 2018》显示,1970 年至 2014 年间全球野生动物种群规模总体下降了 60%,这一惊人数据是一个噩兆,是我们对地球施加压力的终极指证,最终导致对野生动物的伤害回归到我们人类自身。全面、健全的生态环境治理不但有助于维护生态平衡、提升环境质量,还有助于防范重大疫情的发生。

生态环境治理在重大疫情中所起的作用不仅只发挥在源头防范上。在此次疫情防控阻击战中,环境治理领域作为第二战场,在公共区域的保洁清扫、日常消杀以及医疗废物、生活垃圾的收运处理等方面都为打赢疫情战役提供了重大保障,在控制疫情、消灭疫情方面的重要作用亦不容忽视。基于此,如何加强生态环境治理以防范重大传染病疫情的再次产生与发展,如何在疫情暴发后采取强有力的环境管控措施以遏制其快速蔓延和传播,应逐渐成为人们关注的重点。

本章旨在对重大疫情及重大疫情与生态环境相关的重要信息进行解释说明,以为后文做相关理论方面的基础铺垫。第一部分首先介绍重大疫情的相关定义,包括重大传染病疫情的概念界定、分类分级以及各种传播途径的解释说明;第二部分旨在解读新冠肺炎疫情中出现的各种常用术语,包括潜伏期、密切接触者、突发公共卫生事件等,以便后续阅读理解;第三部分就其他国际重大疫情中出现的常用术语进行补充说明;最后一部分阐述了疫情与生态环境相联系的相关概念。

1.1 重大疫情的概念界定及特征描述

1.1.1 概念界定

疫情,被解释为疫病的发生和蔓延;疫病,则是指发生在人、动物或植物身上,具有可传染性的疾病的统称。因而我们通常所说的重大疫情,实际上指的是重大传染病疫情。

传染病之所以引起人们的广泛关注,除了导致的疾病本身,更为重要的是其所具有的传染性和传播力对健康人构成的威胁。从专业角度来讲,传染病是由各种病原体(病原微生物或寄生虫)感染人体后引起的能在人与人、动物与动物或人与动物之间相互传播的一类疾病。

重大传染病疫情是指在一定区域内,一定时间段内,发生一定数量的传染病,造成或者可能造成社会公众健康严重损害的传染病疫情,属于突发公共卫生事件,我国当前暴发的新冠肺炎与2003年的SARS均属于重大传染病疫情。

1.1.2 特征描述

1. 影响范围的广泛性

可造成重大传染病疫情的疫病一般都极具传染性,尤其是在交通工具日益发达的全球化时代,疫病可在短时间内跨地区蔓延,甚至造成全球性传播。例如截至2020年3月27日,短短时间内,新冠肺炎疫情已蔓延至我国全部31个省市区,全球范围内198个国家及其海外领土均受到疫情影响;再如2009年爆发的甲型H1N1流感疫情,据世界卫生组织通报,截至2009年12月27日,全球超过208个国家和地区共报告实验室确诊病例60余万,至少造成12 220例死亡。

2. 发生的随机性与可控性

重大传染病疫情的暴发往往具有一定的随机性和难以预测性,这也是疫情恐怖的一大原因,但其也有可控性。在日常生活中注重各区域的环境管理,重视生态环境治理,都可减少疫情的发生概率、减轻疫情的危害。且在疫情发生初期采取科学的预控手段,可以快速压制疫情的发展,使其在影响变大之前被消灭在摇篮之中。即使在疫情暴发期间,如能采取科学的应对方式与应急管理机制,也可抑制其对人类社会的影响,减轻重大传染病疫情产生的危害。

3. 后果的复杂性与灾难性

重大传染病疫情的暴发,不仅会影响到个人的日常生活与生命健康,也会影响到企业工厂的正常生产秩序,还会影响社会经济的发展与国家政治的稳定。在全球化时代,各国命运相连、休戚相关,人类社会是一个“你中有我、我中有你”的命运共同体,面对疫情,更是任何一个国家都难以独善其身。若不采取有效的防控措施，疫情一旦暴发到不可控制的局面，极可能酿成一场全球性的大灾难。

1.2 重大疫情的分类与等级划分

1.2.1 分类

根据不同的分类标准，重大传染病疫情可以分为不同类型。

(1) 按照重大传染病疫情发生所波及的范围可以分为局限型疫情与非局限型疫情。局限型疫情是指发生在局部区域，不向其他区域蔓延的传染病疫情，如 1988 年上海市爆发的甲肝疫情；非局限型疫情是指传染病疫情向其他区域蔓延，造成更大范围出现疫情的情况，如"非典"疫情首先出现在广东，随后扩散至全国绝大部分地区。

(2) 按照重大传染病疫情持续的时间可以分为短期、中期与长期型疫情。一般来讲，短期型疫情的影响持续时间在 1 年以内，中期型疫情影响持续时间在 1～5 年，而长期型疫情影响持续时间在 5 年以上。

1.2.2 等级划分

依据危害程度和应采取的管理措施，传染病疫情需要采取分级管理模式。分级管理主要包括组织分级管理和措施分级管理。组织分级管理是指根据传染病疫情的性质、危害程度、涉及范围，划分为特别重大（Ⅰ级）、重大（Ⅱ级）、较大（Ⅲ级）和一般（Ⅳ级）四级，由不同行政级别的政府和相关部门组织应急处置工作。措施分级管理则是指根据传染病的危害程度，相应地采取强制管理措施、严格管理措施或监测管理措施。

《中华人民共和国传染病防治法》（以下简称《传染病防治法》）将法定管理的传染病分为强制管理传染病、严格管理传染病与监测管理传染病，即甲类、乙类和丙类三种类型。其中甲类传染病包括鼠疫、霍乱；乙类传染病包括新型冠状病毒肺炎、传染性非典型肺炎、艾滋病、病毒性肝炎、脊髓灰质炎、人感染高致病性禽流感、麻疹、流行性出血热、狂犬病、流行性乙型脑炎、登革热、炭疽、细菌性和阿米巴性痢疾、肺结核、伤寒和副伤寒、流行性脑脊髓膜炎、百日咳、白喉、新生儿破伤风、猩红热、布鲁氏菌病、淋病、梅毒、钩端螺旋体病、血吸虫病、疟疾；丙类传染病包括流行性感冒、流行性腮腺炎、风疹、急性出血性结膜炎、麻风病、流行性和地方性斑疹伤寒、黑热病、包虫病、丝虫病，除霍乱、细菌性和阿米巴性痢疾、伤寒和副伤寒以外的感染性腹泻病。除此之外，国务院卫生行政部门可根据传染病的暴发、流行情况和危害程度，决定增加、减少或者调整乙类、丙类传染病病种，新型冠状病毒肺炎就是在疫情发生之后被列入了乙类传染病名单。

《传染病防治法》同时分别为甲类、乙类、丙类传染病制定了相应的预防控制管理措施，但需要特别注意的是，在乙类传染病中，规定新型冠状病毒肺炎、传染性非典型肺炎、炭疽中的肺炭疽与人感染高致病性禽流感按照甲类传染病的预防控制措施进行管理。

我国卫计委(原卫生部)2006年出台的《国家突发公共卫生事件相关信息报告管理工作规范(试行)》中对于各类传染病的应急响应都给出了详细的标准，例如甲类传染病和按甲类措施管理的传染病，发生1例即构成重大传染病疫情，其他传染病也都给出了多长时间内出现多少例即构成重大传染病疫情的标准。但这个标准有很多不科学之处，因此有学者在全面科学的前提下，结合国家规定，界定：甲类传染病和乙类传染病当中按照甲类管理的每发生1例就构成重大传染病疫情；乙类传染病按照比例在一定区域内(比如一所学校、幼儿园、建筑工地等集体单位)、一定时间段内造成15%的人患病，丙类传染病造成25%的人患病即构成重大传染病疫情；某些少发或者是罕见传染病出现3例即构成重大传染病疫情；新发的传染病若危害严重，尽管未在国家法定报告传染病的范围之内，出现1例即构成重大传染病疫情。

1.3 重大疫情的传播途径

传染病能够在人群中流行并引发重大疫情，必须同时具备三个基本环节：传染源、传播途径和易感人群。其中传染源是指能够散播病原体的人或动物；易感人群是指对某种传染病缺乏免疫力而容易感染该病的人群；传播途径是指病原体从传染源排出后，侵入新的易感宿主前，在外界环境中所经历的全过程。因而在每一次的重大疫情防控下，人们都是通过控制三个基本环节来控制疫情的持续蔓延，即控制传染源、保护易感人群和切断传播途径。人类常见的传染病大概可分为四类，分别为呼吸道传染病、消化道传染病、血液传染病与体表传染病。其中呼吸道传染病是由病原体从人体的鼻腔、咽喉、气管和支气管等呼吸道感染侵入而引起，其传播途径多为上述空气传播，新冠肺炎与SARS等均属呼吸道传染病；消化道传染病是由病原体侵入消化道黏膜后引起的，传播途径多为上述经水或经食物传播；血液传染病是由寄生于人体血液和淋巴中的病原体所引起，主要透过血液、伤口的感染将疾病传递至另一个个体，多以吸血昆虫为传播媒介，传播途径多为上述媒介节肢动物传播、医源性传播；体表传染病又称接触传染病，由寄生于皮肤及体表黏膜的病原体引起，传播途径多为上述接触传播，感染与否主要取决于接触机会的有无及频度，其中性传播疾病也属于接触传染病。

以此次我国应对新冠肺炎疫情为例，医院设置隔离区救治确诊患者，属于控制传染源，防止传染源遗漏在外感染更多健康人；政府呼吁人们自行居家隔离，不出门不聚集，以及外出戴口罩，是切断传播途径的做法；医疗机构大力研发新冠疫苗，鼓励人们多进行体育锻炼，增强抗病能力，属于保护易感人群。我们可以看出，医院设置隔离病房集中收治确诊患者是疫情控制的基础，但对于疫情发展来说，切断传播途径是防止传染病持续蔓延的重中之重，也是疫情防控下保护健康人不被染病的重点措施。

重大疫情下切断传播途径的多项举措中，严格的环境管理应占据重要地位。包括社区及公共场所的消杀管理，医疗废物、生活垃圾等的有效处理，室内空气及废水的集中处理等，因此在重大疫情下进行环境管理必须正确认识传染病的各种传播途径，以做到对症下药，不遗漏洞。

大分类上，病原体的传播途径分为水平传播和垂直传播两种。

1.3.1 水平传播

水平传播，又称横向传播，指传染病病原体在群体与群体之间或个人与个人之间以水平形式平行传播，包括介质传播、接触传播、媒介节肢动物传播和医源性传播等方式。

1. 介质传播

介质传播指病原体通过空气、水、食物、土壤等介质进行传播，进而入侵新的易感宿主的过程，主要包括空气传播、经水传播与经食物传播等。

1）空气传播

指病原体从传染源排出后，通过空气侵入新的易感宿主的过程。如病人和病原携带者在咳嗽或打喷嚏时，将呼吸道中含有病原体的分泌物排到空气中，易感者吸入这种分泌物即可被传染。又包括经飞沫、飞沫核和尘埃三种传播方式。

• 飞沫传播

指含有大量病原体的飞沫在患病者呼气、打喷嚏、咳嗽时经口鼻排入环境，被易感者吸入进而传播疾病的过程。飞沫传播中，大的飞沫迅速降落地面，小的飞沫在空气中短暂停留，因而经飞沫传播只能累及传染源周围的密切接触者，传播范围较小。这种传播在一些拥挤的公共场所如车站、临时工棚、监狱等较易发生，对环境抵抗力较弱的流感病毒常经此方式传播。

• 飞沫核传播

又称气溶胶传播，飞沫在空气悬浮过程中失去水分而剩下的蛋白质和病原体组成的核称为飞沫核，飞沫核可以气溶胶的形式漂流至远处，易感者吸入即可感染，会使传染范围扩大，中国疾病预防控制中心已证实新冠肺炎病毒可在一定条件下形成气溶胶传播。

• 经尘埃传播

含有病原体的飞沫或分泌物落在地面上，干燥后形成尘埃，易感者吸入后即可感染，对外界环境抵抗力较强的病原体如结核杆菌、炭疽杆菌芽孢等可通过尘埃传播。

2）经水传播

经水传播是指病原体从传染源排出后，通过水侵入新的易感宿主的过程。饮用污染的水或在其中活动（游泳、洗澡等），均可被感染，霍乱、痢疾、病毒性甲型肝炎等均可经水传播。经水传播的传染病常呈现流行或暴发状态，传播范围的大小和发病率的高低与水源的类型、供水范围、水被污染的程度和频率、病原体的种类、居民的卫生习惯，以及对水源采取的净化、消毒措施等都有关系。

3）经食物传播

经食物传播是指病原体从传染源排出后，通过食物侵入新的易感宿主的过程。多数肠道传染病、一些肠寄生虫病都可经食物传播。食物原料本身可能含有病原体，如生牛肉、猪肉可带有绦虫包囊，此类食物制作时若加工不完善、消毒不严格，就可传染疾病。有时食物原料虽不带病原体，但在加工、运输、贮存、销售过程中若被污染，也会使食物带有相当量的病原体，进而传播疾病。

2. 接触传播

接触传播是指病原体直接或间接接触易感者所造成的传播。又可分为两类，直接接触传播与间接接触传播。

1）直接接触传播

直接接触传播指易感者与传染源直接接触而被感染，如性传播疾病、狂犬病等。

2）间接接触传播

间接接触传播指传染源的排泄物、分泌物污染了日常用品，附着于其上的病原体经手或通过口鼻黏膜、皮肤传染易感者的过程，如被污染的公用毛巾、衣帽、玩具、文具可分别传播沙眼、癣、疥疮、头虱和白喉。

接触传播型传染病，其发病与病原体在外界环境中的抵抗力、物品交替使用的频率、消毒措施是否完备以及个人卫生习惯有关，一般发病呈散在性。

3. 媒介节肢动物传播

媒介节肢动物传播指病原体通过昆虫或其他节肢动物感染易感者的过程，也可分为两类，机械性传播与生物性传播。

1）机械性传播

机械性传播指病原体在节肢动物体表或体内被带往他处，却不繁殖，当节肢动物接触食物、食具或在其上反吐、排便时将其污染，人食用被污染的食物或使用被污染的食具时即可被感染，如家蝇传播痢疾。

2）生物性传播

生物性传播指病原体进入节肢动物体内经发育繁殖感染易感者的过程。

例如蚊吸入传染源的血后，病原体在其体内发育、繁殖或既发育又繁殖，分别导致丝虫微丝蚴、流行性乙型脑炎病毒及疟原虫等疾病产生。

由这种途径传播的传染病常呈地方性和季节性升高现象，且有生物学特异性，一种病原体只能通过一个特定种属的节肢动物传播，如某些按蚊传播疟疾等。

4. 医源性传播

医源性传播是指在医疗或预防工作中，由于未能严格遵循规章制度和操作规程而人为地造成某些传染病的传播。如外科和妇科使用的器械消毒不严格，可造成伤口感染，使用污染的针头可传播获得性免疫缺陷综合征（HIV），输用乙型肝炎表面抗原携带者的血可传播病毒性乙型肝炎等。

1.3.2 垂直传播

垂直传播，也称母婴传播或围生期传播。指在围生期病原体通过胎盘、产道或哺乳由亲代传播给子代的方式，包括经胎盘传播、上行性传播和分娩引起的传播。

1. 经胎盘传播

经胎盘传播指受感染孕妇体内的病原体可经胎盘血液使胎儿遭受感染。风疹病毒、水痘病毒、麻疹病毒、肝炎病毒等通常以此类方式传播。

2. 上行性传播

上行性传播指病原体经孕妇阴道通过宫颈口到达绒毛膜或胎盘而引起胎儿感染的过程，例如葡萄球菌、链球菌、大肠杆菌、白色念珠菌的传播等。

3. 分娩引起的传播

分娩引起的传播指胎儿从无菌的羊膜腔内产出而暴露于母亲严重污染的产道内，胎儿的皮肤、黏膜、呼吸道、肠道均可遭受病原体感染，例如淋球菌、疱疹病毒等。

由以上描述可见，传染病的传播在很大一方面也受自然因素和社会因素的影响。自然因素如温度、湿度、植被、土质、降雨量等会影响病原体的生存繁殖，促进或抑制动物传染源与媒介节肢动物的活动，进而影响病原体的传播。社会因素如文化水平、风俗习惯、宗教信仰、社会制度等对传染病传播的影响更是复杂的,可在某些方面起抑制作用,也可在某些方面促进传染性疾病的扩散。在这两类因素中,自然因素往往变化不大,引起的影响也较为固定,而人类社会生活的各方面则在不断地改变,因而社会因素对传染病的影响更为明显和深刻。

1.4 新冠肺炎疫情中出现较多的术语及解释

新冠肺炎疫情暴发后,随着疫情严重性的不断升级以及中央政府的高度重视,全国从中央到地方均采取了强有力的应急对策与防控措施,各行各业也纷纷为抗疫贡献自己的力量,医疗救助、疫苗研制、预防消杀、社区管理等工作都在紧张而有序地进行着。与此同时,大量与疾病相关的专业词汇出现在人们的视野中。本节旨在对此次新冠肺炎疫情中出现较多的术语一一作出解释说明,以便于后续理解。

传染病病情的发展变化是呈阶段性的,按产生、发展及转归可分为三期:潜伏期、发病期与恢复期。潜伏期是指病原体侵入机体后到最早出现临床症状的一段时间。不同疾病的潜伏期并不相同,长达数十年,短至几小时,且对于一种疾病而言,因为个体差异和感染病原体数量的不同,潜伏期也不相同,所以潜伏期是一个范围。基于目前的流行病学调查,对于绝大多数人来说,新冠肺炎潜伏期一般为 3～7 天,最长潜伏期为 14 天,个别特例可至 24 天。潜伏期对于疫情的控制来讲,是一个非常重要的概念,因为潜伏期的长短决定了我们对于密切接触者的处理措施。根据《新型冠状病毒肺炎病例密切接触者调查与管理指南》的规定,密切接触者指与疑似病例、确诊病例、轻症病例发病后,无症状感染者检测阳性后,有如下接触情形之一,但未采取有效防护者:

(1) 与病例共同生活、同室工作学习、同室居住的人员;

(2) 在诊治病例时未采取有效防护措施的医护人员、照料人员;

(3) 未采取有效防护措施的实验室检测人员;

(4) 同病房的其他患者或陪护人员;

(5) 与患者乘坐同一交通工具并有近距离接触的人员;

(6) 由疾病控制专业人员判定的其他接触情形。

由于密切接触者有极大的被感染概率，因此对密切接触者采取较为严格的医学观察等预防性公共卫生措施十分必要。医学观察是指对密切接触者按传染病的最长潜伏期采取隔离措施，观察其健康状况、有无染病可能，以便使密切接触者在疾病的潜伏期和发病期内可以获得及早诊断、治疗与救护，又可减少和避免将病原体传播给健康人群的可能。目前新冠肺炎密切接触者医学观察期为14天，个别地区为15天。对密切接触者进行医学观察主要是为了对病原体采取围堵策略，切断病毒的传播，这是一种对公众健康安全负责任的态度，也是国际社会通行的做法。

经过无症状的潜伏期后，被感染的患者将逐渐过渡到发病期，传染病的发病期又分为前驱期和症状明显期。前驱期是病人开始出现一些临床症状，但是症状不典型、不明显的一段时期，此时期在临床上出现传染病误诊和漏诊的概率最大。一部分传染病在前驱期传染性很大，这个时期的病人是重要的传染源。症状明显期是症状不断加重、临床表现日益明显的时期，是传染病所特有的症状、体征最明显和典型的时期，疾病往往在这一时期得以明确诊断。目前确诊新冠肺炎使用最多的检测方式为核酸检测，核酸检测主要是通过检测患者样本中是否存在病毒的特异核酸序列来判断疑似患者是否患病的方式。所有生物都含有核酸(朊病毒除外)，包括脱氧核糖核酸(DNA)和核糖核酸(RNA)，新冠病毒是一种仅含有RNA的病毒，病毒中特异性RNA序列是区分该病毒与其他病原体的标志物。我国科学家已完成对新冠病毒全基因组序列的解析，并通过与其他物种的基因组序列对比，发现了新冠病毒中的特异核酸序列。临床实验室检测过程中，如果在患者样本中检测到新冠病毒的特异核酸序列，则提示该患者可能被新冠病毒感染。

在患者被确诊患新冠肺炎之后，为对症治疗，获得更有效的治疗效果，医护人员会根据是否有临床症状、是否有肺炎、肺炎的严重程度、是否出现呼吸衰竭、休克、有无其他器官功能衰竭等对患者进行临床分型，分为轻型、普通型、重型、危重型四类。在新冠肺炎的救治中，绝大部分危重症患者都存在心肺功能的损伤，尤其是肺组织的损伤，导致病人正常换气功能丧失，出现严重低氧和全身各脏器的损伤。因此，在此次疫情阻击战中，ECMO成为医生抢救危重患者的“最终武器”。ECMO，即体外膜肺氧合（Extra Corporeal Membrane Oxygenation），俗称“叶克膜”“人工肺”，是一种医疗急救技术设备，主要用于对重症心肺功能衰竭患者提供持续的体外呼吸与循环，以维持患者生命。目前，ECMO是抢救垂危生命的顶尖技术，同时代表着一家医院、一个地区的综合医疗水平。

《新型冠状病毒肺炎诊疗方案（试行第七版）》中明确说明了新冠肺炎的传播途径：经呼吸道飞沫和密切接触传播是主要的传播途径，另外，在相对封闭的环境中，长时间暴露于高浓度气溶胶情况下，存在经气溶胶传播的可能，并且由于在粪便及尿中可分离到新冠病毒，应警惕粪口传播方式的存在。其中引起人们高度重视的是气溶胶传播与粪口传播，气溶胶传播在前文中有所提及，指飞沫在空气悬浮过程中失去水分后剩下的蛋白质和病原体组成的飞沫核以气溶胶的形式漂流至远处，随后入侵易感者的传染过程。粪口传播指是指细菌、病毒通过大便排出体外，污染环境，然后又进入人体呼吸道以及消化道感染人的传播过程。粪口传播其实是空气传播与接触传播的前过程。两种传播方式在社会上一度造成恐慌，但实际上粪口传播的传播能力和路径还有待进一步证实，气溶胶传播也要满足三个条件才可形成，新冠肺炎最主要的传播方式还是经呼吸道飞沫和密切接触传播。

随着疫情的不断发展，中央指导组表示，此次新冠肺炎疫情是新中国成立以来，传播速度最快、感染范围最广、防控难度最大的特别重大突发公共卫生事件。突发公共卫生事件（简称突发事件），是指突然发生，造成或者可能造成社会公众健康严重损害的重大传染病疫情、群体性不明原因疾病、重大食物和职业中毒以及其他严重影响公众健康的事件。根据突发公共卫生事件的性质、危害程度、涉及范围等，突发公共卫生事件可划分为特别重大（Ⅰ级）、重大（Ⅱ级）、较大（Ⅲ级）和一般（Ⅳ级）四个等级。新冠肺炎疫情显然属于突发公共卫生事件中的重大传染病疫情，且级别为特别重大，Ⅰ级响应。

新冠肺炎疫情一经确定为突发公共卫生事件，我国迅速启动应急管理机制。应急管理是对特重大事故灾害的危险问题提出的应对机制，指在应对突发事件的过程中，为了降低突发事件的危害，达到优化决策目的，基于对突发事件的原因、过程和后果的分析，有效集成社会各方面的相关资源，对突发事件进行有效预警、控制和处理的过程。2006 年 1 月 8 日，国务院发布了《国家突发公共事件总体应急预案》，标志着我国应急预案框架体系初步形成。

随后，2020 年 1 月 30 日，世界卫生组织总干事谭德塞宣布，主要基于中国感染者数量增加、多个国家都出现疫情两个事实，宣布将新冠肺炎疫情列为国际关注的突发公共卫生事件。国际关注的突发公共卫生事件（Public Health Emergency of International Concern，PHEIC）是指通过疾病的国际传播构成对其他国家公共卫生风险，并有可能需要采取协调一致的国际应对措施的不同寻常的事件。在新冠肺炎疫情被确定为 PHEIC 后，各国纷纷开始进行从我国武汉甚至湖北的撤侨。撤侨指一个国家的政府通过外交手段，把侨居在其他国家的本国公民撤回本国政府的行政区域的外交行为，通常在发生重大危害事故时进行。在此次撤侨行动中，美国的一项新型科技吸引了人们的注意，即 CBCS 集装箱生物控制系统。CBCS 是一种具备完整生物防护能力，能满足陆运、空运、海运等多种运输方式的多人医疗运输单元，简单来讲，一个 CBCS 集装箱就是一个可移动的微型传染病隔离医院。此次美国撤侨行动中，美国通过在飞机上使用 CBCS，成功将 14 名感染患者运送回国。

新冠肺炎疫情虽被定义为 PHEIC，但世卫组织同时也反复强调，该决定不是对中国没有信心，相反，其认为自疫情暴发以来，中国政府采取了十分有效的管控措施，不只有效地控制了病毒在国内的传播，也有效地防止了病毒在全球范围内的传播，中国在防控疫情方面的努力为全球都建立了新的高标准。

不可否认，我国在抗击新冠肺炎疫情中，采取了最全面、最严格的防控举措，为抑制疫情发展作出了最大努力，甚至成为“国际范本”，但其中也存在一些不足，例如疫情初发时期网络直报系统的延时启用。网络直报系统，全称为中国传染病疫情和突发公共卫生事件网络直报系统，是在 2003 年 SARS 疫情结束之后国家为及时了解传染病发生情况而建设的，其具体运行机制为：只要医生发现临床传染病例，都需在规定时限内将信息报告至医院传染病科，由专人填写传染病报告卡，登录网络直报系统账户，录入信息、进行上报。甲类传染病和个别乙类的报告时间是 2 小时内，大部分乙类传染病是 24 小时内报告。网络直报系统自 2004 年建设以来一直有效运行，但在此次新冠肺炎疫情中,启用得却没有那么及时。主要原因是新冠肺炎属于一个新发传染病,并不存在于现有传染疾病报告目录中。虽然如此,此次“失灵”也反映出网络直报系统在对抗不明原因传染病时仍有需要改进的地方。

1.5 其他国际重大疫情的相关术语及解释

除此次新冠肺炎疫情外,21 世纪以来,WHO 还宣布了五起“国际关注的突发公共卫生事件”,分别为 2009 年爆发于美国的甲型 H1N1 流感、2014 年全国范围内激增的小儿麻痹症疫情、同年西非的埃博拉疫情、2016 年的寨卡病毒,以及 2019 年刚果境内暴发的另外一起埃博拉疫情。这些重大疫情的发生同样严重危害人们的生命健康,影响地区甚至全球的经济发展。为全面把握各种重大疫情的相关信息,以便于在未来突发情况下可有效应对,本节现对除新冠肺炎外其他国际重大疫情中出现的个别常用术语进行解释说明,重复术语将不加赘述。

目前已知的各种重大传染病疫情,其主要传播途径多为空气传播与接触传播,例如甲型 H1N1 流感与埃博拉疫情。而 2016 年巴西爆发的寨卡病毒疫情的主要传播途径为伊蚊类蚊媒叮咬传播,这种传播途径与登革病毒及基孔肯雅病毒的传播方式相似,以伊蚊为主要传播媒介。这些蚊媒一般在水桶、碗、花盆等积水中或附近产卵,在人类住所附近活动,当蚊媒叮咬寨卡病毒感染者被感染后,通过叮咬的方式再将病毒传染给其他人。2016 年为控制疫情的发展,巴西卫生部门在全国范围内展开灭蚊防疫运动,包括大规模喷雾消毒,甚至派军队前往疫区摧毁蚊子的栖息地,消除蚊虫滋生的隐患。

在传染病检测方面,除新冠肺炎常用的核酸检测之外,常用的实验室检测方法还有病毒分离、抗体检测与抗原检测。病毒分离全称为病毒分离培养鉴定,是指从患者身上提取血液、体液、分泌物、粪便等物质,利用传代细胞系、原代细胞等分离方法进行病毒分离,分离成功的病毒再使用细胞培养等方式进行扩增,培养后的纯病毒可用于鉴定、分型、感染特性和致病特性等研究。抗原与抗体检测是借助抗原和抗体在体外特异结合后出现的各种现象,对样品中的抗原或抗体进行定性、定量、定位的检测。定性和定位检测比较简单，即用已知的抗体和待检样品混合，经过一段时间，若有免疫复合物形成的现象发生，就说明待检样品中有相应的抗原存在，若无预期的现象发生，则说明样品中无相应的抗原存在，同理也可用已知的抗原检测样品中是否有相应抗体。三种检测方式均为传染病疫情中确定疑似病例患病与否的重要手段。

由于传染性疾病暴发的突然性与未知性，人们在短时间内对其的认知总是比较有限，在抗疫初期研制出特效药与疫苗的难度较大，因此目前用于治疗传染性疾病的一种重要方式为“血清疗法”。生活在自然环境中的人，每天都会接触大量包括病毒在内的微生物，它们入侵机体后会诱导机体产生抗体，抗体会消灭入侵的微生物，因此大多数人不因微生物感染而生病。抗体大量存在于血清之中，把含有某种抗体的血清输注到相关病人体内的疗法就是血清疗法。目前，血清疗法已运用于多种传染病疫情防治中，在SARS、埃博拉疫情的治疗中均发挥了重要作用。

病死率是用来判断一种传染病严重程度的重要指标，其与死亡率看起来相似，实质却大有区别。病死率表示一定时期内，因患某种疾病死亡的人或动物数量占患病人或动物总数的比例，其中的一定时期对于病程较长的疾病可以是一年，病程短的可以是月、天；而死亡率则指某时期内死于某病的频率。二者的计算公式分别为：

病死率＝某时期内因某病死亡人数／同期患某病的病人数×100%。

死亡率＝某时期内因某病死亡人数／同期平均人口数×100%。

从以上公式中可看出，病死率与死亡率的分母不同。死亡率的分母是可能发生死亡事件的总人口或总动物数；病死率的分母则是同期患某病的人数或动物数。前者包括正常人或正常动物，而后者仅为患某病者。因而病死率表示确诊疾病的死亡概率，可反映疾病的严重程度，且通常多用于急性传染病，较少用于慢性病。

1.6　疫情与生态环境相关的术语及解释

生态环境是维持人类和其他生物生存发展的基本物质基础，与人类的生命健康息息相关,可以说,没有平衡稳定的生态环境,就不可能有人类的健康发展。但随着全球经济的快速发展以及经济全球化的形成,人类赖以生存的自然和社会环境发生了重大变化,世界范围内各种传染病疫情的相继暴发均显示出与生态环境之间的紧密联系。不仅如此,在疫情发生之后,环境领域作为疫情防控的重要战场,往往在控制疫情蔓延、保护人们生命健康上发挥着重要作用。本节主要对疫情与生态环境相关联的常用术语作出解释,以便于后续理解。

大量事实证明,生态环境的破坏会在一定程度上提高重大疫情发生的概率,因此有效的环境污染治理与生态保护在疫情防控方面发挥着重要作用。当今社会四大污染包括大气污染、水污染、固体废物污染与噪声污染。大气污染指大气中污染物质的浓度达到有害程度,以至破坏生态系统和人类正常生存和发展的条件,对人和物造成危害的现象。其成因包括自然因素如火山爆发、森林灾害、岩石风化等;人为因素如工业废气、燃料、汽车尾气和核爆炸等。水污染是指有害化学物质造成的水的使用价值降低或丧失。水污染的主要途径有:①未经处理而排放的工业废水;②未经处理而排放的生活污水;③大量使用化肥、农药、除草剂而造成的农田污水;④堆放在河边的工业废弃物和生活垃圾;⑤森林砍伐,水土流失;⑥因过度开采而产生的矿山污水;⑦医疗机构门诊、病房、手术室、各类检验室、病理解剖室、放射室、洗衣房、太平间等处排出的诊疗、生活及粪便污水等医疗废水。固体废物是指在生产建设、日常生活和其他活动中产生的污染环境的固态、半固态废弃物质。《中华人民共和国固体废物污染环境防治法》把固体废物分为三大类:工业固体废物、城市生活垃圾和危险废物。固体废物如不加妥善收集、利用和处理处置,将会污染大气、水体和土壤,危害人体健康。噪声是指对人们的休息、学习和工作等产生干扰的声音,即不需要的声音,当噪声对人及周围环境造成不良影响时,就形成噪声污染。在污染治理时一个很重要的概念是环境容量,环境容量是指在确保人类生存、发展不受危害、自然生态平衡不受破坏的前提下,某一环境所能容纳污染物的最大负荷值,其在实行污染物浓度控制方面发挥着重要作用。

在生态保护方面,历史上发生的众多传染病疫情来自野生动物体内携带的病毒,野生动物保护在防控疫情中显得尤为重要。野生动物一般指那些生存在天然自由状态下或来源于天然自由状态,虽然经短期驯养但还未产生进化变异的各种动物,分为四类,包括濒危野生动物、有益野生动物、经济野生动物和有害野生动物。濒危野生动物是指由于物种自身的原因或受到人类活动、自然灾害的影响而有灭绝危险的野生动物物种,如大熊猫、白虎等。有益野生动物是指那些有益于农、林、牧业及卫生、保健事业的野生动物,如肉食鸟类、蛙类、益虫等。经济野生动物是指那些经济价值较高,可作为渔业、狩猎业的动物。有害野生动物是指各种带毒动物,如害鼠及各种带菌动物等。

随着环境污染与生态破坏越来越严重,甚至诱发对人类生命安全造成严重威胁的重大传染病疫情,如何进行有效的生态环境治理逐渐变成人们关注的重点。生态环境治理是在生态环境管理中改进、优化而来的。生态环境管理指政府环境保护部门运用经济、法律、技术、行政、教育等手段,限制和控制人类损害环境质量、协调社会经济发展与保护环境、维护生态平衡之间关系的一系列活动。生态环境管理的主体仅限于政府,而生态环境治理强调多主体共同参与,也可称为多元治理,是指政府、市场与社会多元主体基于共同的环境治理目标进行权责分配,采取管制、分工、合作、协商等方式持续互动以对环境进行治理的方式。

生态环境的治理问题不同于其他公共治理问题,在具体实施中治理难度大、机制复杂,究其根本是由于生态环境公共物品属性与外部性的存在。

公共物品是“私人物品”的对称,是指可以供社会成员共同享用的物品,通常具有两个特性:非排他性和非竞争性。公共物品的非排他性是指产品在消费过程中所产生的利益不能为某个人或者某些人所专有,即某个人、家庭或企业对公共物品的享用并不影响、妨碍其他人、家庭或企业同时享用。生态环境具有非排他性是指良好的生态环境带来的好处是使全体人民共同受益的。公共物品的非竞争性是指一个使用者对该物品的消费并不减少它对其他使用者的供应。在环境上即指人们对于空气等环境各种要素的消费使用,既不干扰生态环境要素对其他人的供应,也不影响其他人的消费,如生态环境治理改善了环境,为人们创造了良好的生活、工作环境,此时人们在生态环境上的享受不会因为多一个人使用环境而发生变化。

外部性是一个经济学概念，马歇尔和庇古在20世纪初提出："某种外部性是指在两个当事人缺乏任何相关的经济贸易的情况下，由一个当事人向另一个当事人所提供的物品"，其依据作用效果可分为正外部性与负外部性。就生态环境来说，正外部性指行为人实施的行为对他人或公共的环境利益有溢出效应，负外部性指行为人实施的行为对他人或公共的环境利益有减损的效应。其中环境污染是产生环境负外部性的典型例子，排污企业为降低成本而大量排放污染物，造成环境质量不断下降，最终使所有人共同承担污染带来的环境负外部性。相反，政府、企业或个人若进行生态环境治理，保护环境，使环境质量上升，则其带来的环境的正外部性也由所有人共同享受。两种属性的存在使得生态环境治理在具体实施中难度大，需要更为切实有效的组织协调机制，以发挥多主体的共同治理优势。

在疫情发生前的日常生产生活中做好生态环境治理、控制环境污染、切实保护生态环境可有效抑制重大疫情的发生。而在重大疫情发生之后，环境领域首要的工作就是做好医院、社区、街道等公共场所的消杀工作，做好环境卫生整治工作，以防止细菌及病毒在公共区域入侵易感者。公共场所是向公众提供工作、学习、经济、文化、社交、娱乐、体育、参观、医疗、卫生、休息、旅游空间的或满足其部分生活需求的一切公用建筑物、场所及其设施的总称。环境卫生指城市空间环境的卫生，主要包括城市街巷、道路、公共场所、水域等区域的环境整洁，城市垃圾、粪便等生活废弃物收集、清除、运输、中转、处理、处置、综合利用，城市环境卫生设施规划、建设等。这部分所涉及的环境管理主要包括保洁管理与环卫管理。保洁管理是物业管理的一部分，指物业管理公司通过宣传教育、监督治理和日常保洁工作，保护物业区域环境，防止环境污染，定时、定点、定人进行垃圾的分类收集处理和清运，通过清扫擦拭整理等专业性操作，维护辖区所有公共地方、公共部位的清理卫生，保持环境整洁，提高环境效益。环卫管理全称为城市环境卫生管理，指在城市政府的领导下，行政主管部门依靠专职队伍和社会力量，依法对道路、公共场所、垃圾、各单位和家庭等方面的卫生状况进行管理，为城市的生产和生活创造整洁、文明的环境。

切断传染源是控制传染病疫情蔓延的首要举措,但在传染病疫情暴发之后,有一种传染源很容易被大家忽视,那就是隐藏在各种垃圾中的病毒,其中危险性最大的当属医疗废物。医疗废物指医疗卫生机构在医疗、预防、保健以及其他相关活动中产生的具有直接或者间接感染性、毒性以及其他危害性的废物,根据《医疗废物分类目录》,分为以下五类。

(1) 感染性废物:携带病原微生物,具有引发感染性疾病传播危险的医疗废物;

(2) 病理性废物:诊疗过程中产生的人体废弃物和医学实验动物尸体等;

(3) 损伤性废物:能够刺伤或者割伤人体的废弃的医用锐器;

(4) 药物性废物:过期、淘汰、变质或者被污染的废弃的药品;

(5) 化学性废物:具有毒性、腐蚀性、易燃易爆性的废弃的化学物品。

在重大疫情的阴云下,人们日常外出均需要佩戴口罩,甚至护目镜、面罩等防护用品,按照国家垃圾分类的标准,这些用品在废弃后应被投至有害垃圾垃圾箱,因此,除医疗废物之外,另一潜在污染源就是生活垃圾中的有害垃圾。生活垃圾指人们在日常生活中或者为日常生活提供服务的活动中产生的固体废物,根据《生活垃圾分类标志》规定,生活垃圾类别包括可回收物、有害垃圾、厨余垃圾及其他垃圾4个大类和纸类、塑料、金属等11个小类。其中的有害垃圾指废电池、废灯管、废药品、废油漆及其容器等对人体健康或者自然环境造成直接或者潜在危害的生活废弃物。根据《国家危险废物名录》的规定,医疗废物与生活垃圾中的有害垃圾同属危险废物。危险废物,指具有下列情形之一的固体废物(包括液态废物):

(1) 具有腐蚀性、毒性、易燃性、反应性或者感染性等一种或者几种危险特性的;

(2) 不排除具有危险特性,可能对环境或者人体健康造成有害影响,需要按照危险废物进行管理的。

因此,重大疫情防控下加强对危险废物的管理、转运与处置同样是生态环境领域工作的重中之重。

在重大疫情暴发之后,环境方面若不采取恰当措施,不但会带来大量传播风险,还可能会引起严重的环境问题,因此,实行有效的环境应急管理至关重要。环境应急管理，指对由自然灾害或人为因素引起的，突然出现或爆发造成或可能造成严重的环境污染或生态破坏等环境损害，危及公众身体健康和财产安全，影响社会公共利益，需要采取紧急措施予以应对的事件，政府部门与社会公众所采取的预防、控制以及恢复措施等综合性行为。其不仅仅局限于事件发生后的应急响应、现场处置与应急终止，还包括事前环境风险分析、预警和事后善后恢复等一系列措施。

重大疫情下，环境领域面对的问题严重且复杂，因此在环境应急管理的基础上，实施分区域管理可有效提高管理效率。环境分区域管理指将全局环境管理细化，通过不同的区域对环境进行分级管理，充分对资源进行整合，避免资源浪费，从而对环境问题进行高效管理的一种方式。例如在重大疫情下科学的环境管理应将全环境细分为医院、农贸市场、公共场所、学校、社区、生产场所、办公楼宇等多区域，并分别采取针对性措施。

面对疫情的快速传播，时间就是生命，信息管理则是人们与时间赛跑的有力工具，因而在环境领域，环境管理信息系统是否可以有效运用直接决定了环境管理的相关工作是否可以及时有效地进行。环境管理信息系统(Environmental Management Information System, EMIS)是以现代数据库技术为核心，将环境信息存储在电子计算机中，在计算机软、硬件支持下，实现对环境信息的输入、输出、修改、删除、传输、检索和计算等各种数据库技术的基本操作，并结合统计数学、优化管理分析、制图输出、预测评价模型、规划决策模型等应用软件，构成一个复杂而有序的、具有完整功能的技术工程系统。在日常工作中，环境管理信息系统可用于环境管理工作的各个领域，包括信息收集与汇总、事务分派、项目审批、工作汇报等，可显著提高工作效率。疫情防控下，相关工作更需要争分夺秒，环境管理信息系统的有效使用就显得更为重要。

参考文献

[1] 祝江斌.重大传染病疫情地方政府应对能力研究[D].武汉：武汉理工大学，2011.

[2] 吴胜.我国重大动物疫情应急管理研究[D].北京：中国人民解放军军事医学科学院，2014.

[3] 周兴洋.传染性疾病传播途径及防治措施[J].大家健康(学术版),2014,8(10):34.
[4] 王淑萍,王扬,刘永丰,等.生态环境与传染病防控措施[J].职业与健康,2007(07):559-560.
[5] 张硕,李德新.寨卡病毒和寨卡病毒病[J].病毒学报,2016,32(01):121-127.
[6] 程颖,刘军,李昱,等.埃博拉病毒病:病原学、致病机制、治疗与疫苗研究进展[J].科学通报,2014,59(30):2889-2899.
[7] 刘永豪.浅谈区域管理在环境管理中的运用探析[J].农家参谋,2017(18):218.
[8] 闫振宇.基于风险沟通的重大动物疫情应急管理完善研究[D].武汉:华中农业大学,2012.

第 2 章　生态环境治理

改革开放以来，我国经济发展取得了显著成就，同时生态环境问题也日益严重，危害着人们的身体健康。研究显示，环境污染与生态破坏会在一定程度上促进重大传染病疫情的发生，必须加快健全与完善生态环境治理。

本章通过对生态环境治理理论、制度、模式等多方面的研究，找出我国环境治理中存在的问题并提出对策建议，旨在增强我国生态环境治理能力，提高我国环境质量，以防控重大疫情的发生。第一部分通过概述厘清生态环境治理的相关概念与特点，并引出生态环境治理要达到的最终目的；第二部分介绍生态环境治理模式的兴起与发展，以及各主体在其中的定位与权责分配；第三部分介绍我国生态环境治理理论和制度的发展现状，以及我国目前环境治理工作的主要成效；最后一部分论述我国生态环境治理中存在的现实困境，并结合一些发达国家的环境治理经验提出对应的优化对策。

2.1　生态环境治理概述

2.1.1　生态环境与生态环境问题

良好的生态环境是人类赖以生存和发展的基础，越来越多的研究表明，大自然对我们的健康、财富、食物和安全都有着不可估量的重要性，人类所有的社会经济活动都依赖于自然提供的服务。据世界自然基金会估计，在全球范围内，生态系统每年为人类提供的服务约价值 125 万亿美元(2019 年中国国民生产总值为 14.4 万亿美元)。但是随着世界范围内人口的快速增长、科技的进步、工业化的高速发展以及城市化进程的推进，人类对生态系统的破坏日益加剧，温室效应、臭氧层破坏、生活垃圾、“三废”污染等各种生态环境问题日益严重，也逐渐引起了人们对生态环境治理的关注。本节以生态环境、生态环境问题为切入点，对其概念进行明确的界定，对相关属性进行分析，以便于本章的综合论述。

1. 生态环境

环境是人类社会存在的基本条件，总是相对于某一中心事物而言的。我们目前所研究的环境，中心事物是人类，即人类生存、繁衍所必需的外部世界或物质条件的综合体，包括自然生态环境与社会环境。当我们使用生态环境治理、环境保护或环境问题等表述时，环境仅指自然生态环境。

随着人类社会的发展和科学技术的进步，环境的概念也在不断深化，我国《环境保护法》中把“环境”定义为“影响人类生存和发展的各种天然的和经过人工改造的自然因素的总体，包括大气、水、海洋、土地、矿藏、森林、草原、野生生物、自然遗迹、人文遗迹、自然保护区、风景名胜区、城市和乡村等”。其功能可简单理解为以下两个方面：一是为人类的生存与发展提供各种所需的物质来源；二是承受人类活动所产生的各种废弃物及各种作用。

2. 生态环境问题

生态环境问题分为由于环境自身变化而形成的第一环境问题与由于人类活动而引起的第二环境问题。生态环境治理所要解决的生态环境问题指第二环境问题，即由人类活动而造成的环境污染与生态破坏等问题。

纵观历史，随着时间的推移，生态环境问题大概可分为三个阶段：早期阶段、发展阶段与爆发阶段。

早期阶段是指从人类产生至工业革命时期，在这一漫长过程中，人类从完全利用自然逐步向改变自然迈进，生产力逐渐提高，人口也迅速增加，于是出现大量毁林开荒、兴修水利等活动，引起土壤荒漠化等环境问题。但从历史上看，这一阶段引发的生态环境问题并不严重，主要是环境破坏，基本不存在环境污染问题。

发展阶段是指从工业革命时期至20世纪50年代，这一时期产生的生态环境问题主要集中在城市。工业革命通过工业技术革新，大大提高了人类社会生产力，并在世界范围内形成工业化浪潮。随着工业化的不断发展，大量工业城市均出现严重的垃圾污染、工业三废污染、汽车尾气污染等生态环境问题。这一阶段的生态环境问题以环境污染为主，环境破坏较少，且污染主要集中在各大城市。

爆发阶段是指从 20 世纪 50 年代至今，“二战”结束之后，全球进入了和平稳定的大发展阶段，死亡率降低、医疗水平提升带来了爆炸式的人口增长和环境发展，与此同时，人类生态环境问题全面爆发，全球环境遭到空前污染和破坏，相继出现十大全球性环境问题：温室效应、臭氧层破坏、酸雨、有毒化学物质扩散、人口爆炸、土壤侵蚀、森林锐减、沙漠化、水资源污染与短缺、生物多样性锐减。这一阶段环境污染与环境破坏同时存在，生态环境面临从未有过的严峻局面，已严重危及人类的生存发展。

可以看出，随着人类社会经济活动的日益强烈与频繁(图 1)，我们对地球生命支持系统的干扰以及造成的生态环境问题均急剧增长(图 2)，生态系统面临的压力越来越大。

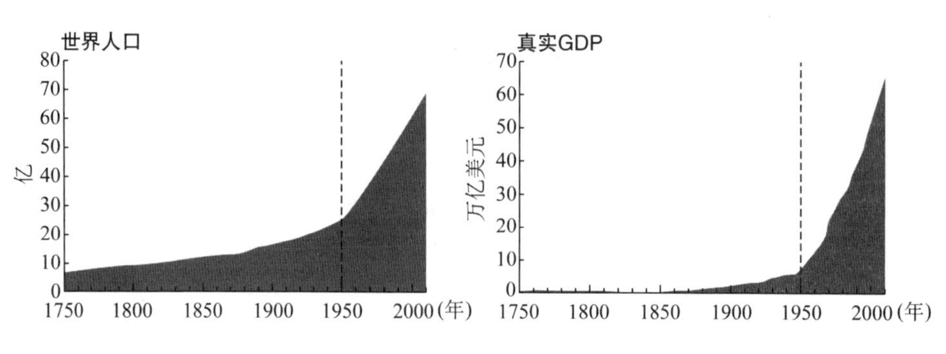

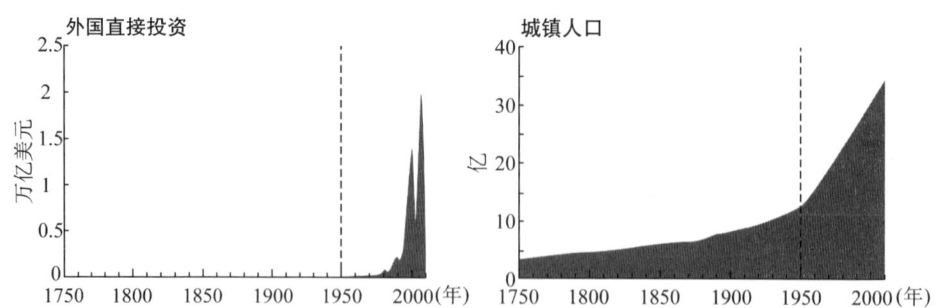

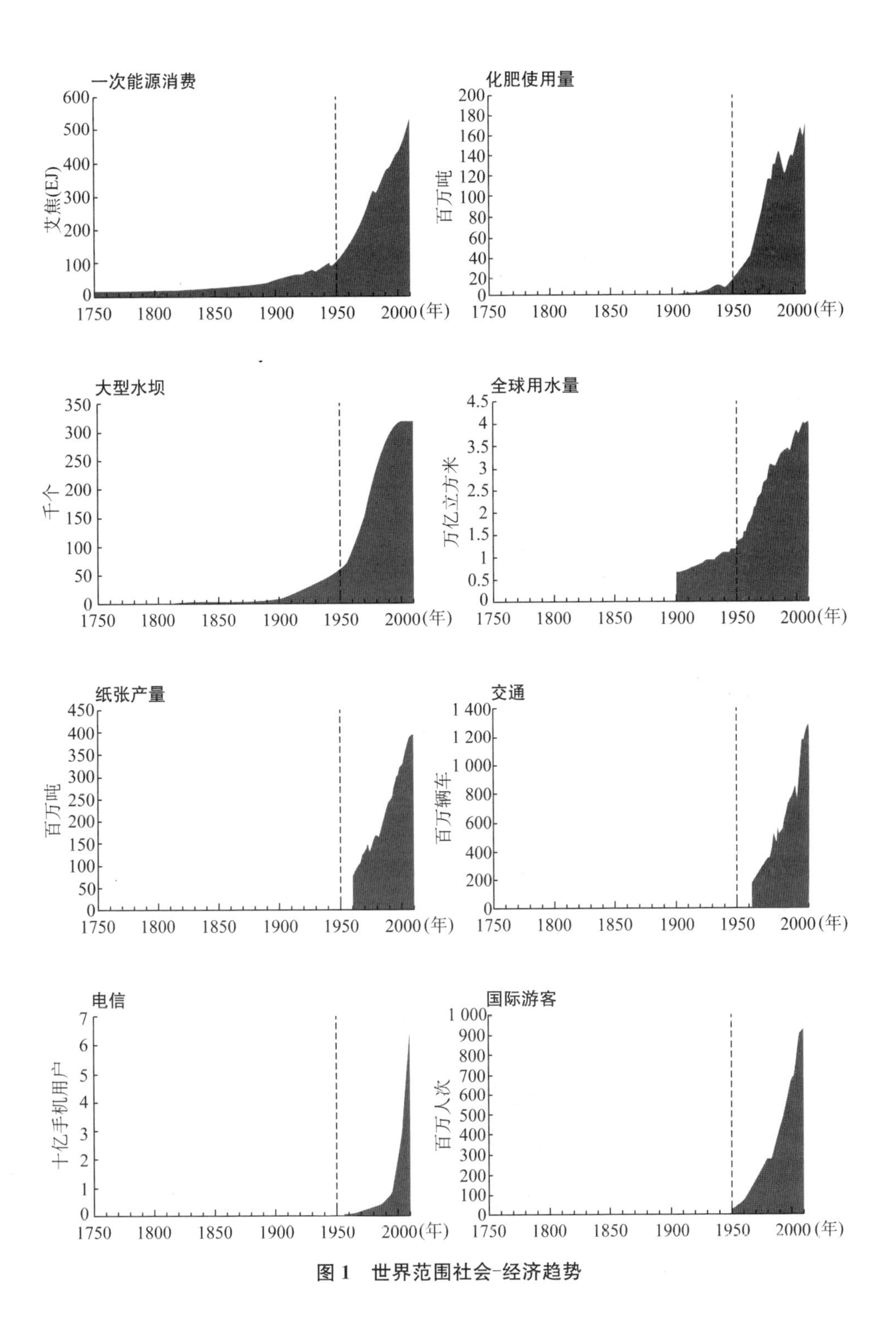

图 1　世界范围社会-经济趋势

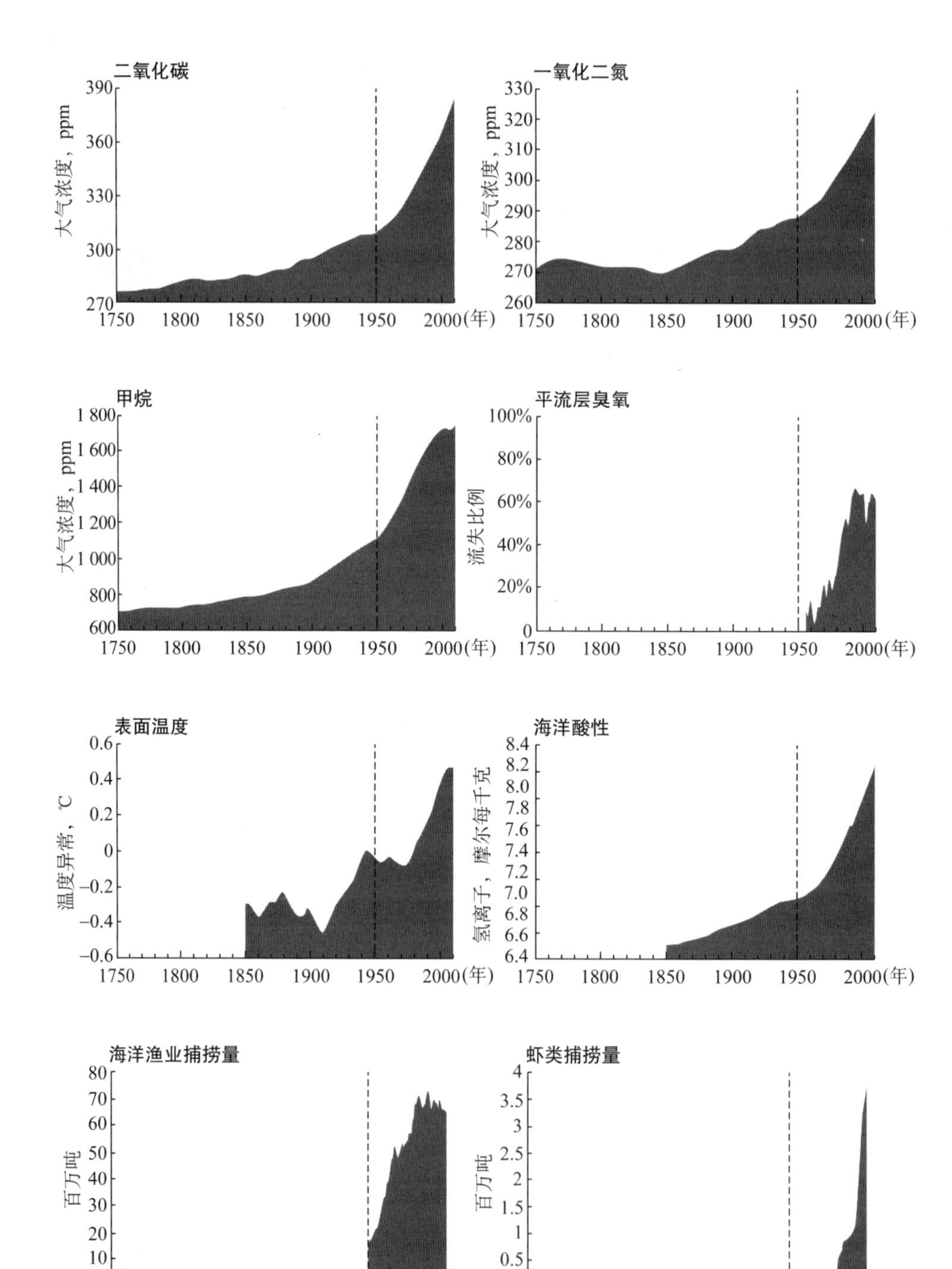

二氧化碳
大气浓度，ppm
390
360
330
300
270
1750 1800 1850 1900 1950 2000(年)
一氧化二氮
大气浓度，ppm
330
320
310
300
290
280
270
260
1750 1800 1850 1900 1950 2000(年)
甲烷
大气浓度，ppm
1 800
1 600
1 400
1 200
1 000
800
600
1750 1800 1850 1900 1950 2000(年)
平流层臭氧
流失比例
100%
80%
60%
40%
20%
0
1750 1800 1850 1900 1950 2000(年)
表面温度
温度异常，℃
0.6
0.4
0.2
0
−0.2
−0.4
−0.6
1750 1800 1850 1900 1950 2000(年)
海洋酸性
氢离子，摩尔每千克
8.4
8.2
8.0
7.8
7.6
7.4
7.2
7.0
6.8
6.6
6.4
1750 1800 1850 1900 1950 2000(年)
海洋渔业捕捞量
百万吨
80
70
60
50
40
30
20
10
0
1750 1800 1850 1900 1950 2000(年)
虾类捕捞量
百万吨
4
3.5
3
2.5
2
1.5
1
0.5
0
1750 1800 1850 1900 1950 2000(年)

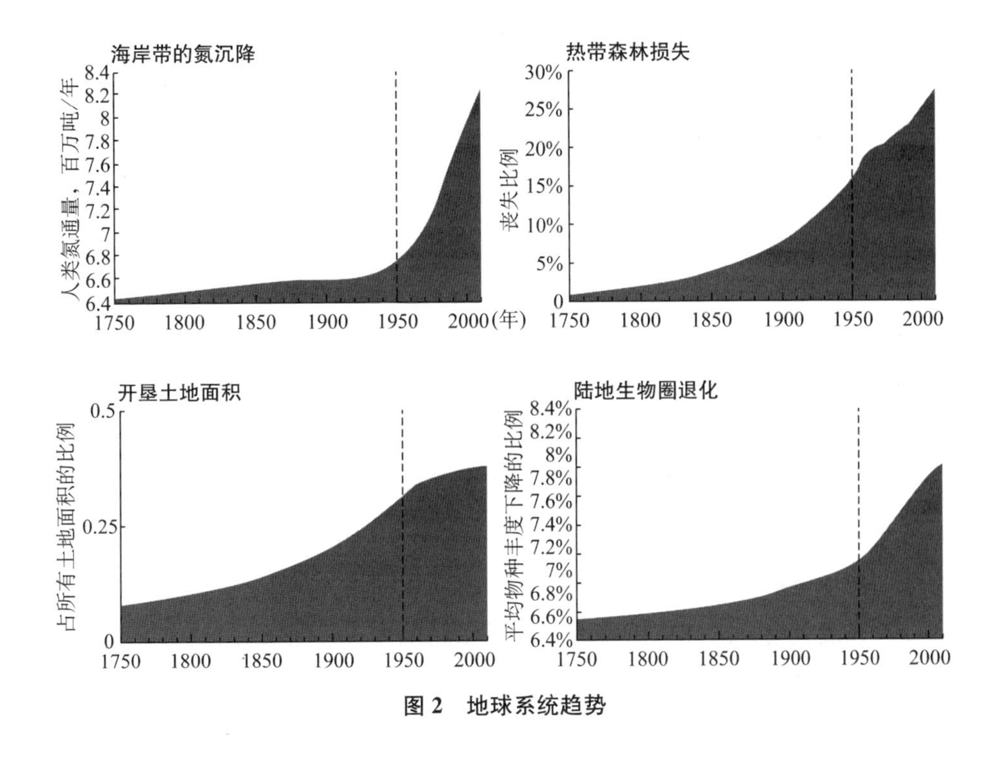

图 2　地球系统趋势

2.1.2　生态环境保护的理念觉醒

工业革命以来，随着科学技术的快速发展和工业化的急速推进，人类征服和改造自然的能力大大增强，生产力水平也有了极大提高。但传统工业化在创造大量物质财富的同时，也无节制地消耗了地球上的自然资源，大范围破坏了生态环境，使人类的生存环境日趋恶化。20 世纪 30 年代开始，发达国家相继发生了比利时马斯河谷烟雾事件、美国洛杉矶烟雾事件、英国伦敦烟雾事件、日本水俣病事件等 8 起震惊世界的公害事件。

日趋严重的生态环境问题促使人类的生态环境保护意识开始觉醒。1962 年，蕾切尔・卡逊《寂静的春天》出版，书中描写了因过度使用化学药品和肥料而导致环境污染、生态破坏，最终给人类带来不堪重负的灾难，这标志着人类首次开始关注生态环境问题。1972 年《增长的极限》出版，提出了代表性观点"没有环境保护的繁荣是推迟执行的灾难"，对可持续发展思想的产生具有重要意义。同年，联合国人类环境会议于瑞典斯德哥尔摩召开，来自

113个国家的政府代表和民间人士就世界当代生态环境问题及保护全球环境战略等进行研讨，并制定了《联合国人类环境会议宣言》，呼吁各国政府和人民为维护和改善人类环境、造福全体人民、造福后代而共同努力。这是世界各国政府共同讨论当代生态环境问题，探讨保护全球环境战略的第一次国际会议。

经历了沉痛的代价和宝贵的觉醒之后，人类对世界发展不断进行深刻反思，对生态环境保护的认识逐步深入。1992年在巴西里约热内卢召开的联合国环境与发展大会第一次把经济发展与环境保护结合起来进行认识，提出了可持续发展战略，标志着环境保护事业在全世界范围发生了历史性转变。2002年在南非约翰内斯堡召开的可持续发展世界首脑会议提出，经济增长、社会进步和环境保护是可持续发展的三大支柱，并指出经济增长和社会进步必须同环境保护、生态平衡相协调。2012年在巴西里约热内卢召开的联合国可持续发展大会是国际可持续发展领域举行的又一次大规模、高级别会议，会议提出绿色经济是实现可持续发展的重要手段，并构建了可持续发展的体制框架。至此，世界范围内生态环境保护与可持续发展理念已深入人心并逐渐融入各个国家的发展战略中，世界开始逐步走上生态环境保护与治理的探索之路。

2.1.3 治理与生态环境治理

1. *治理*

“治理”一词，原意指控制、指导和操纵，但随着社会的不断发展，其概念也在不断深化。如今，治理指在管理一国经济和社会资源中行使权力的方式，是一个社会在经济和社会发展中政治权威的运用和控制的行使。同时，治理还指各种公共或私人机构管理其共同事务的诸多方式的总和，是使相互冲突或不同的利益得以调和并采取联合行动的过程。

由此可见，治理的概念具有广泛适用性，可泛指政府、公共组织、私人机构及社会、公众等各种主体之间的运作关系。其实际运行并不是简单的自上而下的管制，而是建立在一般规则、公共利益与相互认同之上的合作，主体既可以是政府等权力机构，也可以是私人机构，还可以是权力机构与私人机构的合作。

2. 生态环境治理

生态环境治理的内涵可分为两个层面:从自然科学的角度来讲,生态环境治理是指针对生态环境的修复、改进及污染性影响的预防和控制所开展的一系列技术性行为,例如空气污染治理、水污染治理、生物多样性保护等;人文科学则更多关注治理方式、方法、手段、模式的研究,人文科学认为,生态环境管理"并不是对环境本身进行管理,实质上是对影响环境的人的活动及相互关系进行管理"。结合上述"治理"的相关含义,人文科学视角下的生态环境治理侧重治理的社会属性,焦点在于环境保护的机制运作、人们对环境的认知、参与环境决策的权利等方面,主体主要是政府、私人机构、社会、公众等。

2.1.4　生态环境治理的目的

尽管自然科学与人文科学在生态环境治理上关注的重点不同,但二者所追求的生态环境治理的最终目的是统一的,具体包括如下内容。

1. 治理环境污染

随着经济与社会的不断发展,高耗能、高污染、高排放问题愈来愈严重,造成了各个方面的环境污染问题,包括大气污染、水污染、土壤污染等,严重危害人们的身体健康。因而,生态环境治理的首要目的就是治理环境污染、提高环境质量,保证人们享受良好的生态环境。

2. 保护自然生态

严重的环境污染与自然资源的过度开发使全球的自然生态都遭受了严重破坏,草原退化、土壤沙漠化、水土流失、生物多样性锐减等问题突出,人们面临严重的生态安全危机。如何在生态治理中有效地保护现有生态环境,实现人与自然生态的和谐发展,应是生态环境治理的重要课题。

3. 实现可持续发展

地球上的自然资源虽极其丰富,但也不是取之不尽、用之不竭的。在过去的50年里,生态足迹,即衡量我们对自然资源消耗的量尺增加了约190%。生态环境治理应该在严格控制人口增长、保护环境和资源永续利用的条件下，统筹经济建设与自然的关系，保证以可持续的方式使用自然资源和环境成本，使人类的发展控制在地球的承载力之内，实现代际公平。

4. 防控重大疫情

近年来，越来越多的事实证明，生态环境的破坏会促进重大疫情的发生。例如严重的大气污染使人们呼吸系统疾病频发，水污染与土壤污染也会使细菌、病毒滋生从而引发人类疾病，SARS、埃博拉等疫情都被证实与人类向野生动物的不当索取有关。因此，有效的生态环境治理在防止重大疫情的发生上具有重要作用。

2.2 生态环境治理模式与相关主体职责、定位

2.2.1 生态环境治理模式的形成

生态环境治理模式的形成存在一个循序渐进的发展过程。随着全球范围内生态环境问题的日益严重，人们对于拥有良好生态环境的需求逐渐强烈，保护环境的意识也逐渐增强。基于此，政府开始使用政策、法规等手段进行强制性环境管理，但在这一方式下，“政府失灵”逐渐显现。而后随着亚当·斯密“看不见的手”被逐渐认可，政府开始尝试利用市场手段解决环境问题，但在这一模式下，“市场失灵”问题同样难以解决，为环境保护带来阻力。托马斯·孔茨指出：“如果 20 世纪是管理的时代，那么 21 世纪将是合作的时代。”随着公共治理理论的发展，人们逐渐意识到生态环境问题已成为单纯依赖政府或市场，或者政府与市场的结合均无法解决的难题。因此，生态环境治理理论作为公共治理理论在环境治理领域的分支，逐渐产生、兴起并发展，并在生态环境保护方面发挥着重要作用。

1. 政府管制模式与政府失灵

在人们刚开始面临生态环境问题时，并不存在环境管理与环境治理的概念，治理环境污染与生态环境破坏几乎全凭企业与公众自觉。但由于生态环境的公共物品属性，大部分企业与个人并不会自觉参与到治理环境中，“搭便车”的现象也普遍存在。不仅如此，属于公共物品的生态环境还会导致企业

在破坏环境时不需要承担任何成本，在此情况下，企业过度利用资源、过度污染自然的现象日益频繁。随着环境问题的严重性不断加剧，人们开始关注自己赖以生存的生态环境。为了遏制环境的日趋恶化，人们开始呼吁政府介入，将环境公共物品委托给政府生产、提供、配置与监管。在环境问题与民众的压力下，政府开始以主体身份参与到环境管理中，政府管制模式应运而生。

“政府管制，是指政府或其他公共机构凭借其法定的权力，制定一定的法律、法规和政策等权威性的规则，并将其付诸实施，对社会主体的行为进行约束、限制和规范的一种管理、控制行为。”因此，生态环境管理中的政府管制模式是指政府及政府相关职能部门通过制定与执行权威性的法律、法规、政策等，对社会主体的环境行为进行直接或间接干预的一种管理、控制行为。

政府管制使得生态环境这种公共物品受到了法律的有效保护，避免了“公地悲剧”的发生，并且使政府可以通过征税的方式对排污者进行收费，将企业肆意污染环境造成的环境负外部性内部化，同时征税获得的资金还可以用于环境保护与治理。

虽然政府管制在环境管理上发挥了作用，但其弊端与缺陷也很明显，主要表现如下：①政府包揽环境问题的解决，必然给财政带来压力；②对于环境污染行为的监管成本过大；③政府管制使政府拥有环境管理方面的绝对权力，必然带来寻租行为；④地方政府为追求GDP的增长而与中央政府博弈，甚至成为排污企业的“保护伞”。种种问题显示，在生态环境问题的处理上，一味依赖政府的力量必然使得“政府失灵”。

2. 市场调控模式与市场失灵

政府管制模式出现了“政府失灵”，因此，随着新公共管理运动的开展，政府开始尝试利用市场手段解决环境问题，探索市场调控模式。市场调控模式是指政府以市场手段为主，激励市场主体自觉解决环境问题，以实现政府管理目标的模式。市场调控模式实质上是政府间接手段为主的管理，市场的自觉治理依赖于政府的法律法规与政策，社会参与程度也较低，远未达到环境治理所要求的程度，因此仍属于环境管理。

市场调控模式中，政府通过提供财政与金融支持，使企业从被动接受管制到主动参与到污染治理中，有效降低了政府的监管成本与财政压力，同时提高了企业治理环境的积极性，提高了环境治理效率。另外，政府的强制性命令减少，使企业可以按照自身特点进行环境治理与污染处理，降低企业成本，增强市场活力。

但同样，市场调控模式也存在着很多弊端，主要表现如下：①环境治理的目标分配存在问题，以排污权为例，排污权初始发放的多少无法有效界定；②生态环境属于特殊的公共物品，市场激励手段有限，无法解决复杂、困难的环境治理问题；③分配节能减排目标下，寻租仍然严重。因此，企业在市场调控模式下弄虚作假、逃避政府管制、骗取政府环境利好政策优惠，就会造成“市场失灵”，使环境治理不当。

3. 生态环境治理模式的特征

为了解决生态环境管理中的“政府失灵”与“市场失灵”等问题，公共治理理论逐渐被应用到环境领域，从而形成了环境治理理论，将理论运用于实践，便形成了相应的生态环境治理模式。

从以往的经验来看，政府管制模式与市场调控模式均属于单一主体的环境管理模式，其在实际应用中均体现出了双面性。一方面，单一主体下，资源的高度聚合在一定程度上表现出了解决环境问题的巨大效力；另一方面，权力高度集中、结构机制裂化的内在特征又为生态环境治理带来了广泛的负面影响。因而，为解决以往环境管理模式的种种问题而产生的环境治理模式的最大特点就是多主体的共同参与。

多主体共同参与的生态环境治理模式主要有以下三个特征。

(1) 治理主体的多元化。在生态环境治理中，并不存在唯一的权力中心，而是政府、市场、社会等多个权力中心并存，权力由其共同享有。这种模式打破了政府管制中政府对权力的垄断以及市场调控中政府与企业的勾结，形成了多个治理主体共同运作、相互监督的局面。多个权力中心下，任一主体都能够通过来自其他主体的压力促进自我约束，并能够通过各类主体的资源整合、共享，形成强大合力，进而共同解决生态环境问题。

(2) 治理方式的合作性。在生态环境治理模式下，多个主体之间通过协商、分工、合作以达成共同的治理目标，并在行动中持续不断地针对新产生的问题进行再协商、再分工、再合作，直至目标达成。虽然在生态环境治理模式之中，政府通常居于主导地位，但处于主导地位的治理主体与处于次要地位的主体并不存在管理关系，而是平权的合作关系，因此，合作是治理得以有效的重要因素。

（3）治理主体的平等性。在生态环境治理中，政府不再行使管理权，而是行使治理权。治理权同样是一种对其他治理主体产生影响与支配的权力，但却是通过与其他治理主体进行对话、协商、讨价还价、妥协、施压、分工、合作等方式来实现的。因此，在生态环境治理模式中，各治理主体之间相互平等，互利互惠，构成了良好的平等合作关系。

4. 生态环境治理模式的优势所在

生态环境治理模式与前文所提到的环境管理模式相比，具有以下优势。

（1）能够发挥各治理主体的长处，集中力量解决环境问题。在环境治理中，政府的长处体现在一般规则的制定、不同领域不同地区的资源配置等；市场的长处则体现在促进各行各业参与环境治理的积极性，推动行动的落实等；社会的长处主要体现在参与决策与监督，开展环境自治等方面。在生态环境治理模式下，各方主体的优势可整合在一起，从而形成合力，共同解决环境问题。

（2）打破权力封闭，提高环境治理效率。政府对环境进行自上而下命令式的环境管制，在解决环境问题上是缺乏时效性的，难免造成效率低下；企业以追求利益最大化为最终目标，若监督与管理不到位，市场调控模式就会失灵，同样无法提高治理效率。但如果使多方主体共同合作，从而组成一种政府主导、市场执行、公众参与的多元协作结构模式，并形成开放的监督体系，就会使各个主体各司其职，有效运行，充分提高环境治理效率。

（3）提升全社会的环境意识。目前我国公众的环境保护意识普遍不高，而环境治理模式则为公众参与环境保护工作提供了路径。广泛的社会参与可保证公众在环境治理中充分发挥监督与决策的重要作用，从而提高公众参与环境保护的积极性，最终提升全社会的环境保护意识，而全社会环境意识的提升又必然能够倒逼政府与市场更积极地开展环境治理工作。

（4）有效促成企业自觉开展环境治理。在环境治理模式下，企业要确保其自身的顺利发展，就必须与政府、社会保持良好的公共关系。如果企业不自觉开展环境治理，就会造成企业与政府、社会关系的恶化，影响其生存与发展空间。因此，在该形势下，企业会通过积极开展环境治理，参与环境公益事业，以换取政府与社会对企业的良好评价，谋求更大的生存与发展空间。

2.2.2　生态环境治理模式下各主体的职责分配

生态环境治理模式最大的应用价值就在于打破了单一主体的管理方式，建立政府、企业和社会组织、公众框架下的多元治理模式，因而分析各主体的定位与职责分配就显得尤为重要。

1. 生态环境治理模式下的政府

生态环境是一种典型的公共物品，政府作为国家力量的代表应一马当先地承担起解决环境问题、保护自然生态的责任。因此，虽然生态环境治理模式是一个由多个权力中心组成的治理网络，但我们仍不能动摇政府在治理模式中的核心主导地位，只是主要治理方式发生了改变，即从控制、管制转变为组织、协调，制定一般规则，将企业、社会组织与公众引入治理当中，并调动各参与主体发挥各自作用的积极性，创造共享的利益和共同责任，同时接受各方监督。在此定位下，政府的主要职责包括以下几个方面。

（1）保障环境质量。环境质量是指在一定的空间内，环境的总体或环境的某些要素对人类的生存繁衍以及社会经济发展的适宜程度。各级政府作为权力中央，应站在社会、经济发展，守护人民身体健康的高度上，不以利益最大化为目标，对全国环境质量负总责。

（2）总体监管。其实在生态环境治理模式下各个主体都应肩负起监管的职责，但政府作为治理的主导核心，应对企业、社会组织及公众参与环境治理的整个行为过程进行总体监管。

（3）保障环境信息公开。要促进各主体在环境治理上的通力合作，首先要保障信息的共享，政府信息公开一方面使其他主体获得知情权，便于监督政府行为，另一方面在全面了解的条件下，可使各主体发挥更有效的作用。

（4）促进社会组织与公众参与环境治理。要实现“治理”，就要使多个主体共同参与进来，而这一过程中的激励政策，就应由政府来完成。

（5）纠纷解决。治理是一个多方协作的过程，但俗话说，“有合作的地方就有竞争”,各主体在共同参与的过程中,一定会产生纠纷,这时,处于主导地位的政府就应肩负起纠纷解决的职责,保证治理体制的正常运转。

2. 生态环境治理模式下的企业

企业既是生态环境治理的重要主体,也是环境开发利用、污染破坏中的最主要因素,这种双面身份要求企业在生态环境治理的过程中承担更多的责任,实际上构成环境治理中的主要行动主体。

(1) 企业需要承担污染所带来的治理责任。企业由于自身生产经营而造成的污染本身就属于企业的经营成本,因此,污染者有责任承担起环境治理的相关成本;同时,经营成本的提高,能刺激污染者采取一定的措施来减少污染。

(2) 企业需要承担污染后续的保护和补偿责任。企业在对自然资源与环境的开发与利用过程中,必然会造成相应的改变和破坏,因此开发之后的养护成为有效减少对生态环境破坏影响的必要措施与企业应负的治理责任。

3. 生态环境治理模式下的社会组织

社会组织是指介于政府部门与营利性企业之间,依靠会员缴纳的会费、社会捐款或政府财政拨款等非营利性收入,从事前两者无力、无法或无意作为的社会公益事业,从而实现服务社会公众、促进社会稳定与发展的宗旨的社会公共部门,其组织特征是组织性、社会性、非营利性、自治性和志愿性。社会组织与政府和企业一样,是另一类重要的社会治理主体,在生态环境治理模式下同样承担重要职责。

(1) 促进公众环保意识的养成。因其相较于政府更贴近公众生活以及其非功利性的立场,社会组织推广的环保理念更易被公众所接受,在生态环境治理下应大力发挥该优势,培养公众的环保意识。

(2) 成为公众与政府间对话与沟通的桥梁。社会组织作为一种缓冲力量,应帮助公众形成与政府之间表达诉求与沟通对话的承接力量,促进及时沟通联系与问题反馈,化解公众与政府之间可能存在的误解与矛盾。

(3) 发挥民主监督作用。社会组织作为一种社会力量,可以对政府、企业、公众等主体开展相应的社会环境责任监督并积极参与环境决策,发挥民主监督的积极作用。

4. 生态环境治理模式下的公众

公众的参与为生态环境治理注入新的活力，其之所以成为生态环境治理中的重要主体，一方面是由于其参与环境治理的义务，另一方面是源于其拥有的公民权利。因而公众在生态环境治理下的职责主要包括：

(1) 身体力行地参与环境保护。斯德哥尔摩《人类环境宣言》中提到："人类有权在一种具有尊严和健康的环境中，享有自由、平等和充足的生活条件的基本权利，并且负有保护和改善这一代和将来世世代代的环境的庄严责任。"这就要求公众在日常生活中积极主动地参与到环境治理中，履行环境保护的责任。

(2) 参与生态环境治理过程中的公共决策。为充分联结个体利益与集体利益，公众应自觉主动地参与制定相关环境政策、加入相关环境保护组织实施公益保护性行为、介入环境纠纷的调节等相关活动中，致力于生态环境的维护与发展。同时，为防止环境治理过程中可能存在的各种违法或不当行为导致环境污染与破坏，公众也要有效地行使自己的民主监督权力。

综上所述，良好的生态环境治理模式应保证各个主体平等、协作地共同参与治理，建立互动伙伴关系，对优势和资源进行有效整合，各司其职，以协商、谈判、合作等方式建立一个环境事务治理联合体，最终达到解决环境问题、优化环境质量的目标。

2.3 我国生态环境治理的现状

2.3.1 我国生态环境治理的理论发展

改革开放以来，我国用40多年的时间完成了发达国家200多年的工业化进程，经济快速发展，经济规模持续扩大，各项经济总量指标已经位居世界前列，人民的生活水平也得到了极大的提高。但是，在繁荣景象的背后，是我国环境污染压力的与日俱增与生态破坏的日趋严重。因此，近年来我国越来越重视对于生态环境的治理，无论是在顶层设计还是基层创新上，我国的生态环境治理模式与体系都在不断发展，日趋完善。

2002年,党的十六大报告就提出要"推动整个社会走上生产发展、生活富裕、生态良好的文明发展道路"。2007年,党的十七大报告首次提出"建设生态文明",强调要"共同呵护人类赖以生存的地球家园",自此我国把生态建设上升到文明的高度,对推进我国生态环境治理、维护全球生态安全和可持续发展都具有深远的历史意义。

2012年党的十八大召开,开启了中国环境治理的新时代,面对资源约束趋紧和环境污染严重的严峻形势,十八大提出,必须将生态文明建设纳入中国特色社会主义事业总体布局,并放在突出地位,融入政治建设、经济建设、文化建设、社会建设各方面和全过程,努力建设美丽中国,实现中华民族永续发展。把生态文明建设上升到国家战略,这在我国生态环境治理上具有里程碑意义,标志着我国要从建设生态文明的战略高度来认识和解决生态环境问题。

随后,党的十八届三中、四中全会进一步将生态文明建设提升到制度层面,指出要"建立系统完整的生态文明制度体系""用严格的法律制度保护生态环境"。十八届五中全会则强调指出,要加大环境治理力度,以提高环境质量为核心,形成政府、企业、公众共治的环境治理体系。至此,长期以来缺少制度依据的环境治理活动终于有了制度保证。

党的十九大报告进一步夯实了我国生态环境治理的理论基础,提出"必须树立和践行绿水青山就是金山银山的理念,坚持节约资源和保护环境的基本国策,像对待生命一样对待生态环境,统筹山水林田湖草系统治理"。2020年,中共中央办公厅、国务院办公厅印发了《关于构建现代环境治理体系的指导意见》(以下简称《指导意见》),要求构建党委领导、政府主导、企业主体、社会组织和公众共同参与的现代环境治理体系,以实现政府治理和社会调节、企业自治的良性互动,完善体制机制,强化源头治理,形成工作合力。《指导意见》的提出同样为我国推动生态环境质量实现根本好转、建设生态环境治理体制提供了有力的制度保障。

综上所述,我国生态环境治理的理论发展自党的十六大以来逐步实现了四个阶段的全面升华。其一是观念上的转变:从一开始的重经济效益转变为生态效益与经济效益并重,甚至到"宁要绿水青山,不要金山银山";其二是政策上的升级:将环境问题上升到国家发展层面的战略高度,将生态文明建设纳入中国特色社会主义事业总体布局;其三是制度上的重构:建立健全系统完整的环境法规、标准、政策,实行最严厉的环境保护制度;其四是环境治理模式的创新实践:构建政府、企业、社会组织和公众共同参与的现代环境治理体系,充分调动一切积极因素,共同参与环境治理。

2.3.2 我国面临的生态环境问题

尽管近年来我国在制度层面对生态环境治理越来越重视,但一直以来对环境保护的忽视与盲目追求经济增长而造成的环境问题并非一时可以解决,且在我国生产力日益发展的情况下,当前由经济快速发展带来的一系列生态环境问题更为突出。

其中首要问题是严重的空气污染,造成我国空气污染的包括工业污染、交通污染、生活污染等。随着我国汽车数量和煤炭发电量的高速增长,空气中氮氧化物和二氧化碳的成分也在相应升高,酸雨的范围也在不断扩大。同时紧随我国经济快速上升的是工业企业的不停扩张,空气污染日益严重,在许多工业发达的城市,城市的空气污染已经超过人类可居住的正常标准,严重影响居民生活,雾霾天气也经常出现。

与大气污染同样严重的是水污染问题,我国拥有世界20%的人口却只有世界6%的淡水资源,淡水资源极其匮乏,加之目前我国制造业、工业对江河湖泊的严重污染,安全饮用水问题越来越突出。从环境保护部(原国家环保总局)的调查来看,我国水污染事件不断发生,已超过150起。《2006年中国环境状况公报》显示,我国有40%的河水属于严重污染,黄河、长江、淮河等重要水系水质均堪忧。

除此之外,固体废弃物产生的增长、土壤中存在的重金属污染、农业生产生活中带来的面源污染均对环境安全及人体健康构成了极大威胁。

与环境污染一样,我国还存在着严重的生态问题。土壤荒漠化沙化严重,共涉及约356万平方公里的土地。水土流失问题突出,黄河流域与长江流域每年分别有16亿吨、24亿吨的泥沙随流而下。水土流失进而带来了湿地萎缩问题,据绿色和平组织统计,过去半个世纪,超过50%的滨海湿地在我国消失，湿地被誉“地球之肾”，一旦出现问题，其调节气候、调蓄洪水、净化水体的能力便会大打折扣。旱涝灾害也在不断加重。

同时生态环境的破碎化、大型水利工程的兴建以及栖息地环境的改变导致我国生物多样性锐减，濒危野生动植物种类增加。

整体来看，我国生态环境现状不容乐观，除此之外，生物入侵、全球变暖、海洋生产力下降等环境问题也同样威胁着我国的生态安全。

2.3.3　我国生态环境治理体系现状

在生态环境问题日益严峻的情况下，我国生态环境治理体系也在不断发展。由上述制度设计可以看出，我国环境治理体系的演变是在生态文明建设理念的提出与不断完善下进行的，且经过多年的发展与实践，已初步形成以政府为主导，企业、社会组织与公众均有所参与的生态环境治理格局。

1. 政府参与生态环境治理的现状

政府是我国生态环境治理的主要力量，在我国环境治理体系中居于主导地位。目前建立的横向、纵向两个维度的管理体制，已经在我国环境治理中发挥重要作用。

横向管理体制主要指承担污染防治与环境保护责任的中央、国务院相关部门以及各部委等，它们根据职责定位与国务院授权，大致可分为“协调机构、职能部门、支撑部门”三类。环境协调机构是指协调各部门共同参与生态环境治理的组织议事机构，如各种工作领导小组；环境职能部门是指具体承担各自领域污染防治与环境保护责任的相关部门；环境支撑部门指依附于各个职能部门的事业单位。据统计，目前我国每一个环境职能部门的直属事业单位大都超过15个。

纵向管理机制存在于我国地方政府与中央政府之间。根据我国《环境保护法》的规定，地方政府需要对辖区内的环境质量负全责，是辖区内环境好坏的责任主体。因此在地方的生态环境治理中，位于主导地位的是地方政府，中央政府主要对其实行业务指导与监督。目前，我国在中央对地方的监督上已建立起了一套自上而下的制约体系，主要包括区域监察机构的设置与环境质量评估考核体系的建立。

在推进多元环境治理体系的构建上，我国政府也主动激励社会、公众的全面参与，维护环境治理的市场秩序，有意识地做好政府信息公开等工作。

2. 企业参与生态环境治理的现状

目前，我国企业自觉履行环境责任的状况有所改善。一方面是受国际社会绿色经济发展的影响，另一方面是受到了来自我国政府的巨大压力。2015 年新修订的《环境保护法》对排污企业应负的环境责任进行了明确的法律规定，其中提到企业生产经营者或事业单位有责任减少污染问题与资源浪费问题，并且对于已经造成的污染行为也要依法承担法律责任。此举显著提高了企业的环境违法成本，迫使其参与生态环境治理。

同时，以企业为主体的排污权交易制度也不断发展，目前我国已设立 12 个排污权交易试点，全国 19 个省市陆续开展了排污权交易工作，交易范围涉及建筑、电力、食品等多个行业。排污权交易制度建立起了企业参与生态环境治理的市场机制，也初步实现了其有效运作。

3. 社会组织参与生态环境治理体系的现状

目前，我国还未形成系统有效的环境社会治理体系，但是社会组织的发展与运营得到了一定的保障。一方面，政府、企业积极进行环境信息公开，使社会组织在生态环境治理中有了参与依据；另一方面，政府会向社会购买服务，以支持公益行社会组织的发展，帮助其有条件更多地进行环境保护行为。另外，在 2012 年，《民事诉讼法》重新规定"对污染环境、侵害众多消费者合法权益等损害社会公共利益的行为，法律规定的机关和有关组织可以向人民法院提起诉讼"，使环境公益诉讼有了法律依据，也在一定程度上激励了社会组织在生态环境治理中的参与。

4. 公众参与生态环境治理体系的现状

目前，公众在生态环境治理中越来越活跃。我国首先在法律上明确规定了公众参与环境保护的基本权利与义务，随后各项政策规定也相继出台，为公众参与环境治理提供了制度保障，极大地促进了公众参与环境保护的积极性。另外，随着社会的不断发展，我国公众的环保意识逐渐增强，参与各类环境决策的愿望也更加强烈。

2.3.4　我国生态环境治理工作的成效

在制度顶层设计的指引下，我国生态环境治理工作取得了巨大成效，具体表现在以下几点。①

（1）林业生态建设效果显著。2013年，第八次全国森林资源清查结果显示，我国森林面积2.1亿公顷，森林覆盖率21.6%，森林蓄积151.4亿立方米。与1976年第一次全国森林资源清查结果相比，森林面积增加了0.9亿公顷，森林覆盖率提高了8.9%，森林蓄积增加了64.8亿立方米，森林资源总体呈现总量增长、质量提升、结构优化的变化趋势。

（2）自然生态保护不断加强。自然保护区方面，2016年，我国共有自然保护区2 750个，比2000年增加了1 523个；共有自然保护区面积14 733万公顷，比2000年增长了50.0%。湿地方面，第二次全国湿地资源调查结果显示，我国湿地总面积5 360.26万公顷，湿地保护率达43.51%，湿地保护系统已逐步建成。水土流失方面，2016年，我国累计水土流失治理面积12 041万公顷，比2000年增加3 945万公顷；新增水土流失治理面积562万公顷，比2003年增长1.4%。可以看出，我国在自然保护区建设、湿地资源保护与水土流失治理方面成效显著。

（3）荒漠化、沙化程度减轻。第五次全国荒漠化和沙化土地监测结果显示，我国荒漠化土地面积261.16万平方公里，沙化土地面积172.12万平方公里，与第四次全国荒漠化和沙化土地监测结果相比，全国荒漠化土地面积减少了1.21万平方公里，沙化土地面积减少了0.99万平方公里，说明我国荒漠化和沙化程度逐步减轻，防沙治沙工作取得了明显成效。

（4）主要污染物减排效果不断显现。"十二五"规划纲要对化学需氧量、氨氮、二氧化硫、氮氧化物实施排放总量控制。政策施行后，至2015年，全国化学需氧量、氨氮、二氧化硫和氮氧化物排放量分别比2012年下降了8.3%、9.3%、12.2%和20.8%，均完成了"十二五"规划制定的排放总量控制目标，主要污染物的排放逐步得到控制。

---

①　数据来源：国家统计局《改革开放40年经济社会发展成就系列报告之十八》。

(5) 大气污染与水污染得到明显改善。针对大气污染,2013 年,国家出台了《大气污染防治行动计划》,对改善区域大气环境质量提出了明确目标要求。自实施以来,我国空气质量达标城市数和优良天数均有所增加,城市颗粒物浓度和重污染天数逐步下降;针对我国水污染现状,2012 年,国家出台了《水污染防治行动计划》,切实加大水污染防治力度,保障国家水安全,并在重点流域方面,出台了《重点流域水污染防治规划》进行重点治理。政策出台以来,我国地表水水质、湖泊水水质、近岸海域水质均得到明显改善。

2.4 我国生态环境治理的困境与优化对策

2.4.1 我国生态环境治理的困境

由上述可知,经过多年的发展与实践,我国生态环境治理体系建设取得了一定的进展和成效,环境污染与生态破坏也得到了一定程度的改善,但与此同时,我国生态环境治理仍存在一系列问题,在实现多元合作共治中也存在着诸多现实困境,主要表现在以下方面。

1. 经济发展与环境保护的矛盾不断加剧

尽管我国在制度设计上指出“宁要绿水青山,不要金山银山”,但高速的经济发展带来的巨大经济利益使人们在实际生产中很难贯彻这一指令。确实,发展经济与保护环境本身就具有斗争性,但它们在具有斗争性的同时,又是相互促进、相互制约的。人们总单纯地将环境保护放在经济发展的对立面,认为控制污染就意味着提高成本,就意味着利润的减少。但实际上,环境作为生产资料的来源,是生产力及经济增长的关键要素,其价值或许无法在短时间内体现出来,但从长远来看,环境好坏关乎着人类生活质量的高低,只有拥有高质量的环境,人类才能更好地进行生产经营活动,进而推动经济发展。保护环境所带来的利益是长期的、整体的,正是因为人们只注重短期利益,忽视长期利益,才会造成经济增长与环境保护的矛盾加剧。

2. 法律体系不健全,法治运行机制不完善

我国目前有关生态环境保护的法律规定比较少,未形成完善的法律体

系。随着《环境保护法》的全面修订，很多地方都启动了制定地方环保法规的进程，但由于能力不足和急于求成，各法律之间会存在一些冲突及遗漏的现象，立法质量有待进一步提高。且《环境保护法》下《水污染防治法》《大气污染防治法》等相关法律的具体内容没有得到及时修缮，落后于现有制度。

在环境法制运行机制方面我国显得更为缺乏，难以保障生态环境法治化治理的顺利进行。立法方面，缺乏常规化、制度化的安排，立法程序不够明确。执法方面，由于职责划分不明确及联合执法措施不到位，存在普遍的执法不严现象。司法审判方面，生态环境纠纷缺乏专门性的审判机构来处理，未形成完备的制度来处理管辖范围、权限与环境污染损害赔偿等问题，跨区域的环境污染诉讼问题仍得不到有效解决。因而我国环境法制机制运行从立法、执法到司法均需大力完善。

3. 生态环境治理模式运行不佳

从管理机构来看，虽然我国已经建立了横向、纵向两个维度的管理体制，但在运行中仍存在很多问题。横向上，各机构与部门之间的权限、职责规定不够明确清晰，在具体处理生态环境问题时容易相互扯皮、推诿，执行情况较差。另外，环境保护与资源开发的矛盾普遍存在，在一定程度上抑制了环境治理的进行。纵向上，环境保护部门过于受限地方政府，权利弱、话语权低，难以抵抗地方保护主义势头，甚至在某些领域形同虚设，阻碍环境治理行为的实施。

从企业方面来看，政府的激励措施还不甚到位，导致其对于环境治理的参与仍不足，趋利性下治理动力不够。而在参与的过程中，也存在一些问题使得治理模式运行不佳。首先是作为污染单位，企业的环保意识和环保责任感仍较为薄弱，影响其环保行为和决策。其次是污染类企业环境治理信息披露不充分，存在趋利避害隐藏部分信息的情况，使其他主体难以发挥监督与指导作用。最后是行业协会在企业环境治理中的缺位，行业协会在环境治理中应充分发挥确立环境标准、整合环保行业信息并报告给政府以协助其进行环境质量监督的作用，但在现实生活中常被忽视。

从社会治理来看，我国社会组织在环境治理方面发挥的作用还很微弱。首先是目前存有的环保非政府机构数量少且质量参差不齐，在处理环境问题上无法形成力量且能力欠佳。其次是政府、企业等层面对社会主体发挥治理作用的认识还不到位，对社会组织的支持还不够，我国社会组织运行的主要费用来源于会费、企业捐赠、政府资助等，经费短缺，必然导致其治理效果无法有效发挥。

最后，从公众层面来看，虽然随着社会的进步与环境问题日益加剧，公众的环保意识与参与意识都在不断增强，但受限于我国环境保护教育活动开展的不足，公众对于环境知识和环境信息还是相对缺乏，参与程度十分有限，影响力也不够大。另外，我国的环保宣传教育工作还不到位，没有很好地推动公众切实参与环境保护行动。

4. 环保资金投资渠道不畅，投入不足

生态环境是一种特殊的公共物品，由于短时间来看投资回报小，环境保护更是一项公共事业。目前我国社会资金投资生态环境保护领域的积极性还没有得到充分发挥，环境治理资金的多渠道投资融资系统还没有形成，导致投资渠道狭窄。这使得我国进行环境治理的资金主要来源于政府，给财政带来巨大压力且投入环境治理的资金并不能满足各地环境治理工作的需求，导致环保治理资金不足。

5. 生态环境治理在疫情防控工作中存在短板

疫情给生态环境工作带来了不小的挑战，也暴露出我国生态环境领域在应对重大疫情时治理体系和治理能力建设上的短板和不足。从预防疫情发生的角度来看，我国在野生动物保护体系上存在严重的法律缺陷与监管问题，《野生动物保护法》立法目的不准确、保护范围狭窄，非法交易监管乏力、执法不严，缺少面向社会的野生动物保护教育，使得我国野生动物未能得到有效保护，进而导致滥捕滥杀、野味市场泛滥，引起重大传染病疫情；从疫情防控的角度来看，首先是生态环境应急管理体系的不完善，在生态环境应急机制建设、应急物资储备、应急监测与污染物的应急管理等方面均存在相应问题。其次在生态环境部分领域的管理还存在短板，环境信息报送、公开不到位，环境管理信息系统与大数据还未发挥应有作用。最后生态环境治理能力还有待提升，环境执法、监测基础能力薄弱，基层人员素质、装备及专业化水平难以应对复杂突发环境事件的客观需求，多元主体参与的环境风险治理决策机制也尚未形成。

6. 生态环境治理的责任追究机制还不健全，政绩考核体系需完善

管理机构职责不明，环保部门权力不足，未形成完备的责任追究机制，使得地方政府与相关企业不能受到有效的约束，惩戒力度小，执法力度弱，违法成本低。我国虽然把环境质量列入了政绩考核指标中，但现存的政绩考核体系仍是重经济、轻环保，没有充分反映生态环境治理的要求，使得一些地方政府常常大力发展经济而无视经济活动对环境造成的破坏，以牺牲环境指标来实现其他经济指标的增长，造成生态环境治理不力。

7. 市场机制尚不健全，难以在生态环境治理中发挥有效作用

目前我国资源性产品定价过低，价格中没有包含资源的稀缺价值和生态价值，致使过度消费现象普遍；生态治理的市场化机制不完善，排污权交易等很多制度仍处于试点阶段，企业的排污行为未得到有效控制。

8. 环境保护领域科技创新能力仍然不足

我国对环保领域的科研创新重视不足，环保科研队伍规模小，领军人才少，科研能力十分薄弱。国家环境保护领域的重点实验室和工程技术中心建设与运行资金缺乏保障，环境治理需要的科技创新能力有待进一步加强。

2.4.2 生态环境治理的国际经验

国外发达国家普遍走的是先污染后治理的传统工业化道路，其生态环境治理体系在不断探索与实践的过程中已日趋完善。从上文可以看出，我国生态环境现状不容乐观，面临着繁复的生态环境问题，且虽然我国的生态环境治理体系在顶层设计与管理体制改革的推进下有了一定的发展，但仍存在着诸多不足。为了改进我国的生态环境治理体系，切实高效地提高我国环境质量，需要借鉴国外优秀的生态环境治理经验，探寻适合中国国情的生态环境治理方式。

通过梳理英、法、德、美、日等发达国家的生态环境治理理论、制度及模式，总结其经验主要如下。

1. 环境法律制度体系不断完善，从碎片化向系统化方向发展演变

纵观发达国家环境法律体系的发展历程，基本上都是从碎片化向系统化

的方向发展演进的。英国早在19世纪就开始制定早期的污染防治法，但具有明显的碎片化特点，例如颁布的《河流污染防治法》《制碱等工厂管理法》和《公共卫生(食品)法》等，法律之间缺乏有效衔接和联系，甚至毫无关联。直到20世纪中后期，环境立法数量逐渐增加，环境法律也由此步入系统化轨道。1974年颁布的《污染控制法》使英国环境立法进入了新的阶段，2008年颁布的《气候变化法案》则更具长远战略性。法国同样是在总结法律实施的经验教训后，在20世纪60年代开始对分散的法律进行归并，逐步建立起了系统、完备的环境保护法律体系，改善了生态环境治理的效果。

2. 经济激励与市场机制在生态环境治理上发挥重要作用

从单一的政府管制模式向市场参与、多元共治的环境治理模式发展是发达国家生态环境治理的普遍趋势。德国自20世纪80年代开始，就将环境保护的重点转变为采用市场机制进行调节，广泛推行污染者付费原则，利用市场机制推动污染者与污染企业主动向更有利于环境保护的生产方式上转型，提高治污效率。日本也充分发挥碳排放交易市场、可再生能源市场、排污权交易市场等的作用，使企业在自行承担污染成本的情况下实施节能减排，发展循环经济，政府同时会在这一过程中给予必要的补贴和税收优惠，进一步激励企业参与生态环境治理。

3. 社会参与推动生态环境治理发展

社会具有良好的环境参与意识是生态环境有效治理的基础条件。法国一直以来就十分重视让社会公众与非政府组织的代表参与生态环境治理，在制定环境保护法律法规、制度和排污收费标准时，都会广泛征求各方意见，以增强政策的可行性和有效性。英国在政府环境决策制定、环境影响评价、环境公益诉讼等多个方面积极推动公众参与，鼓励地方政府在环境治理方面切实参考公众意见。德国拥有非常发达的环保社会组织，社会组织不但自身积极地参与环境治理、保护环境，在提升公众环保意识上也发挥重要作用，会向公众开设免费讲座，发放环保知识手册。同时，德国还非常重视信息公开，并针对此出台了《环境信息法》，通过及时、全面地公开信息，帮助社会各界积极参与到环境治理与监督中。社会的广泛参与提升了政府环境治理的规范性及有效性，也有助于增进环境公共治理的公平正义性。

4. 保证环境资金的使用效率

美国保证环境资金使用效率最重要的手段就是具有远见的新绩效环境预算制度。它以《政府绩效和结果法案》为依据，以绩效管理为主线，通过部门战略计划、年度绩效计划和绩效报告等文件制定绩效目标，旨在对联邦政府的环境保护支出责任进行准确刻画和精细分配，进而测算、确定部门环境领域的收支预算。这种制度，在环境保护资金的管理与分配上都具有明显优势，保证了环境资金的使用效率和环境管理目标的实现，是我国财政预算制度借鉴和学习的方向。除此之外，美国还制定了一系列措施来引导各级政府的绿色采购行为，使政府对生态产品实行优先采购，促进了环保行业的发展与环境保护产品的生产与消费。

5. 建立完备的重大疫情及其他环境突发事件应急管理制度

面对重大疫情及其他环境突发事件的频发，发达国家高度重视环境应急管理建设。在环境污染突发事件预警应急管理规划方面，1992 年美国制订了联邦应急计划，并在 1994 年进行了新的修订，规定了联邦政府 27 个部门的灾害救助职责，并规范了相当具体的工作程序。英国对在重大疫情及其他环境突发事件中需要的物资、人员、资金等各类可用资源，均定期进行风险评估分析，并建立相应的应急保障制度。在预警应急管理的技术支撑系统建设上，日本积极研究开发和建设信息系统，加强信息的统一性和共享性能，其应急信息系统是由信息联络系统、信息收集系统和宣传、信息披露、媒介应对系统等子系统组成的，为及时了解和掌控重大疫情及其他突发事件的应急进程提供了技术保障。

6. 注重环境教育

日本在经济发展与工业化推进的同时也造成了严重的生态破坏，日本政府在加大力度治理环境污染的同时，清晰地认识到环境教育对社会发展与生态环境保护的重要性，率先在全国范围内开展环境教育工作。日本是亚洲第一个制定并颁布环境教育法的国家。德国的环境教育从幼儿园就开始，一直贯穿小学、中学、大学以及全民终身的职业教育体系中，通过不断地强化环境教育理念，全面提高公民的环保意识、环保知识与环境保护行为，进而形成全民治理的社会氛围。

7. 大力支持环境领域科学研究的开展

环境科学研究会为生态环境治理提供强有力的技术支撑。日本政府高度重视环境科学技术的研发，在科学技术研发领域提供大量资金支持，且在环境治理中提倡进行科学决策。美国环境科学研究的内容广泛，包括基准研究、数据库建设、模型开发、预测预警等，均为美国环境标准的制定及环境治理的实施提供了科学依据。

2.4.3 我国生态环境治理的优化对策

根据上文对国际发达国家生态环境治理经验的总结以及我国生态环境治理中存在的现实困境，为增强治理能力，提高环境质量，提出以下优化对策。

1. 转变经济增长方式，走可持续发展之路

从以经济建设为中心，到科学发展观，再到首次将生态文明建设纳入社会主义现代化建设五位一体的总体布局，可以看出我国正在由以资源消耗、基础制造为主的粗放式经济向以科技引导、可持续发展为动力的绿色经济转变。而在这一转变中，生态保护先行、绿色发展是重中之重，中国应当立足国情，学习西方先进经验，加快转变经济发展方式。首先，要促进企业进行技术创新与产业链升级改造，使企业认识到生态环境治理所带来的长期利益，激励其进行绿色转型发展；其次，在国家重大决策中要充分考虑生态文明建设与绿色发展，切实转变以追求单一经济发展与进步为目标的观念；最后，要提升全民的环境保护意识，形成人人参与生态环境治理的社会氛围。

2. 健全环境法律制度，加强环境治理法律保障

生态环境的改善，最根本的是构建健全的法律体制。首先，应立足于中国实际，加快健全以污染物控制、环境与经济综合决策为原则，以环境影响评价、污染物排放许可证、环境审计为重点的环境保护法律制度。同时增强资源节约、生态建设等法律法规之间的系统性和整体性，保障各法律条文之间的协调统一，从而实现污染物综合控制和全过程控制的基本目标。环境的改善，最核心的还在于提升执法的水平和效率。党的十八届四中全会提出，依法治国是坚持和发展中国特色社会主义的本质要求和重要保障，是实现国家治理体系和治理能力现代化的必然要求。因此，应在生态治理的各个环节

中,保障执法必严,构建全面的生态治理、绿色发展考核和评价体系,同时将综合生态效益纳入经济发展指标,以增强生态执法水平和绿色执法效率。

3. 明确生态治理中各主体间的关系与职责

政府在生态环境治理中具有重要优势,主要体现在政策制定、信息公开、资源整合等方面,因此要发挥好政府在环境治理中的主导作用。同时,中央政府要通过提供环境技术、资金、信息等手段激励并约束地方政府进行环境公共治理。除政府以外,社会组织、公众等社会力量也是推动生态治理的重要角色,不可忽视。应加强社会组织的建设,加大政府对社会组织运行的政策与财政支持,同时鼓励公众积极参与到环境政策决策与监督管理中。在生态环境治理体系建设中,政府要充分整合企业、社会组织、公民等各方力量,加强制度创新,使各主体共同承担起生态治理责任。

4. 建立和完善有利于重大疫情防控的生态环境治理体系

为了可以成功预防和处置造成重大社会影响的传染病疫情,生态环境治理体系应从以下几个方面进行优化:①加强日常生态环境治理,完善疫前防范体系。加大日常生态环境的监管力度,对发现的生态环境违法问题和生态环境风险隐患绝不姑息,加强对基层环境工作人员的业务培训,充分发挥环境管理信息系统作用,着力提高一线人员的业务素质,以降低疫情发生的概率;全面提高重大疫情处置过程中的环境应急能力。②加强环境应急制度建设。完善突发应急预案,建立并强化应急联动机制,提高突发环境事件信息获取与处置效率。积极推进环境应急能力标准化建设,在应急监测、应急物品储备及污染物应急管理方面做到标准支撑,科学应对。③重视国际合作和公众参与,构建广义的重大疫情下生态环境应对体系。随着全球一体化进程的发展,重大疫情的发生不再只局限于某一地区或国家,我国必须重视与其他国家的沟通合作以提高生态环境领域的治理效率。④提高公共参与度。重大疫情下生态环境治理必须重视公众的参与,向公众传播生态环境领域的预防与处置措施,同时充分利用公众加强突发环境卫生事件的监测工作,共同参与疫情下的生态环境治理。

5. 提升环境信息透明度,提升公众参与率

公众得以有效参与生态环境治理的前提是充分共享环境信息,拥有对环

境信息的知情权。要保障公民对环境信息的知情权，就需要政府不断完善环境信息的公开制度，让公众切实了解与自身相关的水质环境、企业环保行为以及重大污染物排放的实时信息。其次，要搭建起公众参与生态环境治理的桥梁，保障公众的监督权与决策权，使公民参与环境政策的渠道畅通。在治理过程中，对于影响公众切身利益的生态违法事件，更要广泛听取并接纳公众意见，满足公众需求，提高公民在生态环境治理中的参与率。

6. 提升环境保护领域的市场化程度

现阶段，中国的环境管制主要依靠强制性命令、处罚等行政手段来进行，但该模式下，政府所承担的环境保护成本大，效率低下。因此，应加大市场体制下激励性经济手段的使用，进一步完善生态补偿机制，健全排污权交易、排污许可证交易、碳交易市场的运行机制与监督机制，利用市场手段将环境污染的负外部性内部化，激励企业或个人参与环境治理，改善环境质量。

7. 保证财政资金稳定支出，提升社会资本参与积极性

环境问题，从根本上来说属于社会公共问题，只有依靠政府的稳定投入机制才得以保障。因此，在生态环境治理的资金投入中，首先，要提升节能环保科目在中央和地方预算收支决算表中的分享比例，使其规模与中国经济发展水平和环境公共治理的客观需求相对应。其次，由国际经验可以看出，越来越多的社会资本在环境治理领域处于观望状态，而生态环境治理一旦接纳社会资本的投入，可大大减轻政府财政压力。因此，应以政府注资、税收减免、政策优惠等方式鼓励社会资本参与到环境治理领域，分担财政压力，提升环境治理整体效率。

8. 推进环境教育立法与实践

通过教育的方式使环境保护的观念深入人心进而转化为人们积极主动地参与到生态环境治理中，比通过制定严格的命令与处罚措施更能起到环境保护的效果。因此，推进环境教育事业意义重大。这就要求我国：①积极推进环境教育立法，颁布《环境教育法》，使环境教育有法可依；②切实将环境教育落实到我国的各级教育体系中，在各级学校中开展正式的环境教育课程；③鼓励企业组织召开环境保护教育论坛或讲座，提高企业领导和员工的环保意识与环境保护技能；④加强社区、媒体等渠道的宣传教育，通过增设环境保

护教育栏目、印发环境知识手册以及在社区宣传栏内张贴宣传海报等方式对公民进行环境教育以提高公民的环保意识。

9. 增强环境保护领域科技创新能力

环保科学技术的进步，是增强生态环境治理能力的重要支撑。因此，首先，应建立以环境科技为基础的科学决策机制，使各部门在进行环境治理决策时必须以科学理论为依据，提高管理决策的科学性；其次，要推进实施环境科技创新工程，搭建环境科技创新平台，以为我国生态环境治理的各个过程提供科学技术保障；最后，要强化重点实验室和工程技术中心等基础平台的建设，切实提高我国环境领域的科技创新水平。

参考文献

[1] 欧阳志云.加强我国生态系统保护的对策和建议[N].中国科学报，2017-08-07(007).

[2] 徐炜，马志远，井新，等.生物多样性与生态系统多功能性：进展与展望[J].生物多样性，2016，24(1)：55-71.

[3] 李秀山，李俊生，孟伟，等.探索生态系统服务价值开启生物多样性保护新路[J].环境保护，2012(17)：12-15.

[4] 邬晓燕.我国生态文明治理变迁与责任落实[J].中国党政干部论坛，2019(12)：66-69.

[5] 张锋.环境治理：理论变迁、制度比较与发展趋势[J].中共中央党校学报，2018，22(6)：101-108.

[6] 李晓龙.多中心治理视角下中国环境治理体系的变迁与重构[D].重庆：重庆大学，2016.

[7] 薛世妹.多中心治理：环境治理的模式选择[D].福州：福建师范大学，2010.

[8] 杨启乐.当代中国生态文明建设中政府生态环境治理研究[D].上海：华东师范大学，2014.

[9] 韩兆坤.协作性环境治理研究[D].长春：吉林大学，2016.

[10] 朱国华.我国环境治理中的政府环境责任研究[D].南昌：南昌大学，2016.

[11] 姚林如，李建南.公众参与环境治理的动力机制研究[J].老区建设，2019(2)：37-41.

[12] 周承龙.多元主体视角下中国农村生态环境治理的困境与对策研究[D].重庆：重庆大学，2017.

[13] 胡凌艳.当代中国生态文明建设中的公众参与研究[D].泉州：华侨大学，2016.

[14] 金洁沛.生态社会主义视角下我国生态治理问题研究[D].郑州:郑州大学,2016.

[15] 范凤霞.我国环境治理现代化的实现机制研究[D].济南:山东建筑大学,2016.

[16] 张彩玲,裴秋月.英国环境治理的经验及其借鉴[J].沈阳师范大学学报(社会科学版),2015,39(3):39-42.

[17] 刘超.习近平生态治理理论与实践研究[D].武汉:华中师范大学,2015.

[18] 马晨.我国环境治理投资绩效及其影响因素实证分析[D].长沙:湖南大学,2015.

[19] 王敏,黄滢.中国的环境污染与经济增长[J].经济学(季刊),2015,14(2):557-578.

[20] 杜辉.环境治理的制度逻辑与模式转变[D].重庆:重庆大学,2012.

[21] 巩羿.英国空气污染治理经验对我国空气治理政策的启示[D].北京:中央民族大学,2013.

[22] 卢洪友.发达国家环境治理经验的中国借鉴[J].人民论坛·学术前沿,2013(15):76-81+95.

[23] 万希平.德国生态环境治理与保护的基本经验及借鉴价值[J].求知,2020(2):54-56.

[24] 年猛.日本开展生态环境治理的主要做法及启示[J].中国发展观察,2019(19):74-76.

[25] 孙智帅,孙献贞.环境治理的国际经验与中国借鉴[J].青海社会科学,2017(3):35-43.

[26] 刘小泉,朱德米.合作型环境治理:国外环境治理理论的新发展[J].国外理论动态,2016(11):67-77.

[27] 汤金金,孙荣.多制度环境下我国的环境治理困境:产生机理与治理策略[J].西南大学学报(社会科学版),2019,45(2):23-31+195.

第3章　重大疫情与生态环境治理间的关系

3.1　新冠肺炎疫情的应对

截至2020年4月14日，新冠肺炎疫情已导致211个国家和地区的188万余人感染确诊、11万余人死亡，其中，中国8.3万余人感染确诊、3 300余人死亡。为防控疫情，国内外纷纷出台相关应对举措。

1. 国内疫情应对

1）中央政府布控

这次新冠肺炎疫情是新中国成立以来，传播速度最快、感染范围最广、防控难度最大的重大突发公共卫生事件。疫情发生后，党中央国务院高度重视，立即启动国家应急响应，成立中央应对疫情工作领导小组和国务院联防联控机制，习近平总书记亲自指挥、亲自部署防控工作，明确要求防控新冠病毒疫情是当前各级政府的首要任务，李克强总理任中央应对疫情工作领导小组组长，统筹协调各相关部门和全国各省（市、区）各项防控工作，并第一时间亲赴武汉现场考察指导，孙春兰副总理驻武汉前线指挥部亲自领导和协调一线防控工作。

全国防控工作由前期在武汉等湖北重点地区快速上升到全国疫情的全面控制，主要经历了四个阶段。三个重要事件可以作为四阶段的分期标志：一是2020年1月20日新冠肺炎纳入法定报告乙类传染病和国境卫生检疫传染病，标志着由前期的局部防控进入依法全面采取各项控制措施的转变；二是2020年2月8日国务院下发《关于切实加强疫情科学防控有序做好企业复工复产工作的通知》，标志着中国防控工作进入疫情防控与全面恢复社会经济正常运行统筹兼顾阶段。三是2020年3月8日，外交部成立防范境外疫情输入风险应急中心，统筹抗击疫情涉外工作，集中力量防范境外疫情输入风险。

第一阶段围绕武汉等湖北省重点地区防输出、全国其他地区防输入的防控目的，以控制传染源，阻断传播，预防扩散为主要策略，采取启动响应和多部门联防联控，关闭市场，确定病原体，2020 年 1 月 3 日向世界卫生组织通报疫情，1 月 10 日分享了毒株全基因组序列，制定下发诊疗、检测、流调、密切接触者管理和实验室监测方案，开展监测与流行病学调查，研发检测试剂盒，严格野生动物和活禽市场监管等防控措施。

第二阶段围绕降低流行强度、缓疫削峰的防控目的，在武汉等湖北省重点地区以外以积极救治、减少死亡，外防输出，内防扩散，群防群控为主要策略；在全国关闭了野生动物市场，隔离了野生动物繁育养殖设施；1 月 20 日将新冠肺炎纳入法定乙类传染病和国境卫生检疫传染病，实行体温监测和健康申报制度，依法采取监测与交通场站检疫；1 月 23 日武汉实行严格限制交通的措施；完善诊疗和防控技术方案，强化病例隔离救治。全面落实“四早”、“四集中”，确保应治尽治，对密接和重点地区人员隔离医学观察；实施延长春节假期、交通管制、控制运能的措施，减少人员流动、取消人群聚集性活动；动态发布疫情和防控信息，加强公众风险沟通和健康宣教；统筹调配医疗物资，新建医院，启用储备床位和征用相应场所，确保应收尽收；生活物资保供稳价，维护社会平稳运行等综合性防控措施。

第三阶段围绕减少聚集性疫情，彻底控制疾病流行，统筹兼顾疫情防控与经济社会可持续发展的目的，全国范围内以统一指挥、分类指导、科学循证，精准施策为主要策略，其中，在武汉等湖北省重点地区突出“救治”和“阻断”，强调继续做实做细上一阶段“应检尽检、应收尽收、应治尽治”等各项措施。采取以风险为导向的地域差异化防控措施，强化流行病学调查、病例管理和高危场所聚集性疫情防控。运用大数据和人工智能等新技术加强密切接触者和重点人群管理；出台“医保支付、异地结算、财政兜底”的医保政策；全国对口支援武汉等湖北省重点地区，迅速遏制疾病流行；完善开学前准备工作，分类分批有序复工生产，开展“点对点、一站式”务工人员返岗健康和保障服务；4 月 8 日，武汉离汉离鄂通道解封，社会全面恢复正常运行。

第四阶段围绕向国际提供援助与严防境外输入展开，坚守疫情防控持续向好趋势。随着境外疫情的严峻变化，中国与世界各国分享经验共同抗疫。中国外交部发言人赵立坚4月10日在北京举行的例行记者会上介绍说，截至目前，中国政府已经或正在向127个国家和4个国际组织提供包括医用口罩、防护服、检测试剂等在内的物资援助。援助包括检测试剂、口罩、防护服等医疗物资，捐款，并派出专家医疗队到当地进行疫情防控指导工作。中国与世界各国一道加强抗击疫情国际合作、共建人类命运共同体。随着境外疫情的严峻发展形势，外交部正式成立防范境外疫情输入风险应急中心，统筹抗击疫情涉外工作，集中力量防范境外疫情输入风险。应急中心实行24小时不间断运转，收集分析各类信息数据，沟通协调国内各职能部门和地方政府，联络指导各驻外使领馆，开展防控疫情输入工作。应急中心还全面落实推进旅行防控指南，协调来华人员检验检疫措施，推动成立双多边联防联控机制，携手防范疫情的跨境传播。海关总署启用新版出入境健康申明卡，根据口岸疫情防控需要动态调整内容，恢复填写出入境口岸信息、个人身体健康信息等内容。2020年4月4日，为表达全国各族人民对抗击新冠肺炎疫情斗争牺牲烈士和逝世同胞的深切哀悼，全国举行哀悼活动。

2）医学应对

(1) 基层医疗机构疫情防控的应对

武汉市发现不明原因肺炎病人之后，湖北省中西医结合医院最先发现疑似病例，并向省、市、区疾控中心反应情况。根据反映情况，湖北省和武汉市卫健委指示武汉疾控中心、武汉金银潭医院调查，江汉区疾控中心到湖北省中西医结合医院开始流行病学调查。多家医院采取措施，防止疫情扩大传播。武汉协和医院设立呼吸传染病隔离区，防止二次感染的发生。武汉金银潭医院采取中医药或中西医结合的方式治疗患者。随着疫情的发展，武汉原有的两家传染病医院满载运行，床位供应不足。

为了解决患者住院的问题，武汉市改造和新建了86家定点医院，16家方舱医院，完成了6万多张床位。将所有确诊居家隔离的病人收治，其中，重症病人安排进定点医院，确诊轻症病人进方舱医院或民营医院、隔离点，满足了不同时段患者救治床位的需求。除了增加救治床位之外，全国各地的医护人员也驰援湖北武汉。截至3月1日，全国已派出了3.2万余名医务人员支持湖北武汉，主要来自呼吸、感染、重症等专业。针对武汉重症多的特点，投入最强的重症专业医护力量，有1.1万重症专业医务人员负责重症救治工作，接近全国重症医务人员资源的10%，除武汉外，全国各个省市也设立了新冠肺炎专治医疗机构，并下发检测试剂盒。全国31个省(自治区、直辖市)及新疆生产建设兵团现有定点医院2767家。同时根据目前确诊和疑似患者实际发生的医疗费用，对各省(区、市)及新疆生产建设兵团的医保部门提前拨付定点救治的专项资金，以满足现阶段的医疗救治需要。

(2) 国家卫健委疫情防控的应对

新冠肺炎疫情发生以来，国家卫健委根据疫情发展与变化陆续出台了七版诊疗方案，于1月15日发布《新型冠状病毒感染的肺炎诊疗方案(试行第一版)》，随后，鉴于对病毒的来源、感染后排毒时间、发病机制等还不明确，为更好地控制此次疫情，国家卫健委对《新型冠状病毒感染的肺炎诊疗方案(试行)》进行了修订，发布了第二版诊疗方案。为进一步做好新型冠状病毒感染的肺炎病例诊断和医疗救治工作，国家卫健委于1月22日、27日、2月5日发布第三版、第四版、第五版诊疗方案。2月19日，国家卫生健康委员会发布了《新型冠状病毒肺炎诊疗方案(试行第六版)》。相比于此前的版本，新版的《诊疗方案》中增加了新冠病毒的传播途径“存在经气溶胶传播的可能”；取消湖北省和湖北省以外其他省份的区别，统一分为“疑似病例”和“确诊病例”两类。3月4日，国家卫健委发布《新型冠状病毒肺炎诊疗方案(试行第七版)》，与第六版方案相比，尸检和穿刺组织病理观察结果首次写入方案，患者确诊方式新增血清学抗体检测。随后，国家卫健委印发《公众科学戴口罩指引》，引导普通公众、特定场所人员、重点人员以及职业暴露人员分类科学地佩戴口罩。

全面开展检测、药物、疫苗、疾病谱、溯源等应急科研攻关。3月16日，由军事科学院军事医学研究院陈薇院士领衔的科研团队，成功研制出重组新冠疫苗，重组新冠疫苗获批启动展开临床试验。随后，全球首个新冠病毒疫苗进入II期临床试验，重组疫苗产品重组新冠病毒(腺病毒载体)疫苗正式在武汉开始受试者接种试验，约有500名志愿者接种了疫苗。4月14日，我国新冠病毒灭活疫苗获批进入临床试验。

3）生态环保部门防控

（1）保障疫情期间医疗废弃物的处理和医疗废水的处置

大幅提升武汉市医疗废弃物的处理能力。截至2020年3月3日，全国医疗废物处置能力为5 948.5吨/天，较疫情前增加了1 045.7吨/天。其中，湖北省能力从疫情前的180吨/天提高到了663.7吨/天，武汉市能力从疫情前的50吨/天提高到了261.7吨/天。自1月20日以来，全国累计处置医疗废物12.3万吨。截至3月2日，武汉市前期积存的192吨医疗废物已全部清运处置完毕。卫生健康委联合生态环境部以及相关十个部门，联合印发了《医疗机构废弃物综合治理工作方案》，进一步加强医疗废物处置的工作。

全国医疗废水处置平稳有序。全国31个省（自治区、直辖市）及新疆生产建设兵团现有定点医院2 767家，接收定点医院污水的城镇污水处理厂2 124座，集中隔离场所6 259个。通过排查累计发现三大类343个问题，已全部整改完成。累计对11 474个饮用水源地开展监测，未发现受疫情防控影响饮用水源地水质情况。对1 562个饮用水源地开展了余氯监测，受疫情防控开展的消杀工作等影响，47个饮用水源地余氯有检出，但浓度均低于自来水厂出水标准（0.3 mg/L），其他饮用水源地余氯均未检出。湖北省对125个水源地开展监测，水质均达到或优于Ⅲ类标准。武汉市19个饮用水源地水质均达到或优于Ⅲ类标准。

（2）建立和实施环评审批正面清单和监督执法正面清单

生态环境部根据疫情防控形势和分区分级精准复工复产有关要求，采取差异化生态环境监管措施并实行动态调整，为统筹推进疫情防控和经济社会发展提供支撑保障。建立和实施环评审批正面清单和监督执法正面清单，积极支持相关行业企业复工复产。

4）社会响应

应对新冠肺炎，社会各界积极响应，为打赢疫情防控阻击战贡献出自己的一分力量。社会生产方面得到了积极的保障。疫情发生时正处于春节假期间，但很多医疗物资生产企业缩减假期甚至取消假期，全力投入到医用口罩、护目镜、防护服的生产中，保障一线医护人员的工作安全。一些生产检测试剂盒、疫苗和相关药物的企业单位与科研机构加足马力提升产量与速度。与此同时，为了保障湖北武汉地区医护人员和居民的生活，全国各地支援湖北武汉，运输粮食、蔬菜、肉蛋奶等生活物资，低价甚至无偿捐赠。

消费娱乐方面，根据突发公共卫生事件1级响应，各行政区域采取的疫情控制措施包括限制或者停止集市、集会、影剧院演出，以及其他人群聚集的活动，封闭或者封存被传染病病原体污染的公共饮用水源、食品以及相关物品等紧急措施。社会各界均严格遵守响应要求，饭店、KTV、电影院等人员密集型场所关停；超市、菜市场等公共场所进行严格消杀，顾客在体温测量无误后才可进入。电商物流平台运输顺畅，外卖及快递等采取无接触配送的方式，降低感染风险，保障公众身体健康。

社区管理方面，对于湖北武汉地区采取社区封闭式管理，减少人员流动和接触，同时挨家挨户排查人员健康状况。采取限制出门次数和志愿者上门等方式，为居家人员提供必备的生活物资。以社区为单位配备志愿者车队，为社区居民提供应急出行服务。对于全国其他地区，社区对武汉归来的人员健康信息摸底排查，确保居家隔离14天，出现症状及时送往定点医院检测治疗。根据地区疫情情况采取相应的社区管理措施，如限制外出次数或进出测量体温的方式，严格保障社区内居民的健康。同时对社区进行全面的消杀，特别是电梯内部的消毒。增加新冠肺炎防控知识的宣传，增强居民对疫情防控重要性的认识。

复工与复课方面，复工时，对于异地返程的人员采取专列、包机和包车等形式，减少返程中二次感染的风险。返程后在当地居家隔离14天，健康状况良好后方可返回工作岗位。复工后，企业对工作场所进行严格的消毒杀菌，保障公共场所的环境卫生；实行错峰吃饭、员工体温日报、独立工作空间等举措，减少聚集开会，增加网上办公等。对于复课方面，受到疫情的影响，全国的大中小学均延迟开学，采取居家网课教学的方式，严禁私自返校。

社会各界为新冠疫情的防控工作做出了很大的贡献。企业机构、社会公众纷纷为新冠疫情防控工作捐款捐物。截至3月8日12时，湖北省累计接收社会捐赠资金137.93亿元。其中，省本级72.46亿元，武汉市48.03亿元。

响应党中央号召，全国广大共产党员踊跃捐款，表达对新冠肺炎疫情防控工作的支持。截至3月10日，全国已有7436万多名党员自愿捐款，共捐款76.8亿元，且捐款活动还在进行中。同时，全国各地还组建心理健康服务队，由心理健康工作人员、社会工作者、相关专业志愿者等组成，为在集中隔离点隔离的人员提供服务，重点关注儿童、老人、残障人士、有原发疾病等特殊需要的人员和因公殉职家属、病亡者家属等群体。

随着国内疫情形势持续向好的发展形势，国内多个省市下调重大突发公共卫生事件响应级别，更新疫情风险等级，复学复工复产，经济社会生产生活逐步恢复正常状态。

2. 国外疫情应对

随着新冠肺炎疫情的全球暴发，美国、委内瑞拉、乌克兰、西班牙、南非、法国等国家陆续宣布进入紧急状态或采取旅行禁令，减少人员聚集活动。法国、意大利延长封禁措施，进一步做好口罩等短缺物资的配备，持续提高检测能力。伊朗、俄罗斯、美国等国家学习中国抗击新冠肺炎疫情的经验，建设方舱医院，收治轻症患者。美国纽约第一个针对新冠肺炎疫情改造的临时医院在3月中下旬完工，该医院由纽约最大的会展中心贾维茨中心改造而来，可容纳1 000个床位。受疫情影响，东京奥运会延期至2021年7月23日开幕。

与国内疫情应对措施相比，国外一些国家在疫情初期的重视程度不高，没有采取严格的防控措施，放任疫情蔓延。在疫情进一步扩散时期，一些国家采取的“封城”措施并不奏效，其并非真正的封城，“社交距离”的不完全控制未能抑制新冠病毒的传播。在疫情暴发的时期，医疗检测的供给无法满足需求，出现试剂盒、药品短缺，检测不及时等问题。

世卫组织建议各国应对新冠疫情应重点关注三个领域。首先，所有国家应确保为核心公共卫生措施提供充足资金用于发现和检测病例、追踪接触者、收集数据以及开展宣传和推广活动。其次，各国及世卫组织合作伙伴应加强医疗卫生系统的基础，包括向医护人员支付工资，医疗系统应得到可靠的资金用来购买基本医疗用品。最后，所有国家应消除医疗保健的财政障碍。

3.2 重大疫情对生态环境管理带来重大挑战

21世纪初，国内外发生了一系列公共卫生事件，包括2003年的SARS疫情、2009年的甲型H1N1流感疫情、2013年的中东呼吸综合征(MERS)疫情、2014年的埃博拉疫情以及2020年的新型冠状病毒肺炎疫情等。这些重大疫情一般在短时间内发生，波及范围广，具有高发病率与高病死率。防控重大疫情给生态环境管理带来了重大的挑战，主要表现在医疗废弃物处置、水污染防治、野生动物保护和环境卫生保障、以及环境管理信息系统建设和生态环境应急机制建设等方面等。

3.2.1 医疗废物及其处理处置对生态环境带来重大压力

医疗废物是一类特殊危险废物，其处理问题已成为全世界关注的热点，我国在《危险垃圾名录》中将其列为1号危险垃圾。医疗废物含有大量的细菌、病毒及化学药剂，具有极强的传染性、生物毒性和腐蚀性，未经处理或处理不彻底的医疗垃圾任意堆放，极易造成对水体、土壤和空气的污染，对人体产生直接或间接的危害，也可能成为疫病流行的源头。医疗机构废弃物管理是医疗机构管理和公共卫生管理的重要方面，也是全社会开展垃圾分类和处理的重要内容。

新冠肺炎疫情暴发以来，医疗废物产生量大幅增加，多地的医疗废物处置设施面临极限考验。以此次新冠疫情最严重的湖北武汉地区为例，疫情前武汉市每天产生医疗废物量为40吨，疫情发生后这一数字最高达240吨，最高峰时增长6倍。按照医疗废物日清日结的要求，清运车的出动频率由疫情前的两天一次增加到疫情后的一天两次，保证医疗废物得到及时清运。医疗废物数量的增加给收运和处置工作带来困难，武汉及周边地区的医废处置中心处于满负荷运行状态。

医疗废物应急设施的缺乏、医疗废物转运车辆和转运箱缺少、应急设施现场处置人员不到位，这些都给医疗废物的处理处置带来重大挑战。应急焚烧处置设施总体技术水平较低，体系不健全，给环境和现场操作人员身心健康带来隐患和威胁。不仅是武汉，全国各地医疗废除处理能力也暴露了不同程度的短板。疫情以来，全国 22 个城市医疗废物处理在超负荷运行，还有 28 个城市是满负荷和接近满负荷运行。缺乏医废应急处置的意识，医废处置行业成本与效益的不匹配，医废处置项目的邻避效应，都使得生态环境所面临的医疗废物处置困境进一步放大。

3.2.2　病毒消杀产生的水污染防治挑战

水污染防治是生态环境管理的重中之重，对防控重大疫情具有关键作用。

一方面，来自医院的医疗废水中含有大量的病原细菌、病毒和化学药剂，成分复杂，需要经过特殊的工艺处理，达标后才能排放。医疗废水中除含有大量的细菌、病毒、虫卵等致病原体外，还含有化学药剂和放射性同位素。如果含有病原微生物的医疗污水，不经过消毒、灭活等无害化处理，而直接排入城市下水道，往往会造成水、土壤的污染，严重的会引发各种疾病。医疗废水曾经多次引起公众关注，由于相关法律的规范性不足与公众环保意识的薄弱，部分医疗机构将医疗废水采取直排处理，忽略了废水中病毒传染可能导致的水污染，进而造成对生态环境的高污染。

另一方面，城市下水道还要防范病原的进入，确保排水设施和污水处理设施的安全。此次新型冠状病毒还可能存在水介传播的潜在风险，病毒会从粪便、污泥等病毒的载体中散发出来，以气溶胶的形式感染人的呼吸道。如不对下水道及污泥进行合理的无害化处置，很可能成为这些病毒生存的温床，造成潜在的病毒传染源，潜在风险较大。新冠肺炎疫情发生以来，全国共有 2 767 家定点医院，接收定点医院污水的城镇污水处理厂 2 124 座，定量医院数量和医疗废水总量的增加，对全国医疗废水的处理、消杀措施等带来巨大挑战。此外，对污水进行病毒消杀的过程中很可能造成的饮用水源地水质的污染，如余氯的产生等。

3.2.3　疫情暴发引发的野生动物保护的热议和关注

现有的野生动物分为四类，濒危野生动物、有益野生动物、经济野生动物和有害野生动物。野生动物能够在野外独立生存，且具有种群及排他性。随着人类的不断发展，野生动物的栖息地受到威胁，很多种类的野生动物已经灭绝或濒临灭绝，多国政府都有保护野生动物的专门法律。

然而，许多地区存在着对于野生动物食用和药用方面的旺盛需求，野生动物所谓的"特殊功效"被夸大，造成野生动物被大量猎杀。实际上，野生动物的营养价值与饲养动物基本无异，其体内还存在可能大量危害人类身体健康的细菌、病毒、寄生虫等隐患，即使经过高温烹制，宰杀的过程中也存在非常高的感染风险。人类对野生动物资源进行不当索取，会导致一些疾病特别是传染病在人群中流行，引发公共卫生事件。科学研究表明，近些年来世界各地出现的新发传染病，例如 SARS、MERS、埃博拉等均与野生动物有关。如果人类以不当方式对待野生动物，就会引发和加剧生态安全风险，最终影响到人类的生命安全和身体健康。

3.2.4 重大疫情防控中的生活垃圾分类管理挑战

1. 生活垃圾

习近平总书记指出，实行垃圾分类是关系到广大人民群众生活环境和资源节约使用的大事，也是社会文明水平的一个重要体现。推行垃圾分类，关键是要加强科学管理、形成长效机制、推动习惯养成。通过开展广泛的教育引导工作，让广大人民群众认识到实行垃圾分类的重要性和必要性，让更多人行动起来，培养垃圾分类的好习惯，全社会人人动手，一起来为改善生活环境作努力，一起来为绿色发展、可持续发展作贡献。在 2020 年新年贺词中，习近平主席专门提到"垃圾分类引领着低碳生活新时尚"。生活垃圾分类工作得到了全国乃至世界前所未有的关注。近年来，我国加速推行垃圾分类制度，全国垃圾分类工作由点到面、逐步启动、成效初显，46 个重点城市先行先试，推进垃圾分类取得积极进展。2019 年起，全国地级及以上城市全面启动生活垃圾分类工作，到 2020 年年底 46 个重点城市将基本建成垃圾分类处理系统，2025 年年底前全国地级及以上城市将基本建成垃圾分类处理系统。

重大疫情防控过程中，生活垃圾的分类管理和产生量增加给生态环境管理带来了重大的挑战。生活垃圾一般分为可回收垃圾、厨房垃圾、有害垃圾和其他垃圾四大类，常用的垃圾处理方法主要有综合利用、卫生填埋、焚烧和堆肥等。生活垃圾如果未加分类直接处理，也会对生态环境造成巨大危害。如塑料制品难以分解，破坏土质，会使植物生长减少30%，填埋后可能污染地下水，焚烧会产生有害气体。电池制品中含有有毒重金属汞、有害重金属镉、铅和酸碱类物质等，危害生态环境。剩餐中会大量滋生蚊蝇，促使垃圾中的细菌大量繁殖，产生有毒气体和沼气，引起垃圾爆炸。油漆和颜料废弃物可引起头痛、过敏、昏迷或致癌，是危险的易燃品，对健康不利。清洁类化学药品中含有机溶剂或大自然难降解的石油化工产品，具有腐蚀性，含氯制品对人体有毒。生活垃圾产生量的增加给生态环境管理带来了重大的挑战。疫情发生以来，大部分居民响应家号召尽量减少出行，日常生活、居家办公、一日三餐均在家中，会产生额外的垃圾。特别是在应急响应机制下，餐饮行业大范围暂停营业，居民自己做饭产生的厨房垃圾数量明显增加。

2. 疫情期间特别关注的有害废物

重大疫情发生期间，有一些需要特别关注的有害废弃物。这些平时的普通废弃物因为密切接触而可能携带病菌，其性质发生改变，应当作特殊的有害废弃物处理，例如废弃口罩、一次性手套、快递包装等。废弃口罩等特殊有害废弃物的收集、运输和处置工作给生态环境管理带来了挑战。公众个人防护的需求增加使得防疫口罩需求量激增，同时也产生大量的废弃口罩。废弃口罩如果得不到及时有效的处理，会有病毒二次传播的风险。废弃口罩按照其来源与处置方式的不同分为两类。一是在定点医院、发热门诊、社区卫生站、疑似病例观察场所等地使用过的口罩，这类口罩按照医疗废物处理，直接投入医疗废物垃圾桶，送往医疗废物处理厂焚烧。二是普通居民佩戴过的口罩，投放至特殊“有害废弃物”收集桶内，收集桶设立在各居民小区和商场、饭店等公共场所的醒目位置。特殊有害废弃物的运输、暂存环节均须消毒，实施密封收运、日产日清，运至焚烧发电厂按生活垃圾实施无害化处置，减少运输环节的二次污染风险。

除佩戴口罩的基本防护外，公众外出时还会佩戴一次性手套，避免接触公共物品，特别是在乘坐公共交通工具的过程中，能够起到更好的防护作用。一次性手套要求为一次性使用，用后即丢，使用过的一次性手套上会携带细菌病毒，如果不作为特殊的有害垃圾单独回收处置，将会带来疾病传染的风险。

3.2.5 环境卫生体系是重大疫情防控的重要基础设施和保障

环境卫生是指城市空间环境的卫生，主要包括城市街巷、道路、公共场所、水域等区域的环境整洁，城市垃圾、粪便等生活废弃物收集、清除、运输、中转、处理、处置、综合利用，城市环境卫生设施规划、建设等。重大疫情发生以来，环卫工人的健康保障、重要基础设施的消毒处理以及环卫作业管理水平均给生态环境治理带来了风险挑战。环卫工人是连接城市垃圾废物产生源和处理端的主体，冲在重大疫情防控的一线处理垃圾废物。而垃圾废物中可能携带病毒，且产生端分散、收集管理难度大、运输扩散风险大。环卫工人清扫城市卫生时，长时间暴露在公共环境中，感染风险也随之增加。加之疫情发生的特殊时间使得在岗的环卫工作人员数量有所减少，叠加扩散范围广且速度快，导致部分区域环卫工人超负荷工作。此外，环卫工人口罩供给的不足也增加了疫情感染风险。

除了环卫工人的健康保障外，环卫重要基础设施的清扫保洁和设备的日常杀菌也尤为重要。疫情发生以来，环卫设施和设备在运行中会存在二次污染，需要进行特殊处理。结合地区实际，对医院、商超市场、火车站、客运站、码头等场所周边和重点区域清扫保洁，对必要点位进行消毒灭菌作业。同时对生活垃圾投放、收集、运输、处理设施设备进行日常消毒杀菌，例如对手推车、垃圾运输车等环卫工具使用含氯消毒剂冲洗消毒，对果皮箱、玻璃钢塑料垃圾桶等垃圾容器进行清理等；对城市公厕、垃圾转运站、垃圾填埋场、焚烧厂等设施运行管理，加大清洗力度和消毒杀菌频次。

重大疫情发生时，一些地方传统模式下环卫作业水平和管理水平不高，环卫设施设备技术不高且投入不足，在重大疫情发生的特殊时期作业效果不佳，也给生态环境管理带来挑战。我国环卫市场机械化程度仍处于提升阶段，很多地方的城市道路清扫仍然属于劳动密集型，即依靠人力完成。部分环卫公司、单位没有做好应对此类突发事件的应急预案，缺乏疫情防控的知识，以及全面系统的疫情防控指南。环卫公司、行业、主管单位的应急反应速度不够快，在制度和工作流程上缺少执行力，疫情防控期间畅通信息沟通渠道不完善，这些都使得生态环境管理面临着更大的风险。

3.3　生态环境系统保护有助于减少重大疫情发生

3.3.1　维护生态系统平衡有助于减少重大疫情发生

联合国环境署野生动植物负责人多琳·罗宾逊(Doreen Robinson)表示："人与自然之间的关系是有机、和谐、共生的。大自然为我们提供了食物、药品、水、清洁的空气以及其他诸多资源，让我们人类得以繁荣发展。然而，像所有系统一样，我们需要了解其运作原理，否则，系统可能会失控，造成排山倒海的负面后果。"

1. 生态系统与生态系统平衡

大自然是人类赖以生存和发展的基本条件，也是人类社会发展的物质基础。随着工业化、城市化、贸易全球化和科学技术的发展，环境污染与生态破坏日趋严重，并由此引发了一系列的社会问题，引起了各国人民和政府的高度重视。生态系统是自然界内生物与环境构成的统一整体，在这个统一整体中，生物与环境之间相互影响、相互制约。生态系统是人类生存发展的基础，是无法替代的自然资源和自然资产，其不断地提供生态系统物品和服务，从而形成与维持着人类赖以生存的环境条件和物质基础。

生态系统平衡是指生态系统能够长期保持结构和功能相对稳定的状态，其达到的协调、统一是关系人类社会和经济持续发展的重要因素。由于系统本身具有自我调节与自我修复的能力，因而，即使受到外界干扰，生态系统本身也是可以维持动态平衡的，例如轻度污染下的水体自净或合理采伐下森林的更新恢复等。

但是，生态系统这种维护自身相对平衡的能力是有条件也有一定限度的，换言之，外界对生态系统平衡的干扰不能超过其本身的环境容量与承受极限，否则就会使破坏后的生态系统难以恢复到原来的平衡状态。例如，随着工业化、城市化的快速推进和人口的快速增长引发了大规模毁林开荒、围湖造田等掠夺式开发行为，这些负面的人类活动强烈改变着生态系统的面貌，使得生态系统的生产力不断下降，生态系统服务的稀缺性不断增强，破坏其动态平衡。布鲁塞尔发布的2012年度《世界风险报告》称，人类发展已经“使得潜在风险大幅增加”。利用自然、改造自然是人类社会发展的过程，但在此过程中，若不对赖以生存的生态系统加以保护，而一味地为了我们自身的生存破坏和污染自然环境，必然导致生态失衡、生态退化等环境问题凸显，甚至可能诱发各种生态灾难。

2. 生态失衡威胁人类生态安全

在生态环境不断遭受破坏，环境保护的重要性日益提升的背景下，习总书记强调，要加快构建生态文明体系，将生态安全纳入国家安全体系之中。党的十九大报告指出，要“坚定走生产发展、生活富裕、生态良好的文明发展道路，建设美丽中国，为人民创造良好生产生活环境，为全球生态安全作出贡献”。由此可见，生态环境已成为党和国家的重大政治问题和关系民生的重大社会问题，生态安全更是促进经济、社会和生态三者之间和谐统一的保证，是人类生产、生活和健康等方面不受生态破坏与环境污染等影响的保障。

生态安全是一个由生物安全、环境安全和系统安全三方面组成的动态安全体系，其中系统安全主要受人类土地利用与覆盖变化的驱动力及其动态的影响，而生物安全、环境安全则构成了生态安全的基石。生物安全是基于生物技术发展有可能带来的不利影响提出的，一般是指由现代生物技术开发和应用对生态环境和人体健康造成的潜在威胁，及对其所采取的一系列有效预防和控制措施。生物安全风险问题包括生物入侵、公共卫生事件、生物恐怖袭击、生物技术误用等，其一旦发生，带来的危害往往是灾难性的，严重威胁人类及其他生物的生存和发展。

从动物迁移到人类从而引发人类大规模传染性疾病的疫情就是生物安全失守的典型案例。生物安全的重要性日益凸显。习近平总书记在中央全面深化改革委员会第十二次会议上强调：“要从保护人民健康、保障国家安全、维护国家长治久安的高度，把生物安全纳入国家安全体系，系统规划国家生物安全风险防控和治理体系建设，全面提高国家生物安全治理能力。”这一全新论断丰富了国家安全体系的内容要素，提高了人们对生物安全的重视，同时明确了生物安全在保护人们生命健康、防范重大疫情下的重要地位。

3. 生态安全遭到破坏导致重大疫情发生

人类不加克制地污染环境，破坏生态，导致生态系统失衡，最终会引发一系列环境安全风险。环境安全风险是指人类的生产生活和大量消耗能源，造成全球气候变暖、臭氧层破坏、生物多样性锐减、区域性酸雨等环境问题为人类带来的安全危机，以及在现代化的工业生产和农业生产过程中，诸如化肥、农药等物质的使用对人类的生存环境造成的巨大环境危害。因此，不加保护地肆意开发、破坏环境，引发一些传染性疾病的发病风险也属于一种环境安全风险。

肾综合征出血热（HFRS）是以鼠类为主要传染源的自然疫源性疾病，以发热、出血和肾脏损伤为主要临床特征，主要通过鼠类的尿液、粪便和唾液等在人群间进行传播。我国是世界上 HFRS 发病最多的国家，其中湖南省是我国 HFRS 疫情比较严重的省份之一。有研究以湖南省洞庭湖地区和郴州市为例，结合地理信息系统、遥感技术等分析影响研究区 HFRS 发病的主要危险因子。研究表明，城镇建设用地是影响 HFRS 发病的主要用地类型和重要的影响因素，同时人类活动也对 HFRS 的传播存在一定的影响。城镇建设用地反映了人类活动的强度，兴修水利、森林砍伐、筑路等行为在某种程度上影响了生态环境，随着经济的加速发展，大肆开发楼盘、兴修水利、生态旅游规划以及森林采伐等，也造成了 HFRS 频繁暴发。

另一个案例是洞庭湖地区血吸虫病的分布及感染情况，血吸虫病又称"大肚子病"，是由于人或牛、羊、猪等哺乳动物感染血吸虫而出现的一种传染病或寄生虫病，同样在我国传播最为严重，主要流行于长江流域。研究结果表明，总氮、总磷超标排放引起的洞庭湖水体富营养化造成藻类大量繁殖，会为钉螺的生存提供更为有利的环境，而钉螺是血吸虫唯一的中间宿主，因此，水体中总氮、总磷超标污染与血吸虫病的传播有着密切的联系。同时研究显示，近年来，由于受长江流域的特大洪涝灾害、全球气候变暖、南水北调等自然与社会因素的影响，湖南省部分血吸虫病流行疫区钉螺的分布和疫情的传播有回升的现象，疫情的回升与近些年洞庭湖水量减少、水质破坏有着密切的关系。由此可见，上述两案例均说明了生态环境的破坏与过度开发会提高传染病疫情的发病概率，环境安全的重要性不言而喻。

人类不对生态环境进行系统、有效的保护，最终危害自然、破坏自然所产生的种种负反馈终将危及人类自身。生态系统有着极高甚至无法计量的价值，与人类福祉关系极其密切，唯有充分保护生态环境才是保护人民健康、保障国家安全的重要基础，唯有以人与自然和谐相处为前提的利用自然、改造自然才是人类社会前进与发展的正途。

3.3.2 保护野生动物资源有助于减少重大疫情发生

生态文明的核心就是统筹人与自然的和谐发展，正确处理人与自然的关系，这其中就包括人与大自然中野生动物的关系。野生动物一般指那些生存在天然自由状态下或来源于天然自由状态，虽然经短期驯养但还未产生进化变异的各种动物。

近年来，由于人口迅猛增长带来的自然生境破坏、环境污染及滥捕滥杀等原因，全球野生动物的生存受到了不同程度的威胁，部分物种甚至面临着前所未有的灭绝危险。地球生命力指数的最新数据显示，野生动物种群数量在短短 40 多年内消亡了 60%(图 3)，且当前物种灭绝的速率是本底率(即来自人类的压力未成为决定性因素之前)的 100 到 1 000 倍，这一剧烈且持续性的下降正是我们对地球施加压力的终极指证。

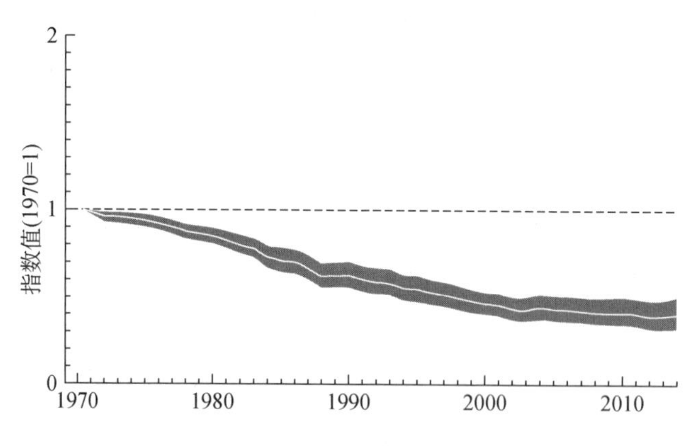

图 3　1970—2014 年的全球地球生命力指数

数据来源:《地球生命力报告 2018》

1. 人类新发传染病 78%与野生动物有关

联合国环境署《2016 前沿报告》曾预测一些令人担忧的新兴环境问题，其中指出，“人畜共患传染病严重威胁经济发展、破坏动物和人类福祉以及生态系统的完整性。在过去的几年中，包括埃博拉病毒、禽流感、裂谷热、西尼罗河病毒和寨卡病毒在内的几种人畜共患疾病曾引发、或差点儿引发全球性大流行病，这不能不引起我们的重视和警觉”。

在我们肆意破坏自然、捕杀野生动物的行为下，受伤害的不仅仅是动物们，人类对环境的负向影响最终还会反作用于人类自身。证据显示，当今人类新发传染病78%与野生动物有关，或者说来源于野生动物。就我国来说，引起2003年非典型肺炎爆发的SARS病毒源头被证明来自中华菊头蝠，果子狸与其接触、感染后再将病毒传染给人类，成为中间宿主。放眼全球，人们所熟知的艾滋病、埃博拉、中东呼吸综合征（MERS）、鼠疫、禽流感、猴痘、寨卡病毒等传染性疾病的传播均与野生动物有着密切的关系。数据显示，这些新发传染性疾病造成的直接损失已超过1 000亿美元，如果疾病进一步暴发成为全球“大流行”，损失额可飙升至数万亿美元，对人类经济社会产生巨大冲击。

2. 野生动物资源的破坏导致重大疫情的发生

近年来，世界各地人类新发传染病的出现越来越频繁，但实际上引起人类患病的病毒并不是在同一时间突然出现的，它们往往已经存在了很长时间，短则几十年，长到几百年，甚至上万年，这些病毒并不是冲人类而来，它们只是为了自己的生存不断繁衍下来，病毒的长期存在就需要提到“自然宿主”的概念。自然宿主是指一类动物长期携带一种病毒，但本身并不发病，可以和病毒和平相处，这一类动物就被称为是这一种病毒的自然宿主。自然宿主就像病毒在自然界中的一个蓄水池，病毒只有寄生在自然宿主里才能长期存在和进化，野生动物就是大量病毒的自然宿主。

野生动物虽然携带有各种病毒，病毒也每时每刻都在发生变异，但这些病毒只在野生动物之间传播，这本来是一个闭环状态，不论如何变化，都不会影响人类。但是，当人类试图打破这种平衡的时候，比如驯养、非法捕杀与食用野生动物，就会打破这种闭环状态，让病毒从自然宿主中跳出，传播到人类身上，引发人类患病，并在人类世界大肆蔓延。例如，如果人类没有捕捉、食用原本是野生动物的果子狸，那么病毒从蝙蝠到果子狸再到人类的传播链条就不会形成，SARS疫情也不会暴发；埃博拉病毒也是由于在一些相对贫困的非洲地区，人们为了果腹而捕食猩猩、猴子、蝙蝠等野生动物，才使得埃博拉病毒多次从动物身上传染给人，又在人类之间传播。

3. 我国野生动物保护中的主要痛点与解决对策

SARS肆虐的教训还摆在眼前，充分暴露出我国在野生动物保护与管理上面临的众多问题和挑战，主要表现在以下几方面。

(1) 社会公众群体尊重和保护野生动物意识淡薄，人与野生动物和谐相处的观念仍未建立。人们把SARS戏称为“舌尖上的肺炎”，正是野味陋习的存在，加之人们对各种山珍海味、熊掌鹿茸等的猎奇与追捧心理，导致我国野生动物非法交易屡禁不止、野生动物滥捕滥杀现象犹存。错误的观念导致野味市场发展如火如荼，倒卖野味、黑市交易都可获得巨额财富，在利益的驱使下，我国野生动物的监管与保护寸步难行。人与动物和谐统一相处是社会进步和文明发展到一定阶段时人类的自我觉醒，人们必须从思想上根本转变对野生动物的态度，祛除陋习，正视人类与野生动物之间应有的和谐关系，正确树立人与自然生命的共存观念。

(2)《野生动物保护法》立法目的有待完善。我国现行《野生动物保护法》名为保护，实际却是一部野生动物资源的利用和管理法。法律所规定的方针与原则，无论是修订前的“加强资源保护、积极驯养繁殖、合理开发利用”，还是修订后的“保护优先、规范利用、严格监管”，核心都在利用上。而谈到利用，大多又都是商业性的，其中既包括对野生动物尤其是“三有保护动物”合法的捕猎、运输、经营、买卖，也包括对各类野生动物的驯养繁殖和经营利用。但痛定思痛，《野生动物保护法》的立法目的不应该是通过政府监管来维护一套野生动物经营利用的法律秩序，而是要通过立法提高人们保护动物的意识，通过完备的动物保护法去约束和引导人们爱护动物和保护动物，从而促进人与动物的和谐相处，这就要求《野生动物保护法》要切实把保护放在首位，维护生物多样性，保持生态的完整性和生态平衡，不仅是在有效地保护珍贵野生动物，同时也是维续人类文明的健康发展。

(3) 野生动物保护范围狭窄。纵观我国《野生动物保护法》，几乎所有条款都是围绕濒危、珍贵的野生动物展开的，而对于大量非珍贵、非濒危、未发现价值的野生动物法律只对如何利用加以了规定，并未进行保护，因而很多人戏称我国的《野生动物保护法》更像一部《珍贵、濒危野生动物保护法》。但只保护珍贵、濒危的动物，对其他不珍贵、不濒危的野生动物不加以保护，反而会使更多的野生动物面临濒危的风险。且从公共卫生安全的角度来看，对人类危害更大的并不是数量稀少的国家级保护动物，而是现在被广泛允许利用的非国家级保护动物。法律应该更多从公共卫生安全的角度，合理扩大受保护的野生动物范围，将更多的野生动物纳入法律的保护伞下。

(4) 野生动物非法交易监管困难、执法缺位，野生动物驯养繁殖“挂羊头卖狗肉”。野味市场泛滥已形成危害公共卫生安全的重大隐患，在SARS疫情结束之后，林业部门将54种陆生野生动物，列入可进行商业性经营利用、驯养繁殖技术成熟的动物名单，但随之产生的“驯养繁殖许可证”和“经营利用许可证”却普遍面临审批容易、监管缺失的局面，甚至成为非法野生动物交易的“洗白工具”。非法人士大肆捕获野生动物，在养殖场过渡之后再借助官方认证的许可证合法进行销售，由于缺乏系统科学的溯源体系或监管检查方式，导致现实中难以区分合法和非法来源的野生动物个体或制品，出现许可证发放后的监管乏力、执法不严等现象。对此应加大对野生动物捕猎、杀害、运输、交易等的监管力度，完善驯养繁殖管理制度，建立品种溯源、市场监督等流程，实行极其严格的野生动物保护利用特许制度。

野生动物资源是自然资源的有机组成部分，其生存与发展维系着生态系统的平衡与稳定，影响着人类社会的生存与发展。

纵观人类与传染病的斗争史，由于对野生动物资源的不当索取而引发的全球性流行疫病都在不断告诫我们，人类的生存如果危害到野生动物，就会危害到生命共同体，最终都会影响到人类的生命安全和身体健康。保护野生动物是我国生物多样性保护工作的重要组成部分，也是中国加快推进生态文明建设和美丽中国进程的重要一环。大量事实告诉我们，对野生动物进行充分有效的保护是降低公共卫生风险事件发生概率的重要因素，是实现人与自然和谐共处的重要举措。

3.4 建立健全生态环境管理体系是重大疫情防控的成功基石

3.4.1 重大疫情防控的生态环境管理体系构成

党的十八大以来，生态文明制度建设方面出台了一系列重大改革举措，极大地推动了生态文明建设和生态环境保护，生态环境治理体系和治理能力现代化迈出了重要步伐。生态环境保护法律法规体系不断健全，执法督察力度逐步加大；生态环境保护政策制度体系不断完善，治理水平稳步提升；生态环境保护体制机制改革不断深化，生态环境治理能力明显增强，生态环境保护取得显著成效。但是生态文明建设和生态环境保护领域仍存在一些问题、矛盾，特别是在防控重大疫情的过程中。

重大疫情的发生给生态环境管理带来了一系列挑战，包括医疗废物的处置处理、病毒消杀的水污染防治、生活垃圾的分类管理和环境卫生管理等，同时也引发了对于野生动物保护的热议与关注。我们注意到，生态环境系统的保护对于减少重大疫情的发生也有着强有力的防控作用。因此，重大疫情的防控与生态环境管理系统是相辅相成的，具有相互促进、协同发展的优势，应尽快构建重大疫情防控的生态环境管理体系。2020 年 2 月 14 日，习近平总书记在中央全面深化改革委员会第十二次会议上的讲话提到，要改革完善重大疫情防控救治体系，要健全重大疫情应急响应机制，健全优化重大疫情救治体系。生态环境管理体系作为全社会重大疫情防控救治的重要组成成分，是重大疫情防控的成功基石，也是实现生态环境领域国家治理体系和治理能力现代化的重要途径。根据重大疫情防控处理的经验与当前生态环境治理的迫切需要，构成生态环境治理体系的内容，包括重大疫情防控下不同区域的环境管理、重大疫情防控下环境污染物管理、环境管理信息化系统与环境治理能力建设。

重大疫情发生的核心特征在于病毒的传染力度强、人口聚集程度高、疾病的扩散速度快，此外，生态环境中野生动物保护力度不足也是重大疫情发生的重要原因。控制传染源、切断传播途径和保护易感人群是重大疫情防控的有效措施。重大疫情疾病的传染源一般控制在医疗机构内，病毒通过人体传播的路径通常包括农贸市场、公共场所、学校、社区、生产场所以及办公楼宇，而对这些场所进行环境管理是生态环境管理的重要部分，生态环境区域管理对于防控重大疫情的发生起到非常重要的作用。病毒除通过人体在区域环境传播外，还会附着在医疗废物、医疗废水、生活垃圾等环境污染物上传播，因此对于生态环境污染物的管理是十分必要的。相关研究表明，多次重大疫情的病毒传播均与野生动物有关，野生动物保护是生态环境管理的重点之一，完善野生动物的管理可能会减少未来重大疫情的发生。此外，在全球社会、经济信息化的大背景下，建设环境管理信息系统有助于提升管理效率，对重大疫情的防控提供技术支撑。而重大疫情过后的经验总结与管理提升同样十分重要，构建环境风险治理的决策机制，为重大疫情的再次发生起到防范作用。因此，重大疫情防控的生态环境管理体系由环境区域管理、环境污染物管理、环境管理信息系统和环境风险治理决策机制构成。

3.4.2　生态环境管理中分区域管理的重要性

分区域管理具有资源整合、动态管理的优势，已经成为城市管理的有效手段。在重大疫情防控的关键时期，开展生态环境管理分区域管理具有十分重要的意义。生态环境管理中的分区域管理旨在解决生态环境的工作力量与工作要求之间不平衡的问题，通过有效整合生态环境资源，提高生态环境管理效能，构建分区域的生态环境管理体系。实现生态环境管理有被动管理向主动管理，事后管理向事前管理，消极管理向积极管理转变，有效解决重大疫情防控问题。根据不同区域的特点与环境管理要求，将生态环境中的分区域管理具体划分为医院环境管理、农贸市场环境管理、公共场所环境管理、学校环境管理、社区环境管理、生产场所环境管理以及办公楼宇环境管理。

1. 医院环境管理

在整个社会的不同的区域中，医院最先接触并诊疗患者，疫情扩散的风险高。如果医院的环境管理不到位，则易出现交叉感染、病毒传播扩散等严重后果，针对医院环境的特殊性，医院的环境管理有特别的要求，包括确保医院内各区域通风顺畅，环境清洁，对基础设施进行及时的消毒，以及所有患者之间应保持至少1米的空间距离。空间分隔和充分通风有助于减少医院环境内多种病原体的传播。同时，医院应按照环境清洁和消毒的程序，使用水和清洁剂彻底清洁环境表面，使用医院常用消毒剂（例如次氯酸钠）进行消毒，并根据常规安全程序进行被服洗消、餐食服务用具消毒和医疗废物处置等。

2. 农贸市场环境管理

一般而言，农贸市场的市场基础设施陈旧，建设年限已久，场内摊档位破旧甚至临时搭建，农贸市场的环卫基础设施不完善，存在卫生死角、暴露垃圾、污水满溢等环境卫生问题。根据农贸市场的环境特征，对农贸市场的环境管理要求如下：农贸市场从业人员须持有效的健康证明前往市场管理部门领取经营服务证。经营户所经营的店面、摊位要保持卫生状况良好，定期做好清洁工作，店面、摊位及其附近做到无积水、无垃圾，同时做好防虫、防蝇、防蚊、防鼠工作。经营户对门前实行三包，不得随意将垃圾丢弃到市场的公共场所。市场管理部门制定考核标准，定期开展卫生检查与监督。市场内配备保洁人员，每日清理市场内卫生和周边地段的环境卫生。

3. 公共场所环境管理

公共场所的设备物品供公众重复使用，易受到污染，由此可见，公共场所环境的卫生质量与整体人群的健康水平关系极其密切。我国公共场所按照《中华人民共和国卫生公共场所管理条例》的内容进行环境管理。公共场所的主管部门建立环境卫生管理制度，配备专职或者兼职环境卫生管理人员，对所属经营单位的环境卫生状况进行经常性检查。经营单位负责所经营的公共场所的环境卫生管理，建立环境卫生责任制度，对本单位的从业人员进行环境卫生知识的培训和考核工作。公共场所直接为顾客服务的人员须持有“健康合格证”才能从事上岗工作。各级卫生防疫机构负责管辖范围内的公共场所环境卫生监督工作，根据需要设立公共场所环境卫生监督员，执行卫生防疫机构交给的任务。

4. 学校环境管理

学校人员较为密集，师生在校时间长，学生以班级为单位，间隔较小，接触紧密。学校一般会配置食堂为学生提供统一用餐、饮用水等，高等院校还配备集体宿舍(多为4～8人间),以及公共盥洗室、卫生间和浴室。如果校园内师生集体学习和生活的环境管理不到位,容易造成疾病特别是传染病的发生,因此,对于学校区域管理有着特殊的要求。

要保证教室通风状况良好,及时进行卫生清洁、消毒杀菌,创造良好的校园环境。清理卫生死角,做好教室、食堂、宿舍、图书馆、活动中心、洗手间等公共场所的保洁和消毒。学校必须为学生提供充足、安全卫生的饮水以及相关设施,学校食堂应取得卫生许可证,食堂从业人员应取得健康证明后方可上岗。宿舍应保证通风良好,保洁人员定期进行卫生清扫与消杀。设置充足的洗手水龙头、配备必要的洗手液、肥皂、纸巾、手部消毒剂等物品或手部烘干机等设备。学校内的垃圾需分类回收、处置,校园内的整体环境卫生须定期保洁,包括道路、园林绿化等。

5. 社区环境管理

社区环境管理有利于从基层实现保护环境与防治污染,提升居民的环境意识,建设生态文明。社区作为重大疫情发生时的应急管理基本单元,要明确应急管理职责,严格按照社区环境管理的要求实施疫情防控工作。社区环境管理由于其完善的环境管理体系、专门的环境治理方针、专业的环境管理方案和环境监测体系,在整个社会区域管理中发挥着不可替代的作用。

6. 生产场所环境管理

生产场所内应保持通道畅通,地面无积尘、渗水、积水现象,地面防滑,无烟蒂、纸屑等杂物,同时保持足够的空调通风环境和采光照明。生产场所内电力、机器布局和电线布置要符合安全规范,消防通道无堵塞,消防器材齐备。产品制造过程中使用的工器具、推车、原辅材料、半成品应遵循整齐、存取方便的原则,分类放置指定地点。完成作业后须将杂物、垃圾清理出车间或置于指定位置,并整理、清扫地面。每月由生产人员对车间进行彻底清理。完成车间地面的清洁工作,并及时对车间内的垃圾进行处理,清理过程中要注意周围死角的清洁卫生。此外,还要对生产场所的员工进行经常性的安全环境意识、知识和技能教育。组织开展各项安全环境活动,检查、督促、指导班组开展安全环境活动。

7. 办公楼宇环境管理

鉴于办公楼宇人员密集、聚集办公、集体就餐等特点，对办公楼宇的环境管理要求如下：全面清理楼内环境，消除卫生死角。垃圾分类管理、定点存放、及时清理。垃圾暂存地周围应当保持清洁，每天至少消毒一次。在办公区域和办公楼入口处增设带有专用标识的有盖垃圾桶，收集使用过的口罩和纸巾，按照有害垃圾回收转运处置。办公室自然通风或排风扇等机械通风以加强室内空气流通。重大疫情期间，尽可能减少电梯同乘人次，开启电梯通风系统。对环境及物品以清洁为主，预防性消毒为辅，避免过度消毒。同时进行环境卫生健康宣传，利用视频滚动播放、张贴宣传材料、每日定期视频讲解、树立健康提示牌等形式，加强工作人员和外来人员对重大疫情发生的风险防范认知，合理安排作息时间，倡导文明健康的生活出行办公方式。

通过细化分区域管理，针对不同区域采取不同政策，根据区域特点准确有效地制定区域内生态环境管理标准。按照不同区域疫情发生可能性情况、危险传播扩大性情况，以及场所内的消杀卫生情况制定区域内生态环境管理技术指南。根据区域内疫情发生后区域内的现有状态、管理中出现的问题提出区域内环境管理的提升对策。更加科学高效、有针对性地完成不同区域的生态环境管理，从而构成生态环境管理体系，为成功防控重大疫情奠定基石。

3.4.3 加强重大疫情防控中的环境污染物管理的必要性

环境污染物是指进入环境后使环境的正常组成和性质发生改变，直接或间接有害于人类与其他生物的物质。重大疫情防控中需要处理众多污染物，不同的环境污染物具有不同的特征，也会对生态环境和人体健康产生不同程度的危害。根据环境污染物的特征并结合实际情况进行分类处理，有利于减少环境污染物对生态环境和人体的损害，十分必要。由此，将环境污染物管理划分为医疗废弃物的管理、生活垃圾中有害垃圾的管理、废水的管理、厨余垃圾的管理、生活垃圾中其他垃圾的管理以及可回收物的管理。

1. 医疗废弃物的管理

医疗废物内含有大量的细菌、病毒及化学药剂，具有极强的传染性、生物毒性和腐蚀性，未经处理或处理不彻底的医疗垃圾任意堆放，极易造成对水体、土壤和空气的污染，对人体产生直接或间接的危害。医疗废物对大气、地下水、地表水、土壤等均有污染作用。大气污染方面，未经收集处置露天堆放的医疗废物会导致大量氨气、硫化物等有害气体的释放，严重污染大气，其中医疗废物分解散发的多氯联苯、二噁英等，均是致癌物，危害人类身体健康。水污染方面，医疗废物携带的病原体、重金属和有机污染物可以在雨水和生物水解的情况下产生的渗滤液作用，对地表水和地下水造成严重污染。土壤污染方面，医疗废物渗滤液中的重金属在降雨的淋溶冲刷作用下进入土壤，导致土壤重金属累积和污染。此外，对医疗垃圾处理不当还可对环境造成二次污染。

2. 生活垃圾中有害垃圾的管理

生活垃圾中的有害垃圾指废电池、废灯管、废药品、废油漆及其容器等对人体健康或者自然环境造成直接或者潜在危害的生活废弃物，有害垃圾如果不经分类处置处理，会破坏环境并且危害人体健康。常见的废旧电池中含有汞、铅、镉、镍等重金属及酸、碱等电解溶液，对人体及生物环境均有不同程度的危害。若将废电池混入生活垃圾一起填埋，或者随手丢弃，渗出的汞等重金属物质就会渗透土壤，污染地下水，进而进入鱼类、农作物中，破坏人类的生存环境，间接威胁到人类的健康。部分电池中的汞、镉等重金属物质，对人体中枢神经的破坏力很大、易引起人体慢性中毒。

3. 废水的管理

废水是指居民活动过程中排出的水及径流雨水的总称，包括生活污水、工业废水和初雨径流入排水管渠等其他无用水。未经分类处置处理的废水对人体健康和生态环境均会带来较大的危害。工业废水直接流入渠道、江河、湖泊污染地表水，如果毒性较大会导致水生动植物的死亡甚至绝迹，工业废水还可能渗透到地下水，污染地下水。如果周边居民采用被污染的地表水或地下水作为生活用水，会危害身体健康，重者死亡。工业废水渗入土壤，造成土壤污染，影响植物和土壤中微生物的生长。有些工业废水还带有难闻的恶臭，污染空气。工业废水中的有毒有害物质会被动植物的摄食和吸收作用残留在体内，而后通过食物链到达人体内，对人体造成危害。

4. 厨余垃圾的管理

厨余垃圾是指居民日常生活及食品加工、饮食服务、单位供餐等活动中产生的垃圾，厨余垃圾含有极高的水分与有机物，很容易腐坏，产生恶臭，对生活环境和卫生产生不利影响。厨余垃圾易滋生有害物质，如病原微生物和真菌毒素，为人类健康埋下多种健康隐患。经过妥善分类处理和加工后的厨余垃圾可转化为新的资源，高有机物含量部分经过严格处理后可作为肥料、饲料，也可产生沼气用作燃料或发电，油脂部分则可用于制备生物燃料。

5. 生活垃圾中其他垃圾的管理

生活垃圾中的其他垃圾包括砖瓦陶瓷、渣土、卫生间废纸、瓷器碎片等难以回收的废弃物，如果不经分类处理则会对地下水、地表水、土壤及空气造成污染。

6. 可回收物的管理

可回收物是指回收后经过再加工可以成为生产原料或者经过整理可以再利用的物品，主要包括废纸类、塑料类、玻璃类、金属类、电子废弃物类、织物类等。对可回收物进行分类处理处置可以从技术层面避免资源“增长的极限”，还可以增加材料的总体利用寿命，降低资源压力，助力循环经济。同时，还可以减少对国际原材料市场的依赖。

重大疫情的发生是对环境污染物分类处理能力的巨大考验，科学合理地进行环境污染物的分类管理对防治重大疫情蔓延具有积极的作用。环境污染物的管理可以推进污染物分类化、减量化、资源化和无害化处置，使得环境卫生状况得到较大的改善，防止各类病毒、细菌的传播。同时，环境污染物处理工作形成的政策法规、组织架构、人员配备、工作方法等，都是防控重大疫情的宝贵经验，具有十分重要的意义。通过防控重大疫情的深刻实践，使得公众对于环境污染物的重视程度、生态环境相关知识储备以及行为自觉性、主动性大大提升。

3.4.4 环境管理信息系统有助于提升管理效率

环境信息是环境管理的重要内容之一，环境信息的科学化、系统化是实现环境管理科学化的前提和基础。开发利用环境信息的程度，直接影响环境保护部门的办事效率和决策能力。建立环境管理信息系统最主要的目的之一是提高环境管理的效率,直接提供环境信息服务和辅助决策支持。用于环境管理的信息大体来自污染源情况、环境质量、与环境质量相关的自然环境、政策法规和标准以及社会、经济信息等。环境管理信息系统负责将这些信息组织、整理、更新,同时利用各种数学方法或环境模型来分析信息与信息之间联系和区别,挖掘蕴藏在环境事件和现象中的内涵和规律,为环境管理和决策服务。环境管理信息系统的运行能够提升环境管理的工作效率,为政府的科学决策提供依据的同时还能够满足公众的环境知情权。

重大疫情的发生不可避免地会造成社会恐慌,及时公开的环境信息是恐慌扩散的"抑制剂",给社会公众一颗"定心丸"。建立高效、公开的环境管理信息系统,有助于完善重大疫情防控信息传播机制。历史上重大疫情的发生反映出环境管理在信息传导、反馈与披露机制仍存在一定缺陷,急需强化疫情防控信息传播机制。构建环境管理信息系统,应完善重大疫情信息公开机制,加大对瞒报、错报疫情信息等行为的行政和刑事处罚力度,加大对专业人员刻意垄断利用数据信息资源的惩罚与监督力度。

随着公众环境意识的逐步提高,环境知情权逐步为公众和法律所认可。在日益强调环境信息公开和环境管理应加强公众参与的情境下,环境管理信息系统的引进有助于公众更加直观、形象地理解技术,促进公众了解自己所置身的环境质量情况和环境问题的根源所在,并最终参与到环境管理活动中来。环境管理信息系统有助于人们快速地获取直观、形象的环境信息,并通过网络传递环境信息,缩短环境管理的空间距离,提升管理效率。

充分利用现代信息工具是防控重大疫情的技术支撑机制。环境管理信息系统应发挥我国积累的信息技术优势,鼓励运用大数据、人工智能、云计算等数字技术,"让机器多出力",减少过度动员社会资源造成的巨大经济和社会负担,降低疫情传播风险。充分发挥通信和互联网企业作用,统筹移动、联通、电信等主要运营商,利用手机定位系统,进行空间定位、轨迹跟踪和数据监测。推动"不见面防控",广泛采用智能设备并利用信息技术平台,减少人际直接接触,开展信息填报、数据分析、会议研讨等工作,最大限度切断疫情扩散传播链。

3.4.5 构建环境风险治理的决策机制

生态环境管理体系构成了重大疫情防控的成功基石，但在实现生态环境领域国家治理体系和治理能力现代化的过程中，仍面临着较大的环境风险，需要进一步构建环境风险治理的决策机制。环境风险是指由于人类的活动对生态环境造成妨碍，并且这种妨碍在某种条件下影响到人类生存与生活的状态，最有效的措施是在不过度管制的前提下，先行避免许多已知的和未知的风险。企业以多种形式参与环境治理，民众环境意识的不断提高，政府以服务为主导的功能保障，三者共同作用参与构成环境风险治理决策的决策机制。

企业是市场经济的重要参与者，也是经济资源的主要消耗者和环境问题的制造者，在环境风险治理中发挥主体作用。企业要提高环境意识，严格依据各项法律、政策和社会准则规范生产经营活动，坚持经济利润、社会责任和环境保护的统一，加大清洁生产力度和废物综合利用效率，自觉减少环境污染和生态破坏等行为。要主动履行社会责任，通过绿色采购、绿色创新、生态设计、环境会计、绿色供应链等方式实现更高的社会责任，形成注重环保信用的良好氛围，妥善应对环境风险。

公众参与环境治理事务，有助于健全环境治理全民行动体系，提高公众对环境风险治理决策的接受意愿。公众参与环境风险治理的决策机制，首先是要积极参与环境决策过程和环境监督工作。其次是要努力践行绿色生活方式，提高自身环保意识，积极参加环保志愿者行动，实践绿色消费、垃圾分类等良好环境行为。最后是要努力学习环境知识，提高素养和能力积极参与环境风险治理决策，提升自身的科学文化素质，丰富参与环境治理的技能，从而有效化解“邻避效应”和群体性事件的发生。

政府在环境风险治理的决策机制中提供以服务为主导的功能保障，适应多元主体的治理模式，为企业和公众参与环境治理提供良好的参与环境。政府参与环境风险治理的决策机制，首先是要健全相关的法律法规和标准，保障多元主体协同实施环境治理。其次是要大力推动环境信息公开，保障企业和公众的知情权，为企业和公众提供参与环境治理的便捷途径和方式，实现从强化管制到注重协调的转变。最后是要加强宣传教育，强化企业对法规政策的认识和理解，减少企业对于利润的过度追求，并激发公众的环境责任意识，提高参与能力，为保护环境和建设美丽中国贡献自己的一份力量。

3.5　加强生态环境应急管理是重大疫情防控的重要保障

3.5.1　重大疫情防控下的生态环境应急管理的内涵

重大疫情防控的生态环境管理体系是由环境区域管理、环境污染物管理、环境管理信息系统和环境风险治理决策机制共同构成的环境综合管理体系。而应急管理是指政府及其他公共机构在突发事件的预防、准备、响应和恢复四个阶段，为保障公众生命、健康和财产安全，所采取的一系列必要措施。但其四个阶段，在实际情况中往往是存在重叠的，每一部分都有自己单独的目标，并且成为下个阶段内容的一部分。

根据生态环境管理体系与应急管理的四个阶段，重大疫情防控下生态环境应急管理的内涵是集野生动物保护的应急执法、生态环境质量的应急监测、环境污染物的应急处置、环境卫生物资的应急保障和生态环境企业复工复产于一体的综合性环境管理体系。具体来说，野生动物保护的应急执法发生在应急管理的预防和响应阶段，完善的野生动物保护有助于减少重大疫情的发生，严格的野生动物保护执法有助于抑制重大疫情的蔓延。生态环境质量的应急监测发生在应急管理的准备和响应阶段，疫情发生前，对于生态环境质量进行日常监测，疫情发生后快速高效地针对重大疫情的特性对生态环境质量进行应急监测。环境污染物的处置发生在应急管理的响应阶段，重大疫情的发生直接影响污染物的应急处置，进而影响生态环境的应急管理。环境卫生物资的应急保障发生在应急管理的准备和响应阶段，物资保障充足有利于环境卫生管理的积极有效实施。生态环境企业的应急复工复产发生在应急管理的恢复阶段，重大疫情态势转好，生态环境企业逐步复工复产，经济社会运转逐渐恢复正常。

3.5.2 重大疫情防控下的生态环境应急管理构成

1. 野生动物保护的应急执法

完善野生动物保护工作的应急执法，对防控重大疫情有着不可忽视的作用。生态环境部门加强对野生动物保护的执法机制与管理力度，坚决取缔和严厉打击非法野生动物市场和贸易，从源头上防控重大公共卫生风险的发生，全面提高依法防控、依法治理能力，为疫情防控工作提供生态环境的坚实保障。同时加大对危害疫情防控行为执法司法力度，严格执行野生动物保护法、动物防疫法、突发公共卫生事件应急条例等法律法规，依法实施疫情防控及应急处理措施，为国家生态安全和人民身体健康提供切实有效的法律保障和支持。

2. 生态环境质量的应急监测

生态环境指标的检测可以反映生态环境的质量水平。重大疫情的发生会对生态环境造成一定的影响，对生态环境质量的应急监测可以体现出生态环境受重大疫情影响的变化程度，为下一步采取治理和防治措施提供有力的支撑。生态环境质量的应急监测包括大气环境的应急监测、水环境的应急监测以及生态环境应急监测的运维保障。大气环境的应急监测主要表现为全国地级以上城市空气自动监测的结果，包括优良天数比例等数据指标。水环境的应急监测主要表现为应急检测下全国水质自动站预警监测的数据，包括Ⅰ～Ⅲ类、Ⅳ、Ⅴ类和劣Ⅴ类水质比例等数据指标。此外，还有国控、省控地表水断面和饮用水水源地的应急监测，全国饮用水水源地受到疫情防控影响的水质变化应急监测，受消杀工作影响的饮用水源地余氯应急检测。水环境的应急监测保证监测指标能够快速、准确反映水环境情况的变化，确保疫情防控期间饮用水安全。除大气环境和水环境的应急监测外，还要协调加强生态环境应急监测的运维保障组织运维公司对空气自动站和水质自动站进行巡检维护，确保自动监测站稳定运行。同时，协调生态环境部门和地方疫情防控处置工作小组，深入一线开展应急监测采样、站点运行维护等工作，并实行信息自动化报送制度，每日报送检测结果，保证生态环境应急监测数据的动态性、实时性和准确性。

3. 环境污染物的应急处置

重大疫情防控的过程中，环境污染物会在短时期内大量增加，随之带来一系列生态环境管理问题，如果不经过应急处置处理，将对人类的身体健康和生态环境的安全带来影响和破坏。生态环境污染物的应急处理处置包括医疗废物的应急处理和医疗废水的应急处置。2020 年 2 月 19 日，生态环境部部长李干杰主持召开的疫情应对工作领导小组会议中提到，生态环境系统要对标习近平总书记有关当前疫情防控工作到了最吃劲的关键阶段的重大判断，继续争分夺秒、全力以赴做好疫情防控相关环保工作。持续督促指导全国各省、自治区、直辖市做到行政区域内疫情医疗废物、医疗废水环境监管100%全覆盖，确保疫情医疗废物、医疗废水 100%得到及时有效收集、转运、处理、处置。同时加强协调调度，积极筹集资源，为医疗废物、医疗废水转运处理处置能力不足的重点地区提供应急设施和装备。

医疗废弃物的应急处理具体表现为医疗废物及时有效地收集、转运、处理、处置。医疗废物应急处理推动医疗废物处置设施扩能增容，提高运营管理水平，确保医疗废物得到及时、有序、高效、无害化处置。同时开辟新的协同处置渠道，建设医疗废物应急处置备用设施。对于医疗废物处置中心后续工程项目建设，要研究创新建设运营体制机制，探索“公建民营”运行模式，调动企业参与的积极性，促进医疗废物处置中心可持续发展。医疗废水的应急处置具体表现为在重大疫情防控下，医疗废水的收集、转运以及全国定点医院污水的城镇污水处理厂处置。通过医疗废水应急管理，排查污水处理设施运作情况并及时整改，严格落实消毒措施，保障全国医疗废水处理处置平稳有序。

4. 环境卫生物资的应急保障

生态环境保护物资的应急保障是防控重大疫情的充实准备和强大后盾。重大疫情发生前及时补充完善环保应急物资储备库，重大疫情发生时加快应急物资设备的供给。环境卫生应急保障物资具体包括应急保障专用物资、应急保障专用设备以及调查和通信设备。应急保障专用物资包括环境卫生相关法律法规的文字资料，环境监测调查时的采样工具，样本携带处置的运输工具和疫情防控的消杀药剂。以及环境卫生工作人员的防护和清洁用品，例如工作服、口罩、一次性手套、污物袋和防护眼镜等，酒精、碘伏等消毒用品，胶带、警示带、应急照明设备等辅助用品。应急保障的专业设备包括气溶胶发生器等消毒设备，理化检验、微生物检验等检验设备。此外还应保障调查通信设备和信息记录与数据分析设备的及时供应。

5. 生态环境企业的复工复产

重大疫情的防控形势转好，为保证经济社会的发展需要，生态环境企业的复工复产应尽快落实。采取差异化生态环境监管措施并实行动态调整，建立和实施环评审批正面清单和监督执法正面清单，积极支持相关行业企业复工复产。制定实施环评审批正面清单，便利项目开工建设，豁免部分项目环评手续办理。对关系民生，以及社会事业与服务业，不涉及有毒、有害及危险品的仓储、物流配送业等行业的项目，不再填报环境影响登记表。制定实施监督执法正面清单。免除部分企业现场执法检查，对与疫情防控物资生产和民生保障密切相关的，污染排放量小、吸纳就业能力强的，涉及重大工程和重点领域的管理规范、环境绩效水平高的企业，不进行现场执法检查。充分利用遥感、无人机巡查、在线监控、视频监控、大数据分析等科技手段开展非现场检查，及时提醒复工复产企业正常运行治污设施。

3.5.3 生态环境应急管理在重大疫情防控中的重要角色和意义

面对重大疫情发生的现状，如果不及时进行生态环境应急管理，将会对生态环境造成多方面的影响，恶化生态环境状况。重大疫情防控下的生态环境应急管理“急”在四个方面：一是影响范围广，二是造成损失大，三是与人类健康息息相关，四是恢复时间长。重大疫情来势汹汹，发展迅猛，影响了野生动物保护、环境质量、环境污染物、环境卫生、企业运行等生态环境管理的各个方面，影响范围十分广泛，生态环境的全球性、整体性进一步扩大了重大疫情的影响范围。重大疫情如果没有经过应急处理则会对大气、水等生态环境形成污染，治理成本高且修复难度大，造成巨大的损失。同时，生态环境的质量与每个人的身体健康息息相关，如果对于环境污染物处理处置不到位，则该区域内生活的所有人都要共同负担生态环境恶化的后果。生态环境的特点决定了其一旦受到外界影响和破坏，更新速度慢、恢复时间长。缺乏生态环境管理,例如对野生动物保护体系不完善,有可能造成野生动物的物种种群数量减少甚至灭绝,恢复到原有水平的时间长甚至无法恢复。

重大疫情防控下生态环境应急管理体系的建立,为野生动物的可持续存在提供基础,为生态系统和生命共同体的稳定运行提供保障。维护生态系统平衡,保护生态环境平稳有序,是所有人生命安全和身体健康的重要基石。人类与生态环境和谐共生,保证生态系统完整性的同时,为自然界的生物提供福祉。通过加强生态环境应急管理机制,建立健全社会生态环境预警机制、突发事件应急机制和社会动员机制,预防重大疫情及其造成的损害。针对重点领域和薄弱环节实施应急管理基本单元管控,保障应急工作人员的调配与应急物资的供应,将重大疫情给生态环境带来的损害降到最低。加强生态环境应急管理机制,提高预防和处置重大疫情的能力,是全面履行政府职能,进一步提高行政能力的重要方面。重大疫情防控下实施生态环境应急管理,能够发挥生态环境管理部门的领导功能,强化生态环境部门、应急管理部门以及疾病防控部门的联动,加快完善机构协同合作。推进生态环境应急管理在重大疫情防控中的发展,有助于公众生态环境知识储备的增加,环境应急演练技能的提升,应对风险的能力的完善。同时,加快生态环境应急管理智库的建设,强化生态环境应急管理和风险防控,为维护国家安全和社会稳定,保障生态环境安全提供人才支撑。重大疫情防控下的生态环境应急管理体系建设,对于实现疫情防控、企业复工复产与生态环境保护共赢至关重要。企业是市场经济的重要参与者,也是经济资源的主要消耗者和环境问题的制造者,在环境风险治理中发挥主体作用。建设生态环境应急管理体系能够帮助企业提升环境意识,从源头上遏制环境风险的发生。建立生态环境应急管理的长效机制还有助于督促企业严格守法,减少生产经营活动中环境风险发生的概率,主动履行社会责任,妥善应对环境风险。

参考文献

[1] 李湖生.各类突发事件应对异同及健全应急管理体系相关问题探讨[J].安全,2020,41(3):10-17.

[2] 袁媛,吴智君,孙承业.海上邮轮新型冠状病毒肺炎疫情暴发的风险探讨[J].职业卫生

与应急救援，2020，38(2)：133-137.

[3] 国家卫生健康委.中国—世界卫生组织新型冠状病毒肺炎（COVID-19）联合考察报告[EB/OL].2020[2020-03-26]. http://www. nhc. gov. cn/jkj/s3578/202002/87fd92510d094e4b9bad597608f5cc2c.shtml.

[4] 世界卫生组织.风险沟通和社区参与领域针对2019新型冠状病毒（2019-nCoV）的准备状况和应对措施[EB/OL].2020[2020-03-26]. https://apps. who. int/iris/bitstream/handle/10665/330678/9789240000810-chi.pdf.

[5] 郑利霞.区域建立网格化环境管理模式的思考[J].环境与发展，2014，26(4)：19-21.

[6] 世界卫生组织.怀疑发生新型冠状病毒感染时医疗机构的感染预防和控制[EB/OL].2020[2020-03-26]. https://apps. who. int/iris/bitstream/handle/10665/330674/9789240000957-chi.pdf.

[7] 教育部.高等学校新型冠状病毒肺炎防控指南[EB/OL].2020.

[8] 林伟立，胡建信.GIS和环境管理信息系统建设[J].环境与开发，2001(3)：1-3.

[9] 杜健勋.环境风险治理：国家任务与决策框架[J].时代法学，2019，17(5)：9-14.

[10] 周建波.生物多样性价值及研究现状[J].生物化工，2019，5(1)：158-161.

[11] 李庆华，李松江.浅析生态系统平衡及其意义[J].环境科学与管理，2007(5)：154-155.

[12] 李晨韵，吕晨阳，刘晓东，等.我国濒危野生动物保护现状与前景展望[J].世界林业研究，2014，27(2)：51-56.

[13] 林森.野生动物保护若干理论问题研究[D].北京：中央民族大学，2013.

[14] 李忠武，张艳，崔明，等.洞庭湖区钉螺及疫情的空间分布与水环境质量关系[J].地理研究，2013，32(3)：403-412.

[15] 李伟，杭德荣，游本荣，等.三峡水库运行后江滩环境变化对江苏省血吸虫病疫情的影响[J].中国血吸虫病防治杂志，2013，25(6)：576-580+584.

[16] 段朋江.我国动物保护立法反思与完善[D].兰州：兰州大学，2014.

第4章　重大疫情防控下不同区域环境管理

对于不同区域而言，其区域环境实际、特点、管理要求等均有所不同。一般来说，生态环境中的分区域管理具体划分为医院环境管理、农贸市场环境管理、公共场所环境管理、学校环境管理、社区环境管理、生产场所环境管理以及办公楼宇环境管理。在重大疫情防控时，必须根据不同区域环境管理要求因地制宜、分类施策。此次新冠肺炎疫情的暴发，对不同区域环境管理提出了不同要求，以此为代表研究重大疫情防控下不同区域环境管理具有重要意义。

4.1　医院环境管理

医院是指以向人提供医疗护理服务为主要目的的医疗机构，其服务对象不仅包括患者和伤员，也包括处于特定生理状态的健康人（如孕妇、产妇、新生儿）以及完全健康的人（如来医院进行体格检查或口腔清洁的人）。医院具备正式的病房和一定数量的病床设施，以实施住院诊疗为主，一般设有相应的门诊部，同时具有基本的医疗设备，设立药剂、检验、放射、手术及消毒供应等医技诊疗部门，有能力对住院病人提供合格与合理的诊疗、护理和基本生活服务。

4.1.1　疫情发生后医院环境管理的现有状态

1. 管理主体上，应用机器人进行联动管理

新冠肺炎具有极强的传染性，在新冠肺炎疫情发生后部分地方推动机器人“走马上任”，从而控制医院人传人的概率。以湖北省为例，截至2020年

4月26日24时，全省累计报告新冠肺炎确诊病例68 128例。如此多的病例对于医院环境管理是一个巨大的挑战。一是对医护人员的心理承受带来挑战。在这次新冠肺炎疫情中，原本只是普通科室的医护人员，可能会直接残酷地面对死亡。二是重症病房看护的问题，重症病房往往是医护人员恐惧开始蔓延的地方，医疗资源不足导致感染，医护人员的感染很多时候又容易引发整个活动场所的集体性感染。三是对病患的确诊难度过高，体温监测和数据记录工作量巨大，且由医护人员进行人工检测风险非常高，在全国防护服等资源存在一定紧缺的情况下，医护人员的感染问题成为较为严重的问题。四是医护人员夜间轮班问题，在确诊患者越来越多但相关资源较少的情况下，医护人员的倒班成为较大难题，尤其在重危症病房，医护人员精神压力普遍较大。在这种情况下，机器人纷纷“出马”，机器人能够通过语音识别、触控交互等方式，为就诊人群提供各科室常见病例解答、诊疗协助、高清远程诊疗、识别和结算终端、用药提醒、智能查房、术前宣教、术后指导等智能化、人性化医疗服务。新冠肺炎疫情发生后，主要的机器人有红外热成像机器人、移动式过氧化氢灭菌智能机、移动式查房机器人等。

2. 管理对象上，对发现新冠肺炎疫情的医院医疗废物单独包装处理

新冠肺炎疫情发生后，各地围绕严格管控医疗废物处置这个中心任务，全力开展新冠肺炎疫情防控环境保护工作。对于发现新冠肺炎疫情的医院，医疗废物做到分类收集、单独包装、严格消毒、专人负责、专车运输，确保人员和厂区的安全。以甘肃省为例，针对新冠肺炎疫情防控，该省开展全省医疗废物收运和处理处置检查，现场检查企业医疗废物的收集、运输、处置和应急准备情况，并召开工作布置会，紧盯医疗废物收集、运输、处置等各个环节生态环境履职情况，特别是对发现新冠肺炎疫情的医院，要求医疗废物处置企业采取特别措施，做到分类收集、单独包装、严格消毒、专人负责、专车运输，确保人员和厂区的安全。

3. 管理环节上，重视医疗污水末端处置

新冠肺炎疫情发生后，国家生态环境部为应对新冠肺炎疫情，防控新冠肺炎疫情环境风险，多次召开部长专题会议研究部署疫情防控相关环保工

作，出台了《新型冠状病毒感染的肺炎疫情医疗废物应急处置管理与技术指南（试行）》《关于做好新型冠状病毒感染的肺炎疫情医疗污水和城镇污水监管工作的通知》等一系列文件。截至 2020 年 2 月 24 日，全国 31 个省（自治区、直辖市）及新疆生产建设兵团接收定点医院污水的城镇污水处理厂 2 109 座。目前，99.2%的定点医院建有污水处理设施，剩余 0.8%的定点医院采取应急措施处理污水，污水经消毒达标后通过市政管网或封闭罐车进入城镇污水处理厂处理。目前这些处理设施正常运行，并且严格落实消毒措施。通过排查，累计发现污水处理能力不足、运行不正常、消毒措施不落实等三大类 342 个问题，已全部整改完成。

4.1.2　疫情发生后医院环境管理出现的问题

1. 对就诊患者缺乏分类管理，新冠患者与普通患者混杂，增加交叉感染风险

此次新冠肺炎的发病期正值流感高发季，两者混杂增加了防疫工作的难度。根据国家卫健委官方网站公布，2019 年全国一、二月份确诊的流感患者总人数接近 100 万人，普通感冒患者则更多。感染新冠病毒在症状上与患流感有不少相似之处，如发热、咽痛、咳嗽。如果病人一旦出现症状，就高度怀疑感染新冠病毒，导致病人一窝蜂地涌向医院，医疗服务被挤兑，增加本来不堪重负的医疗机构的负担，无法满足救治服务需求。为了遏制新冠肺炎疫情的蔓延，全国大多数城市、乡镇都阻断了省际、市内公共交通，实行实施机动车限行、禁行管理。

2. 医院疫情预警管理氛围不浓，防疫物资、防护用品等储备不足

此次湖北之所以成为新冠肺炎疫情的“重灾区”，很大程度上是由于医院疫情预警机制不健全。当疫情发生时，没有健全的解决制度，缺少公开和透明的汇报原则和监测系统，经常会出现一些指挥不一致、消息不通畅、应对不灵敏等情况，从而很难解决突发的卫生事件，不能及时开展救助工作，有时可能会因沟通及指挥等基本问题导致突发事件升级、扩大范围，严重时可影响医院正常运转。新冠肺炎疫情期间，很多医院出现了人满为患的现象，就诊队伍排到了医院外面，病床更是一床难求。仅武汉市就改造和建立了包括雷

神山、火神山两家医院在内的86家定点医院，16家方舱医院。这暴露了医院数量和医疗卫生资源短缺的现实。目前全中国顶级的医疗资源，基本都集中在北上广深等大型城市，尤其是北京和上海。而在其他地区，大部分的医疗资源都集中在省会城市或者副中心城市。此次新冠肺炎疫情中，防护服、口罩这一类的物资需求显得十分突出，中国是生产大国，但是因为春节放假，工厂的生产能力没有发挥出来。截至2020年1月26日，全国复工复产面达到了40%，但是像防护服这样的产品仍然难以满足需求。湖北省提供的需求清单，大致是每天10万件医用防护服，一个月是300万件。但是，符合国家标准的产能许可的只有40家企业，分布在14个省，总的生产能力每天只有3万套，供求矛盾非常突出。在医院病床、防护物资极度匮乏的情况下，一方面，定点医院防护物资重复使用，加大医患感染风险；另一方面，普通非新冠肺炎治疗的定点医院和普通人群防护过度，导致不少一线医务人员N95口罩和医用防护口罩告急，浪费了防护物资。

3. 医院医疗废物分类混乱，贮存难度高，处理能力不足

新冠肺炎疫情使得医疗物资的使用量大大上涨，同时产生了大量的医疗废物。2018年全国200个大、中城市医疗废物产生量为81.7万吨，处置量为81.6万吨，大部分大中城市的医疗废物的处置能力只能勉强满足医疗废物的日常产生量，当遇到突如其来的疫情，除普通的医疗废物外，病人的生活垃圾、生活污水也均被划入需集中处理的医疗废物和医疗废水范畴，这使得短时间内，相应地区的医疗废物产生量远远超过处理量。湖北13个地级市中，除随州、宜昌市有2个危险废物运营资质外，其他11个地级市均只有1家从事医疗废物集中收集和处置的企业，全省医疗废物处置设施设计能力为180吨/日左右。武汉市采用设计处置能力50吨/日的焚烧处置设施，2019年处理负荷率达到96%，孝感和黄冈市的处置设施设计能力分别为5吨/日(2019年负荷率为85%左右)和10吨/日(焚烧设施，2019年负荷率为86%)。新冠肺炎疫情发生后湖北各个地级市都不同程度存在处理能力不足的问题，1月26日以来，孝感市医疗废物的收集量已从平时3吨/日增加到13吨/日，黄冈市从每日3.6吨增加到15吨/日，武汉市从45吨/日增加到100吨/日以上。由于此次新冠肺炎疫情产生的医疗废物数量多，医废垃圾桶数量不足，

导致医废垃圾混放严重。此外，《医疗废弃物管理条例》规定，医疗机构的医疗废物暂存时间不得超过 3 天，但是武汉市医疗废物的垃圾收运能力、处理能力不足，导致大量医疗废物只能暂存在医疗废物贮存库中。

4.1.3　疫情发生后医院环境管理的提升对策

1. 强化“源头”管理，建立迅速响应的管理应对机制

在这场病毒防控战中，要充分了解新冠肺炎疫情的信息，才能做到“心中有数，手中有策”。此次新冠病毒属于 β 属的冠状病毒，是具有包膜的正链单股 RNA 病毒，对热敏感（56 ℃，30 min），乙醚、75%乙醇、含氯消毒剂、过氧乙酸和氯仿等脂溶剂均可有效灭活病毒，常用的消毒方式均可以达到灭活病毒的效果。现有研究表明，在新冠病毒患者（包括无症状患者）中存在超级传播者；发病潜伏期中位数为 3 天，最短的当天出现症状，最长的已达到 24 天，这已经超过了目前 14 天的隔离期限，值得注意的是，处在潜伏期的患者也具有传染性，这与 SARS 有明显不同；感染途径以呼吸道飞沫和接触传播为主，所有人群均属于易感人群，据报道感染患者年龄最小的仅出生 30 小时，而年龄最大的已有 91 岁，根据钟南山院士团队对 1 099 例感染患者的调查显示，感染患者年龄中位数为 47 岁，老年人和有基础疾病的患者病情较重。目前确诊患者以低热、乏力、干咳为主要表现，少数伴有鼻塞、流涕、咽痛和腹泻等症状。但 23.9%的患者在初次就诊时 CT 扫描未发现异常、56%患者首次就诊时也无发烧症状。要充分强化新冠肺炎疫情的认识，一旦发现上述症状，必须第一时间启动响应机制，做到早发现、早治疗、早防控。

2. 强化“过程”管理，优化患者就诊、医疗服务、防护和感控环境管理

各地按照各个医院的情况分级设立定点医院、非定点医院和非新冠肺炎患者的急危重症患者救治医院，要为定点医院配备充足的防疫物资，加大卫生防护资源的保障力度。除此以外，也要引导普通民众正确购买、佩戴口罩，做到既保护自己，也避免挤占宝贵的医疗资源。要在定点医院设立不同就诊通道，包括医务人员通道、普通病人通道、发热和疑似新冠肺炎患者专用通道等 3 个单向进入通道，每个通道前都专设医务人员，对进院人员进行询问和体

温测量。普通病人通道内设置红外体温测量，凡进入门诊大厅的普通患者，再进行一次体温检测。为区分管理普通发热病人和有流行病学史的发热病人，应设置专门为发热病人再造的门诊和抢救区域。在这两个区域内再设置分检分诊区、诊断区、等候区、标本采集区以及抢救区等功能分类区域。定点医院需要设置专门的楼宇或楼层隔离楼区。突出强化防护和感控保障，坚持既要防止普通患者就医出现感染，又要防止医务人员在医疗过程中出现感染的情况，引导各医疗机构做到防护物资保障到位、消毒感控措施到位，密切监测患者体温，对医护人员采取分级防护措施。

3. 强化“末端”管理，采用医用智能垃圾分类回收闭环装置，协同处置医疗废物

一是引入智能垃圾分类的闭环装置。利用物联网＋大数据技术，通过后台 AI 识别后，在密闭的装置内与普通的垃圾严格区分，自动称重、消毒。将传统的垃圾分类回收箱智能化、数据化，实现医疗垃圾精细化管理，减少病毒传染风险。二是引入多种医疗废物的处理方式。一方面采用移动式医疗废物处理车，它采用轮胎式车载，移动灵活、方便，机动性强，占地面积小，处置流程做到医疗废物全程“不落地”。移动式医疗废物处理车对于大量新建的废弃物贮存存在较多困难的临时医院尤为重要。另一方面采用异地处置方式。大型城市由于土地空间限制，不具备垃圾处置设施、条件或者处置成本较高，可以将医疗废物集中收运转移至附近中小城市集中处置。相关部门应该出台相关政策，加强医疗废物异地清运处理管理，严格垃圾清运处理服务市场准入和资格审查，规范医疗废物跨界转移处置行为。

4. 强化新兴技术应用，不断提升医院环境管理水平

完善“远程问诊”等互联网平台就诊服务模式，为慢性病、常规复诊患者提供线上医疗服务，帮助患者在线上完成自查，缓解新冠肺炎疫情焦虑，利用第三方药品邮寄渠道，降低患者向医院流动的频率，减少人员聚集，阻断病毒传播，减少潜在感染风险。充分运用现代信息技术、互联网技术等科学技术，如采用包含 VDI 云桌面终端及 H3C D22WA 宽屏显示器在内的医疗设备，提供软件授权与软件技术支持服务，为医护人员提供安全、可移动的桌面环境，

最大限度减少客户端故障所造成的文件及数据丢失,保护患者医疗信息,提高整体安全等级,确保疫情救助的连续性,从而大幅提升医疗业务办公及业务开展能力,并助力提高医疗效率及接诊救护业务能力。

4.2　农贸市场环境管理

农贸市场是指用于销售蔬菜、瓜果、水产品、禽蛋、肉类及其制品、粮油及其制品、豆制品、熟食、调味品、土特产等各类农产品和食品的以零售经营为主的固定场所,也指农村中临时或定期买卖农副业产品和小手工业产品的市场。

4.2.1　疫情发生后农贸市场环境管理的现有状态

1. 调整农贸市场经营时间,采取休市、临时关闭等措施强化环境管理

新冠肺炎疫情发生后,为了尽量减少人员流动,农贸市场大多采取缩短营业时间,部分地区甚至采取直接关闭、停止运营的措施来强化环境管理。南京市浦口区发布《关于新型冠状病毒感染肺炎疫情防控期间全区进一步加强农贸市场管控工作的通告》决定,规定各农贸市场要相对缩短营业时间,在保证米面粮油肉蛋蔬菜等各类民生供应的前提下,尽量减少人员聚集。全区14家农贸市场中,除江佑铂庭农贸市场和桥林农贸市场全天营业外,其他12家均根据实际情况不同程度缩短营业时间,高旺农贸市场、永宁农贸市场中心2个市场实行半天时间营业制,其余10家农贸市场均于每日下午4点左右收市。安徽省巢湖市严禁活禽交易,全市46个农贸市场共172户活禽交易区全部关闭。

2. 优化市场入口管理,加强市场环境保洁

新冠肺炎疫情发生后,绝大部分地区农贸市场通过加强市场入口管理,实行适当人员分流和管控举措。各市场均保留一个出入口,在入口处设有体温检测人员、扫码登记系统等,要求所有进场人员必须检测体温和正确佩戴口罩,做到市场人员进出必须坚守一扇门,测量体温必须不漏一个人,市场入口设有防控温馨提示,宣传栏、电子屏配置疫情防控相关资料和宣传标语,全力保障安全卫生的市场经营环境。与此同时,加强市场环境保洁,开展场地

每日消杀，对市场管理人员进行环境消毒、疫情防控知识培训，从而保证农贸市场消杀工作的有效开展。

3. 加强环境卫生管理，突出活禽经营区等重点区域管理

新冠肺炎疫情发生后，各地政府部门纷纷出台措施，要求农贸市场必须时刻保持市场通风透气、空气流通，市场门窗保持长期开放状态。对于空气流通不畅的市场(或场内区域)，要求安装使用排气扇等空气交换装置以保持空气流通。严格执行清洗消毒制度，每天对市场地面、摊台、货架等进行清洗，清洗后进行消毒，清洗消毒不漏摊位、不留死角。特别是对于活禽经营区、宰杀间等容易诱发新冠肺炎疫情的市场区域实行特别管制，部分地区要求市场内禁止销售活禽，畜禽类产品一律宰杀后销售，严禁销售任何野生动物及其制品。大部分农贸市场要求在活禽经营区、宰杀间设置必要的物理隔离设施和通风设施，配备专用的清洗池、喷雾消毒器和消毒液，在活禽宰杀间配备符合防疫要求的专用宰杀工具，品牌区活禽宰杀采用电热水器和太阳能供水、褪毛，减少煤气的污染，使用单独的宰杀小箱体(防止血水外溅)，做到一禽一水，防止交叉感染、确保安全。

4.2.2 疫情发生后农贸市场环境管理出现的问题

1. 基础设施不完善、市场环境卫生较差

当前，我国农贸市场大多存在污水横流、气味难闻、占道经营、乱堆乱放等情况，脏乱差的问题仍然十分明显和突出。特别是对于一些老旧市场，除了人为的清洁不够外，市场排水设计没有跟上，导致农贸市场出现地表泥泞、地面湿滑等状况，市场暖通滞后，导致水产类以及禽类散发出来的异味明显。数据显示，在全国范围内，需要进行标准化改造的农贸市场的数量占到现有市场总量的60%以上，特别是对于环境管理意识较为薄弱、人员较为缺乏、技术水平较低的农村农贸市场来说，这一现象更加明显。中消协针对全国31个省市开展了155个农村集贸市场调查显示，我国农村集贸市场大多存在基础设施不完善、环境卫生差、占道经营等管理问题，以及部分市场涉嫌销售“三无”产品、假冒伪劣产品和过期产品等突出问题。这些问题的存在，使得病毒潜伏风险难以完全消除。

2. 市场垃圾分类收集、处置能力欠缺

许多农贸市场到处都是垃圾，一旦腐烂和变质的树枝、腐烂的树叶和其他垃圾没有及时清除，整个市场就会变得难闻，特别是在水产品管理和活禽屠宰等区域。另外，很多农贸市场的所有供应链环节都是在现场完成的，批发和零售没有分割，有些超出了范围、违反了规定。农产品和活家禽家畜的来源是多样化的、混合的，检验检疫环节不够，没有品牌名称和保质期的保证，使得新冠肺炎疫情传染无法追溯。与此同时，大部分传统农贸市场没有符合现代环境管理要求的垃圾分类处置能力和条件，在对市场内垃圾进行清理时，没有做到垃圾运输车和手推式垃圾收集车等密闭存放、运输，垃圾收集、运输、处理水平较低，这带来了后期病毒通过垃圾传播的风险。

3. 市场入口调整可能带来人员出入相对集聚风险

每个农贸市场只留一个出入口的做法虽然能够保证对每个进入农贸市场人员的体温和戴口罩情况进行检测检验，但是也会带来一定的问题。一是出入口单一，人工检测体温速度慢、效率低，这会使较多客流拥堵在农贸市场门口，加大了新冠肺炎感染的可能性。二是农贸市场人员众多，但由于只开放一个出入口、通风装置落后，内部空气不能快速流通导致空气污浊，存在较大的新冠肺炎感染风险。

4.2.3　疫情发生后农贸市场环境管理的提升对策

1. 对市场环境管理实行分类管控，重点规范活禽交易区布局

加强农贸市场环境管理的顶层设计，要根据不同市场产品进行分类布局管控，蔬菜类、熟食类、冻肉类、活禽类等要各自分区布局。特别是活禽区与其他区分开。要设置固定、独立的活禽经营区，活禽经营区内有单独的出入口，并与其他农产品交易区完全分开。活禽区内各摊位间隔离，活禽经营区内各摊位由敞开式长条柜台格式改为相对独立的商铺格式，每个摊位采用全封闭式的落地玻璃橱窗，实施了相互间的物理隔离。活禽专卖区与宰杀区分开，活禽宰杀区按照动物防疫、卫生等要求进行布局，设置独立的封闭式屠宰间，并与专卖区分离，宰杀间配置符合防疫要求的宰杀设备和通风设施。活

禽与消费者隔离，每个活禽经营摊位全封闭，装有排风排气等通风设施，活禽统一放置在不锈钢笼内，笼有2～3层，每层中间设置抽屉式储粪装置，消费者隔着玻璃挑选，挑选好的活禽通过内设通道，流转到独立的封闭式集中屠宰间屠宰好后，通过玻璃窗口交给消费者，避免消费者与活禽直接接触，降低感染动物疫病风险。

2. 对农贸市场进行标准化改造，严格落实农贸市场清洁消毒措施，确保市场干净、卫生

将农贸市场标准化智慧化改造的“菜篮子”工程进度放在改善民生问题的重要位置，支持“菜篮子”产品规模化改造，建设一批城市销地批发和零售市场、集贸市场，强化排水、通风等基础设施建设，规范和推进传统农贸市场的升级改造。注重应用云计算、物联网、互联网等现代技术，以智慧化、数字化、技术化、标准化方式改造传统农贸市场，打造以市场交易系统、智慧管理系统、供应链管理、食品安全溯源为基础的信息平台，实现多元化服务功能和智慧化、规范化管理运营。与此同时，要严格落实农贸市场清洁消毒措施，做到“一日一清洁”，清洁与消毒并重。家禽、水产销售经营者在每日收市后，必须做到“三清一消”(清除：必须把档口内鱼鳞、内脏、粪便、鸡毛、下脚料、其他垃圾等污物清除干净；清洁：用水将台面、地面、下水沟渠等清扫清洗干净；清洗：用清水把消毒后的器具、台面、砧板等冲洗干净。消毒：主要对清洁后的台面、屠宰工具、砧板用具、笼具、档口地面进行彻底清洁消毒)。安装防鼠、防蚊和防蝇设施，并确保市场鼠、蚊、蝇、蟑螂(病媒生物)控制水平达到国家标准要求，控制病媒生物密度。

3. 强化农贸市场垃圾分类收集、处置管理，提升市场人员垃圾分类效率和意识

加强农贸市场垃圾分类投放、分类收集、分类运输、分类处理体系建设，实现农贸市场垃圾就地资源化利用，促进市场垃圾源头减量和资源循环利用。确保市场配套生活垃圾收集设施应当与主体工程同步设计、同步建设、同步验收、同步使用，同时可按照标准同步配置湿垃圾就地处理设施，推行果蔬菜皮就地处理、净菜上市，在农贸市场推广使用可降解塑料购物袋，实行购物塑料袋有偿提供，推广可重复使用的菜篮子、布袋子。并通过培训、自查等方式

确保市集中的商户践行垃圾分类，提升市场人员垃圾分类效率和意识。农贸市场内经营产生的各类污水、冲洗水等须进入污水系统，同步做好雨污分离。

4. 对人员集中的农贸市场实行适当人员分流、管控，完善溯源机制

根据每个农贸市场的具体情况，合理设置人员的进出通道，入口与出口要相距较远，分开设置，场内标识清晰，正确指引消费者进入市场内按一个方向行走完成购物后有序离开市场。农贸市场开办者要增加人员配备，在农贸市场各出、入口设置体温监测设备和告示，安排责任心强的工作人员负责体温检测、人员分流、指引、管控等工作。建立市场安全追溯体系：一是食品安全追溯，农贸市场作为农产品流通的重要一环，食品安全问题备受关注。尤其是当下，新冠肺炎疫情蔓延，农贸市场更应加强市场食品安全追溯体系建设。二是商户信息追溯，使消费者可以查询到商户的照片、摊位号、名字、营业执照、健康证以及商户信用评价等信息。三是交易信息追溯，消费者可以凭借消费小票凭证获得买菜的菜品信息、价格信息、消费信息、数量、种类、重量信息、交易金额等信息。

4.3　公共场所环境管理

公共场所是供公众进行社会生活的各种场所的总称。相比社会其他区域而言，公共场所内人口相对集中，人群相互接触频繁且流动性较大，健康与非健康个体混杂，易造成疾病特别是传染病的传播。

4.3.1　疫情发生后公共场所环境管理的现有状态

1. 对公共场所实行开放限制甚至关闭管理，从源头上避免人群集聚

新冠肺炎疫情发生后，国内各地对部分公共场所实行开放管理，重点针对旅馆、酒店、超市（商场）、农（集）贸市场等人流密集场所实行扫码出入管理，进入人员必须测体温、戴口罩，保持一定间距，做好自我防护，不戴口罩者一律不得入内。一旦发现体温异常者应按规定送发热门诊就诊，并做好登记、信息上报、环境消毒等防控工作。对于非必需开放的公共场所，如文化、体育、旅游等公共场所（含影剧院、游艺厅、网吧、棋牌室、音乐厅、游泳馆、健

身房、美容院、培训机构、展览馆、博物馆、美术馆、图书馆、体育馆、公园等)大多直接实行关闭管理,让其暂停营业,从根源上避免人群在这些地方集聚、加剧新冠肺炎疫情传播风险。

2. 多举措保障环境清洁卫生

新冠肺炎疫情发生后,国内各地通过多种举措强化公共场所环境管理,确保环境清洁卫生。一是加强通风换气,采用自然通风,保持公共场所室内空气流通,加强集中空调风管及部件的清洗消毒,加强场所内排风。二是加强清洁和消毒,对公共用品用具及座椅扶手、电梯按钮、门把手、水龙头等经常接触的部件进行清洁消毒,及时清理垃圾并对垃圾箱进行清洗消毒。加强公共场所室内通风、换气,保证空气流通。保证公共用品用具卫生安全,可以反复使用的用品用具实行一人一换一消毒,禁止重复使用一次性用品用具。三是强化垃圾处置管理,尽可能使用加盖式垃圾桶和垃圾袋存放厨余垃圾,并按照垃圾分类处置要求进行分类处置,当日垃圾需及时清理。要求将使用过的废弃口罩、手套应放在密闭容器内并使用有效氯浓度为 500 mg/L 的含氯消毒液喷洒在垃圾上,对垃圾消毒后置于有害垃圾中丢弃。四是加强公共场所环境管理宣传教育,设置新冠肺炎相关防控知识宣传栏。

4.3.2 疫情发生后公共场所环境管理出现的问题

1. 公共场所环境管理所需要的口罩、体温计等配备不足

新冠肺炎疫情发生后,影剧院、网吧、KTV 等文化娱乐场所基本暂停营业,部分超市和住宿场所正常营业,超市和住宿场所清洁消毒、环境卫生等总体情况较好,但部分公共场所存在口罩、体温计、消毒药品等配备不足、从业人员疫情防控培训不到位、未开展顾客体温检测等问题。

2. 公共场所环境管理宣传教育不到位

在疫情初期,公众在公共场合不佩戴口罩的现象屡见不鲜。一方面是因为公众的健康卫生意识不足;另一方面是因为疫情发生在年末,国内春节期间,工厂停工,产能萎缩,口罩等防护设备储备不足,物流停运也加大了购买口罩的难度,不正确地过度使用口罩,又造成了极大的物资浪费。此外,公共场所环境管理宣传也存在不到位、不人性等问题。数据显示,新冠肺炎疫情

发生以来，截至1月29日12时，全国共查处扰乱社会秩序类案件377起，干扰疫情防控类案件83起，妨害公务类案件55起。

4.3.3 疫情发生后公共场所环境管理的提升对策

1. 严格公共场所环境属地管理，落实环境管理责任

各机场、火车站、汽车站、地铁站、港口码头要按照属地化管理原则实行严密的管控措施，在人员出入通道设置体温检测设备或使用快速红外线测温仪，在抵达大厅设置医疗咨询台和隔离场所，全面落实人员体温检测、留观、发热人员移交、隔离、环境消杀等防疫措施，严防输入性疫情发生。

2. 严格卫生管理要求，特别是餐厅等人员集聚场所环境管理

对于人员流动较大的商场、写字楼等场所，不论空调系统使用运行与否，均应当保证室内全面通风换气；定期对座椅、桌面、车厢内壁、吊环、扶手、地面等进行清洁消毒，做好工作记录和标识。火车、高铁/动车、地铁、长途汽车、飞机等每次到站或到港后，对座椅、桌面、吊环、扶手等经常接触的表面进行消毒。下水管道、空气处理装置水封、卫生间地漏以及空调机组凝结水排水管等的U型管应当定时检查，缺水时及时补水，避免不同楼层间空气掺混。还要特别强化对火车站、机场、就餐场所、加工场所等的空气流通，维护通风和空净系统的正常运转，加大通风换气量，加强对就餐区域、人员通道和洗手间等场所的消毒灭菌，并每日公示消毒情况，这些区域的洗手间应配备洗手池及洗手液、消毒液等，对使用频率高的加油枪、加油机按键、触摸屏、卫生间门把手、垃圾篓、加油卡自助终端等设施，视人流和使用情况，至少每四小时消毒1次。加强垃圾分类管理，严禁偷倒乱倒垃圾，要设置专门的废弃口罩等特殊有害垃圾定点收集桶，尽可能使用加盖式垃圾桶和垃圾袋存放厨余垃圾，设置回收废弃口罩垃圾桶，及时清运垃圾，保持环境清洁卫生。

3. 强化公共场所环境管理教育宣传，建立有利于群众形成良好习惯的促进机制

在公共场所张贴戴口罩、测体温、勤洗手等宣传标语或设置宣传栏，设置新冠肺炎相关防控知识宣传栏，利用各种显示屏宣传新冠病毒和冬春季传染病防控知识，营造人人防疫、人人参与的良好氛围。强化微信、广播等宣传方

式，增强人员自我防控意识和个人防护能力。严格落实各项措施，确保岗位到人、责任到人、措施到人，积极发挥群防群治力量，畅通群众反映情况的渠道，对于反映的新冠肺炎疫情线索及时追踪核查。

4.4 学校环境管理

学校是培养人才的摇篮，不同于其他企事业单位和社会组织。它是为学子的成长和未来事业奠定良好品德及文化科学知识的第一基础阵地。一般来说，学校教育包括初等教育、中等教育和高等教育，学校主要分为幼儿园、小学、初中、高中和大学等。

4.4.1 疫情发生后学校环境管理的现有状态

1. 各地各类学校均实行封闭式管理、推行线上教学，避免学生集聚扩散疫情

新冠肺炎疫情发生后，教育部连续召开多次会议，部署教育系统疫情防控工作，决定“停课不停学”。2 月 7 日，教育部特别指出，未经学校批准学生一律不准返校，而且对学生公寓实行封闭管理。全国各地各级学校纷纷对校园实行封闭管理，禁止校外人员进入。在新冠肺炎疫情防控期间，各学校按照“开课不返校、教师不停教、学生不停学”的原则开展线上教学活动，确保教学进度和教学工作要求、教学质量标准不降低。

2. 各学校纷纷开展环境清洁整治行动，全面强化校园环境管理

新冠肺炎疫情发生后，各地各类学校纷纷组织开展环境清洁整治行动，做到日常通风换气，保持室内空气流通，对地面桌椅进行擦拭消毒，全方位改善校园环境卫生条件。对楼内卫生间、走廊、大厅、楼梯、电梯等公共区域进行消毒，对封闭的学生公寓进行检查，对留守值班人员工作生活区域进行消杀、督促做好开窗通风工作，对教职工上下班乘坐的校车(大客车)进行全面消毒。与此同时，不断加强食堂、小卖部“三防”设施、餐具清洗消毒、食品原材料采购、索证、食品加工、销售、留样工作的管理，禁止出售发芽土豆、四季豆、野生菌等高风险食品和凉拌菜，加强自备供水、二次供水卫生消毒和管

理。并进一步强化了农村寄宿制学校、边远山区学校、实施农村义务教育学生营养改善计划学校的食堂、饮水设施、厕所、校园环境卫生状况的检查管理。

3. 部分地区探索建立校园环境管理安全标准与指导手册，强化制度建设

学生处于发育阶段，自身抵御能力弱，校园聚集性强，集体活动多，彼此接触时间长、频度高。各级各类学校公共卫生应急防控能力相对薄弱，制定相应防控措施尤其重要。例如，河南作为教育大省，各级各类学校有5.34万所，2月6日，河南省教育厅发布了《河南省学校新型冠状病毒感染的肺炎疫情防控工作指南及流程图》，要求全省各级各类教育单位参照执行。这份指南是基于公共卫生的基本理念和病毒传播的基本规律，根据不同阶段学生的生理特点量身定做的"全学段覆盖，多关口防控、动态防控"的科学性指南。

4.4.2　疫情发生后学校环境管理出现的问题

1. 校园环境管理标准的精准性不高，不利于防控精准施策

现行的校园环境管理标准存在一定的不足，缺乏针对大规模传染性疾病疫情下的校园安全管理措施的条款，各项学校安全管理制度并无实施的具体标准，容易忽视各地经济基础条件、教师素质和城乡差异等实际情况，不利于做到防控精准施策。

2. 食堂等重点领域缺少完备防控措施，不利于全面防控

面对突如其来的新冠肺炎疫情，学校环境卫生管理体系不完善的问题主要出现在教室、食堂、宿舍等人员集聚多的区域，缺少完备的防控措施。主要是因为新冠肺炎在历史上属于黑天鹅事件，黑天鹅事件指极其罕见，但一旦发生影响极其巨大、完全颠覆长期历史经验而事前却根本无法预测的重大事件。在受到黑天鹅事件影响的环境中，我们没有预测能力，并且对这种状况是无知的。学校在面对此次新冠肺炎疫情中，为了防止疫情向校园内扩散、维护师生员工生命健康安全、维护校园正常生活教学秩序，明确了新冠病毒相关基础知识、学校疫情防控工作体系构建，但仍存在着环境卫生管理体系不完善的问题。

3. 关于疫情防控方面的环境卫生教育不强

我国环境卫生教育仍存在不少的问题:一是目前学校对环境卫生健康教育重视程度低,不论是资金投入、设备投入都远远不及发达国家,因而环境卫生健康教育在学校开展不充分,甚至部分学校的健康教育课形同虚设。二是环境卫生健康教育方面的师资力量薄弱,教师队伍不固定、不专业,超过一半的任课人员未经专门培训或仅接受过短期培训,特别是对重大疫情下环境卫生、心理健康、营养和常见病防治知识知之甚少;学校在该方面的教研活动开展不足,缺乏定期检查和专门的考核机制,环境卫生健康教育课成了人人都能上,人人又都难以上好的课程。三是缺乏完备的全国统一教材和相应的教学参考资料,现有的环境卫生健康教育课本内容枯燥,形式单一,缺少实例,趣味性、针对性不强,尤其是缺乏以重大疫情为背景的课本。理论联系实际较少,使学生缺乏学习兴趣,直接影响教学效果。

4.4.3 疫情发生后学校环境管理的提升对策

1. 设立校园隔离健康观察区

建立校园隔离健康观察区是确保校园安全健康的一道屏障。各地及各级各类学校应在校内或学校附近设置隔离观察区,隔离观察区位置应相对独立,具有单独通道,与校园主要生活、学习等人员密集区域有一定缓冲距离,处于本区域当季主导风向下风向,且对外交通联系便捷的区域。隔离观察区应具有较完备的城市基础设施,并远离校园垃圾集中处理站等污染源、易燃、易爆储存区及存在卫生污染风险的实验区。隔离观察区要求基本生活设施齐备,符合安全防护要求,隔离观察区需配备足量的体温计、消毒液、应急药品、器械等安全防护用品和一定数量的医护、安保、后勤、保洁等工作人员,且专人负责、职责明确。建立隔离观察区管理制度,规范开展相关工作。对隔离观察区的环境、房间及使用、接触的物品应按照有关规范进行预防性消毒和随时消毒。所有进入隔离观察区的工作人员都要佩戴一次性医用防护口罩(N95 及以上)、医用防护服、护目镜、一次性橡胶手套、防护面屏、工作鞋或胶靴、防水靴套等;离开隔离观察区要做好防护用品的脱卸,严格规范消毒流程,正确处理医疗废物。

2. 强化学校食堂等重点区域环境管理

学校防范的重点区域应该是学校的大门和校园公共聚集区（包括教室、宿舍、餐厅、图书馆、体育场馆和电梯间等），这些区域是传染病进入校园并蔓延开来的必经之地。学校在环境管理层面，要有一个强有力的指挥机构、完善的防控制度和科学的防疫体系，在技术层面，不但防控措施要常备不懈，同时还要有应急预案和演练。学校在进行环境管理时，除了要把好校门，设专人执行新冠肺炎疫情排查，对学生外出校园要严控甚至实行封闭管理外，还要控制公共空间学生密度（以接触的安全距离为依据）和注意通风，每天对接触频度高的区域（空间或平面）要消毒，对学生以及相关人员（管理、服务）要坚持晨午检和健康状况日报告制。特别是要强化食堂管理，凡实行供餐的学校，学生食堂供餐前要做好食堂环境卫生、餐厨具消毒，从业人员健康检查，食堂区域重点防护，学生用水、食品原辅材料采购，红外体温探测器安装测试，校内周边非法餐饮供应点排查等方面的准备工作。食堂要实行人员分流，实施每批次学生间隔20分钟左右的错时就餐制。配齐配足食堂区域的水龙头、洗手液或含酒精免洗手消毒液等，保证满足需求，在醒目位置张贴"正确洗手图示"，提示大家餐前餐后洗手。尽量减少取餐排队，排队时应佩戴口罩并与他人保持一定距离，缩短取餐时间。就餐时尽量分散坐开，避免扎堆就餐、面对面就餐，减少人员交谈。或采用打包就餐方式，降低就餐场所人员密度。统一安排收餐具，或排队送还餐具，保持适当距离，轻接轻放，避免残渣飞溅。非用餐时间打开门、窗等，定时通风换气，每日通风不少于3次，每次不少于30分钟。同时，餐厅地面、桌椅消毒工作结束后开窗通风。

3. 完善校园环境卫生管理体系

建立全过程的校园环境卫生管理体系，围绕开学前、上下学途中、入校前、公共区域，公务来访、食堂进餐、学生宿舍如何防控以及健康宣教如何实施等各个方面，不断加强对师生个人卫生、环境卫生以及教室、食堂、宿舍等场所的校园卫生管理。要严格落实检查制度，测量体温做好记录，并按照规范要求洗手；加强公共区域管理，对教学楼区域、电梯等进行多次消毒，对门窗、扶手、门把手、桌椅、垃圾桶这些师生易接触的物体全部用酒精进行擦拭，校区进行全面消杀；对于出入口、卫生间、卡机等师生接触点增加清洁消毒频次，及时清理垃圾，做好清洁消毒记录；对培训场地、器材、设施进行反复消毒。特别是校内教室、走廊等是学生上课学习、日常活动的主要场所，聚集度较高，主要应做好如下的防控工作。一是勤换气。教室每天至少通风 3 次，每次至少 30 分钟。二是课桌椅、教辅设备、门把手等每天清洁，并使用有效氯浓度为 500 mg/L 的含氯消毒液进行擦拭消毒，作用 30 分钟后清水擦拭。三是地面采用每日湿式打扫进行日常消毒，痰迹等少量污染物，需用有效氯浓度为 1 000 mg/L 的含氯消毒液擦拭消毒，作用 30 分钟后清水清洗。学校应对教育教学公共区域实行专人负责，每天巡察清扫并登记。四是加强校园内公共场所管理，禁止组织大型集体活动，公共上课场所要求每批师生使用前后均消毒一次，完成消毒程序后开窗通风 60 分钟以上方可再次使用。学校宿舍应限制宿舍内人员数量，床与床之间保持距离。学生洗漱用品、毛巾等私人物品分开放置。对学生宿舍实行专人负责，保持学生公寓及公共区域清洁，每日在学生离开宿舍后进行消毒，一天 2 次，并做好消毒记录。保持宿舍内卫生整洁，做好湿式清洁、及时清理垃圾。公共洗漱间、卫生间，应安排宿舍错峰使用。此外，还要加强垃圾分类管理，及时收集清运，并做好垃圾盛装容器的清洁，可用有效氯 500 mg/L 的含氯消毒剂定期对其进行消毒处理。

4.5 社区环境管理

社区环境管理就是指社区中的所有单位和居民通过多种手段来防治社区的环境污染和破坏，保护和改善社区居民的生活环境的过程。社区环境管理是社区管理的重要组成部分，良好的社区环境管理能够提升社区形象，为社区居民创造良好的生活环境，保障居民环境权益，提高生活品质。

4.5.1 疫情发生后社区环境管理的现有状态

1. 以网格化、地毯式方式对社区进行分级分类管理

1 月 25 日，国家卫生健康委发布《关于加强新型冠状病毒感染的肺炎疫情社区防控工作的通知》。通知要求，各地要充分发挥社区动员能力，实施网格化、地毯式管理，群防群控，稳防稳控，有效落实综合性防控措施，做到“早发现、早报告、早隔离、早诊断、早治疗”，防止疫情输入、蔓延、输出，控制疾病传播。为切实做好社区环境卫生防控工作，各省市均成立了新冠肺炎疫情防控领导小组，并部署了社区疫情防控工作，开展了社区环境卫生治理和疫情防控工作。各地根据实际情况，对各社区进行疫情风险等级评定，并实行动态调整管理。以云南省为例，将社区分为低、中、高3个风险等级。低风险地区即：辖区内未出现确诊病例，或连续14天无新增确诊病例。中风险地区即：14天内有新增确诊病例，累计确诊病例不超过50例；或累计确诊病例超过50例，14天内未发生聚集性疫情；或有机场、火车站、客运站、大型市场、城中村等人员密集场所。高风险地区即：累计确诊病例超过50例，14天内有聚集性疫情发生。根据新冠肺炎疫情变化，适时动态调整风险社区名单，落实分类分级管控要求。

2. 以属地为责任，对城乡社区(村)实行封闭式环境管理

新冠肺炎疫情发生后，各地严格人员流动管控，按照属地管理原则，进一步压紧压实责任，要求各社区及乡村居民无特殊情况不得走亲访友、串门、扎堆，严禁各种类型聚会、聚餐，不吃野味。停办一切庙会集市、游园节庆等公众活动，做到居民红事不办、白事简办，避免人群聚集，降低疫情传播风险。为从根源上防止疫情扩散，对城乡社区(村)进行封闭式环境管理，城乡所有村组、社区、小区、居民点实行24小时最严格的封闭式管理。严管外来车辆，非必需不进出；严管外来人员，非必要不入内；严管住户外出，药品和必需生活物品等可采取集中采购配送等方式进行；严管经营门店，规范体温检测，控制人流量；严管不法行为，对不遵守重大突发公共卫生事件Ⅰ级响应有关规定的，依法采取强制措施。

3. 各社区(村)积极落实环境消毒制度，严格公共空间环境卫生管理

新冠肺炎疫情发生后，各城乡社区(村)积极落实环境消毒制度，对重点场所定期进行通风和预防性消毒。所有社区(村)、医院、隔离点的生活垃圾和医疗废物都必须分类收集处置，切实做到日产日清。并严格公共空间环境卫生管理，各社区内非生活必需的文体活动室、娱乐室、小区广场、露天健身场地等公共场所一律关闭，街道、社区、物业企业、产权单位积极做好公共场

所清洁消毒、垃圾分类处理、环境卫生整治等工作，设置废弃口罩专用箱，废弃口罩应丢弃在专用箱内。

4.5.2 疫情发生后社区环境管理出现的问题

1. 新冠肺炎疫情增加垃圾分类难度

在新冠肺炎疫情防控期间，相比平时，外出活动少，居家防疫成为居民的主要选择，大大增加了社区生活垃圾的数量。此外新冠肺炎疫情防控期间的一次性口罩、手套等防护用品成了人们生活中的必需品和消耗品，而这些一次性用品废弃后的回收处置过程中，增加了生活垃圾的分类难度，存在着较高的病毒传播风险。新冠肺炎疫情期间的防护用品应该如何投放，是当前群众比较头疼的一个问题，这也加大了群众在日常生活中垃圾分类的难度。

2. 社区新冠肺炎疫情防控松紧不一

尽管新冠肺炎疫情发生后，全国各地纷纷出台进一步加强社区(村)新冠肺炎疫情防控相关工作要求，但是群众反映在具体执行中，不同社区做法大不相同。以车辆出入为例，有的单独发放疫情期间临时车证，有的沿用普通车证；有的将车库自动抬杆改为手动控制，有的维持自动控制；有的要求业主开车窗检查，有的要求打开后备厢检查。而实际上，物业服务企业检查后备厢和身份证，并没有明确的法律依据。居住人员的出入凭证管理方面，有的小区只有1种证，有的小区则有4种针对不同住户的证。每个小区执行方案并不完全相同，大部分是社区统一办理，也有一部分是物业服务企业办理。

4.5.3 疫情发生后社区环境管理的提升对策

1. 以“垃圾分类”，助力“疫情防控”

做好社区环境卫生整治和病菌消杀，动员辖区单位和物业进行环境卫生整治，引导教育居民群众做好家庭卫生和垃圾分类投放，防止细菌病毒滋生。一是社区工作人员、志愿者们可以防“疫”防控点人员信息登记工作为契机，对小区内进出居民发放垃圾分类宣传材料，通过在社区内宣传栏、社区小喇叭播放等方式，再次加强新冠肺炎疫情个人防护及垃圾分类宣传力度、提高居民的分类意识。二是新冠肺炎疫情期间参与垃圾分类工作的督导员、保洁员,自觉坚持每日早晚上岗前自行进行体温和健康监测,同时对新冠肺炎疫情防控期间垃圾分类工作进行岗前培训。上岗期间必须全程做好个人防护,点位督导员、保洁员必须佩戴口罩、手套,对居民引导时间隔相应的距离。垃圾房保洁员要穿工作服、雨鞋进行操作,尽量避免接触垃圾,及时用洗手液进行消毒、洗手。三是居委会、物业公司加强对垃圾桶、收集车进行固定消毒工作,严格实行"一点位一消毒、一桶一消毒、一车一消毒"制度,同时加大对周边环境的消杀保洁力度。严格按照小区生活垃圾定时定点进行投放,加强居民分类投放的监督力度,不断提高垃圾分类投放质量。严格按照新冠肺炎疫情防控隔离家庭生活垃圾收运工作提示,居委会、物业公司固定专人上门收集隔离家庭生活垃圾,将垃圾投放到隔离人员生活垃圾专用桶,密切关注在收运过程中垃圾抛洒滴漏现象,及时做好楼道、楼道门、扶手等公共区域的全方面消毒工作。

2. 因地制宜,不同社区采取不同防控策略

一方面,针对未发现病例的社区,社区防控新冠肺炎要实施"外防输入"的策略。具体措施包括组织动员、健康教育、信息告知、疫区返回人员管理、环境卫生治理、物资准备等。社区要建立新冠肺炎疫情防控工作组织体系,以街道(乡镇)和社区(村)干部、社区卫生服务中心和家庭医生为主,鼓励居民和志愿者参与,组成专兼职结合的工作队伍,实施网格化、地毯式管理,责任落实到人,对社区(村)、楼栋(自然村)、家庭进行全覆盖,落实防控措施。每日发布本地及本社区疫情信息,提示出行、旅行风险。另一方面,社区出现病例或暴发疫情,应充分发挥社区预防保健医生、家庭签约医生、社区干部等人员作用,对新冠肺炎确诊病例的密切接触者开展排查并实施居家或集中医学观察,有条件的应明确集中观察场所。每日随访密切接触者的健康状况,指导观察对象更加灵敏地监测自身情况的变化,并随时做好记录。做好病人的隔离控制和转送定点医院等准备工作。

4.6 生产场所环境管理

生产场所是指为进行生产经营活动而设立的工厂、开采自然资源的场所

以及承包建筑、安装、勘探等工程作业的场所等。生产场所具有基础性、系统性、群众性、规范性和动态性五个特点。生产场所作业管理属于基层管理，是企业管理的基础，直接影响生产场所管理的水平。

4.6.1 疫情发生后生产场所环境管理的现有状态

1. 生产场所实行封闭管理，广泛开展环境清洁行动，尽量减少环境影响

新冠肺炎疫情发生后，绝大部分企业停工停产，仅部分医疗物质等生产企业加快恢复生产，在新冠肺炎疫情初步控制后，国内各地在2月中下旬开始有序推进复工复产。在这种情形下，由于一方面要抓新冠肺炎疫情防控，一方面要抓生产，大部分生产场所尽量实行全封闭管理，减少人员进出，无关人员拒绝进入。大多数企业要求员工每次进入生产场所时，应在入口处检测体温，体温正常(红外线体温检测仪测得体表温度低于37.3 ℃)方可进入。与此同时，各生产场所纷纷响应政府号召，开展环境清洁行动，对厂房、车间、宿舍、食堂等区域进行大扫除，对周边区域脏乱等地也及时清理，保持环境卫生、干净、整洁。如，重庆市实施爱国卫生“六大行动”，第一条便是企事业单位开展环境整洁行动；上海全面启动春季爱国卫生运动，提升病媒生物防控意识，组织企事业单位开展室内外环境卫生大扫除。广西开展“五大清洁行动”，要求企事业单位抓好环境卫生治理；河北深入持久开展爱国卫生运动，加强重点区域病媒生物防治，营造良好卫生环境。

2. 以加强生产场所通风管理、设施卫生管理等方式强化环境管理

新冠肺炎疫情发生后，尽管不同生产场所在环境管理方面所采取的具体举措有所差异，但大多为通过通风管理、设施卫生管理、人员卫生管理等方式来不断强化环境管理。在通风管理上，对于工业生产场所，一般要求保证洁净车间新风量达到40立方米/(人·小时)，定期对空调系统进行清洗，对空调回风口过滤网进行消毒处理；无洁净度、温湿度等要求的生产区域，关闭中央空调、采用自然通风或机械通风或两者相结合的方式进行全面通风，有毒物质的生产车间，按防毒措施的要求进行通风。对于鸡、生猪等活禽类养殖场生产场所，还需结合行业特色，通过杀菌灯进行紫外线杀菌，配备1∶200过硫

酸氢钾复合物消毒液进行雾化消毒，配备75%酒精和0.1%新洁尔灭溶液进行手臂消毒；在消毒地毯和消毒池配置1∶500二氯异氰尿酸钠溶液对出入人员进行鞋底消毒等“四步消毒法”加强防控，确保生产安全可控。在设施卫生管理上，对厂区进行彻底清洗消毒，必须每天对食品生产等加工场所，包括地面、墙壁、设施设备用具进行消毒，有些设备因角落较多不便清洁与消杀，也大多通过增加消毒次数、延长消毒时间等方式进行彻底清洁。在人员卫生管理上，一般要求员工每日2次测量体温，对员工体温情况逐一登记造册，建立员工健康档案，确保一人一档，严格控制员工进出企业和项目施工现场次数，除日常生产、生活需要外，必须尽量减少员工外出、聚集。

4.6.2　疫情发生后生产场所环境管理出现的问题

1. 少数生产场所不注重运输车辆环境治理

新冠肺炎疫情发生后，监管部门全力以赴，一手抓疫情防控，一手抓违法行为，在企业运营所需运输车辆治理中发现问题。首先，违规生产，违规运输，影响生态环境。新冠肺炎疫情防控较为严重期间，各地留下主要交通道路，对不重要的路口实施全封闭，但是，少数生产场所不顾安全，私自扩充通道，为了盈利“浑水摸鱼”，运输车辆在深夜违法生产运营，机器的轰鸣声传播噪音，影响着附近居民的正常休息，又因为运输车辆流动作业强，违规企业对扬尘治理不及时，甚至是直接忽略。每天产生的灰尘飘散在空气中，严重污染了环境，影响附近地区居民的健康。

2. 部分生产场所生产、生活垃圾处置能力不足

生产场所会产生大量的生产垃圾和生活垃圾，新冠肺炎疫情对生产场所的垃圾治理能力带来挑战。一般来说，垃圾安全运输到指定处理场所是防控疫情的重要环节，运输车辆进出站必须清洗消杀，垃圾转运车收车后统一使用含氯消毒剂溶液全面喷洒消毒。新冠肺炎疫情发生后，部分地区监管部门发现垃圾运输车辆运输过程中未密闭，不能及时处理运输车辆抛洒滴漏等现象。垃圾容易成为传染源。但部分生产场所治污力量薄弱，能力低，缺乏资金、人员、技术，不能有效支持治污设施正常运行。如湖南永盛新材料股份有限公司治污设施必须全天候运行，仅一人负责；湖南宝钢车轮有限公司治污人员缺乏等。

4.6.3 疫情发生后生产场所环境管理的提升对策

1. 严格生产环境管理，强化清洗消毒，确保环境安全

加强环境应急管理，复工复产期间存在较大的环境风险，各类生产场所应加强环境应急管理，进一步有针对性地完善环境应急预案，科学安排应急处置力量，落实应急协调联动机制，要切实保证环境安全和疫情防控安全。要严格把控生产环境关，对厂区内进行彻底清洗消毒，生产场所要每天对场所，包括地面、墙壁、设施设备用具、个人物品进行消毒，保持空气流通；对密闭的空调空间，要保持新风系统的正常运行，定期对空气过滤装置进行清洁消毒。

2. 加强污染防治设施运行管理

要加强污染防治设施运行管理，完善治理设施运转管理制度，确保生产场所污染治理设施正常达标运行。整理厂容厂貌，复产前要求企业对厂区、车间以及内部公共场所环境卫生进行全面清理、消毒。做好生活垃圾的分类收集和安全处置工作，特别是对一次性防护口罩，要求配备专用收集桶，按照特殊有害垃圾进行安全处置。强化政企协同，开启深度合作，强化责任担当、落实应急机制，加强生产场所环境管理。一是建立双重监管平台，推动“政企通”建设。政企共同发力，形成政企共治模式，建立环境管理的协同机制，加强信息互联互通，加深监管广度与深度，严守环境安全底线，遏制重特大突发环境事件的发生。二是利用大数据、区块链、云计算、物联网等现代信息技术，实行“区块链＋”智慧环境监管，利用区块链溯源，基于区块链推动大数据智慧监管模式，对生产场所环境卫生等重点区域开展重点监测。

3. 建立生产场所环境管理动态评价机制

定期进行环境影响评价，发布环境影响评价实施方案，建立动态评价制度。不同地区根据本地实际情况，探索符合本地的环境影响评价措施。特殊时期设定特殊环境影响评价方式，新冠肺炎疫情防控期间建立起环境影响评价应急服务保障，在保证环境影响评价质量的基础上，或开通绿色通道或创新会议形式，开展“不见面”审批服务，探索开展网络评审会。

4.7　办公楼宇环境管理

办公楼宇主要包括各类办公场所，如有展示厅、会议厅、洽谈室等，也包括各类高层建筑、商务楼、商住楼等。办公楼宇内政务活动频繁，人员流动性较大且工作时间无明确时限，会议、访客和办公人员多，环境卫生管理要求比一般住宅的管理要求高。

4.7.1　疫情发生后办公楼宇环境管理的现有状态

1. 办公楼宇全面开展清洁消杀消毒工作

新冠肺炎疫情发生后，做好清洁消毒成为办公楼每日的必修课，许多办公楼宇开展了全面的清洁行动和环境卫生整治，保持环境卫生整洁，切断新冠肺炎疫情传播途径。各地办公楼宇纷纷开展内外环境大扫除，清脏治乱。不同地方采取不同的清洁消毒工作，有的地方采取“立体空间消毒法”，安装消毒通道，这种方式可以将液体变成1微米至10微米的颗粒，让所有的消毒药品“飘”在空中，从而包裹氧化更多的微生物和病菌。有些地区采取局部消毒和全面消毒交替进行的方式，配备充足的清洁消毒物品，增加消毒次数，抓住消毒重点，对地面、墙面、桌面、座椅等人员接触频繁的物体“从严”“从实”“从细”地进行清洁消毒。有些地区专门在每个办公室门口张贴每日清洁消毒情况记录表，详细记录每天的消毒负责人、消毒区域、消毒方式和消毒时间。每日按照合理比例配置消毒水，避免浓度搭配不合理出现刺激呼吸道或消毒不彻底等问题，做到每日消毒到位且遵循科学、适度的消毒原则，减少过度清洁消毒造成的周围环境污染以及对人体产生的危害。

2. 发布垃圾收运防控政策指引

新冠肺炎疫情下产生的垃圾，特别是废弃口罩、手套等某些特殊垃圾不能随意丢弃，需要安全收运。各地出台新规发布垃圾收运防控指引，进一步加大防控力度，截断新冠肺炎疫情二次污染的途径。宿松县发布《规范疫情防控期间公共机构生活垃圾分类工作》，提出各单位要做好口罩等个人防护用品废弃物的分类管理工作，可在大院门口、楼道拐角、电梯间等位置设置个人防护用品废弃物专用收集容器，用文字标识标注，容器应定时清洗和消毒，垃圾收运前应再次消毒。深圳市发布的《深圳市新冠肺炎疫情防控期间普通市民废弃口罩安全收运处置指引》、北京市发布的《新型冠状病毒肺炎流行期间楼宇办公场所垃圾收运防控指引》、青岛市发布的《关于进一步加强商务楼宇疫情防控工作的通知》等均要求楼宇出入口应设置废弃防护用品暂存点、办公楼等人员密集场所设置废弃口罩收集桶，对此类垃圾进行专门运输与处理。

3. 利用“大数据”强化环境管理

新冠肺炎疫情发生后，各地为强化办公楼宇环境管理，不断强化大数据、互联网技术应用，为疫情防控工作科学化、准确化地开展提供有力支撑。通过建立区域疫情防控核心数据库，建立楼宇防疫大数据系统和疫情防控大数据分析模型，利用科技手段，实时智能化管理员工在新冠肺炎疫情期间的出行和健康状态，加强楼宇卡口和员工管理，分析所获数据，发现疫情变化趋势和内在演变规律，阻断新冠肺炎疫情扩散。通过大数据和视频智能分析系统，监测办公环境中人员佩戴口罩、处置口罩等用品的情况，避免污染其他区域。如：山东亚信数据与科金公司互联，充分发挥大数据、互联网技术优势，自主研发“大数据疫情防控系统”，实现可知、可控、可靠管理，对企业员工实施无接触监管，构建“大数据＋网络化”防控工作格局；安徽合肥建立天网系统和智慧监控系统，助推新冠肺炎疫情防控，通过智慧社区平台对接勤控系统，实时监控辖区环境卫生状况。

4.7.2 疫情发生后办公楼宇环境管理出现的问题

1. 部分办公楼宇防控宣传不到位

科学宣传是防控的好手段，通过多种形式的宣传，降低身处较密集办公楼宇人员心中的恐慌感，引导人们作出正确行为，共同创建文明、安全环境。但部分办公楼宇在这方面做得并不彻底，近期，北京市疾控中心会同市卫生健康监督所组建的督导组对办公楼宇检查时，发现有些单位对新冠肺炎疫情防控不够重视，管理松弛，新冠肺炎疫情防控宣传不足。办公楼宇人员密集且具有流动性，员工对新冠肺炎疫情防控知识不了解，就会淡化防控意识，认为防控无管紧要，抱有威胁不到自己的侥幸心理，从而有所轻视或放弃提防。

2. 部分办公楼宇空气流通差

新冠病毒在公共交通工具中，可能通过气溶胶传播，密闭环境内有气溶胶传播的可能性。办公楼宇是人流高密度场所，新冠肺炎疫情下及时排除室内污浊空气，保持室内空气新鲜，拥有良好的空气流通系统显得非常重要。北京市在对办公楼宇等场所调查时发现部分楼宇室内空气流通状况存在问题，部分单位集中空调通风系统较为陈旧，无法关闭回风系统；有窗户的办公场所开窗通风不够；部分厢式电梯无通风换气装置或未运转。

3. 部分办公楼宇杂物堆积、废弃口罩分类收集不充分

当前处于新冠肺炎疫情防控期间，口罩等用品使用量急剧增加，废弃物随之增多，众所周知，废弃口罩属于危险废物，如果处置不当，很容易成为新的病毒传播媒介，甚至导致疫情防控前功尽弃。办公区与各检测点设置了废弃口罩专用回收桶，防止废弃口罩造成的二次污染与扩散风险，避免被不法分子回收销售，专门集中处理是必须的。但是部分办公楼宇中的人员垃圾分类意识不强，又因为缺乏宣传和监管，废弃口罩仍然与传统垃圾混合在一起，废弃口罩回收桶分类收集作用没有有效发挥。

4.7.3　疫情发生后办公楼宇环境管理的提升对策

1. 做好楼内办公区域死角清理

疫情防控无死角，办公区域环境整治应全域覆盖，全面清理办公区域卫生死角和积存垃圾。办公楼宇的卫生间、办公室、会议室、储物间、楼道等重点区域内死角多，应号召大家一起行动，组织开展办公场所卫生环境大清扫，对办公区域内垃圾死角进行彻底拉网式清理，号召人员积极承担责任，及时清理垃圾杂物，清除卫生死角，确保办公楼宇内零死角、无漏点，保障大家有一个清洁安全的环境。卫生死角是我们清洁处理的难点与重点，死角清理行动并不是一次性的，需要多次进行，应该定期进行清理，“围剿”各卫生死角，保持楼宇内的干净卫生。

2. 划分清洁区域与潜在污染区域

为了保证清洁与卫生，防止交叉感染，工作环境中划分出清洁区域和污

染区域非常重要。首先,从人员安全方面来说,办公楼宇应做好清洁区和污染区的划分。企业办公人员来自全国各地,而全国各地新冠肺炎疫情形势并不相同,个人身体状况不同,如果大家聚集在同一地方工作,极有可能引起聚集性疫情的发生。广州、湖南、中山等全国各地都发生了聚集性传染疫情导致企业办公区关闭封锁事件,因此,有必要强化办公楼宇做好清洁区和污染区划分。其次,从环境管理角度来说,办公楼宇应做好普通垃圾与特殊垃圾的划分。办公楼宇不仅要设置废弃口罩专用垃圾桶,对垃圾桶做好标识,对于特殊垃圾还应该有专门放置地点,将生活垃圾和医疗垃圾分开处理,杜绝有害垃圾与正常垃圾的混合。

3. *落实办公楼宇环境管理主体责任*

应落实办公楼宇环境管理主体责任,坚定疫情防控主体责任不动摇,强化内部人员与环境管理,扎实做好自身防控工作。首先,各企业单位明确专人专门负责防控工作,明确办公楼宇的第一责任人,将防控工作做实做细,厘清管理职责,主动探索区域楼宇精准化管理新模式,确定楼宇不同区域的环境管理主体,并动员企业内优秀党员担任楼宇内的环境监督员,同时,设置双向反馈机制,督促相关者落实工作要求。其次,建立环境损害赔偿与责任追究办法,强化对办公楼宇环境管理主体的约束,对于不按规定行事之主体进行处罚。最后,建立环境管理信用体系,建立办公楼宇环境管理"守信激励、失信惩戒"机制,主要起一种激励作用,推动落实办公楼宇环境管理主体责任,提升办公楼宇环境管理水平。

参考文献

[1] 孙楚航.新冠肺炎疫情对青年大学生影响研究——基于全国45所高校19 850名大学生的实证调查[J].中国青年研究,2020(4):43-48+12.

[2] 王德迅,胡澎,俞祖成,等.日本公共卫生应急管理的经验与启示[J/OL].日本学刊:1-38[2020-04-11].http://kns.cnki.net/kcms/detail/11.2747.D.20200401.1719.008.html.

[3] 渠慎宁,杨丹辉.突发公共卫生事件的智能化应对:理论追溯与趋向研判[J].改革,2020(3):14-21.

[4] 邹园园,李成军,谢幼如.疫情时期高校在线教学"湾区模式"的构建与实施[J].中国电

化教育，2020(4)：22-28.

[5] 刘远立，吴依诺，何鸿恺，等.加强我国公共卫生治理体系和治理能力现代化的思考——以科学认识和把握疫情防控的新常态为视角[J].行政管理改革，2020(3)：10-16.

[6] 李维安，张耀伟，孟乾坤.突发疫情下应急治理的紧迫问题及其对策建议[J].中国科学院院刊，2020，35(3)：235-239.

[7] 易外庚，方芳，程秀敏.重大疫情防控中社区治理有效性观察与思考[J].江西社会科学，2020，40(3)：16-24.

[8] 王冬冬，王怀波，张伟，等."停课不停学"时期的在线教学研究——基于全国范围内的33 240份网络问卷调研[J].现代教育技术，2020，30(3)：12-18.

[9] 唐燕.新冠肺炎疫情防控中的社区治理挑战应对：基于城乡规划与公共卫生视角[J].南京社会科学，2020(3)：8-14+27.

[10] 吴晓，张莹.新冠肺炎疫情下结合社区治理的流动人口管控[J].南京社会科学，2020(3)：21-27.

[11] 唐磊.应对新冠肺炎突发事件引发的科学学思考[J].科学学研究，2020，38(3)：399-400.

[12] 李传军.运用大数据技术提升公共危机应对能力——以抗击新冠肺炎疫情为例[J].前线，2020(3)：21-24.

[13] 黄津孚.突发公共事件治理的智能互联体系——以中国防控新冠肺炎疫情为例[J].福建论坛(人文社会科学版)，2020(3)：54-62.

[14] 田毅鹏.治理视域下城市社区抗击疫情体系构建[J].社会科学辑刊，2020(1)：19-27+2.

[15] 白长虹.疫情中反思危机管理[J].南开管理评论，2020，23(1)：2-3.

[16] 李燕凌，吴楠君.突发性动物疫情公共卫生事件应急管理链节点研究[J].中国行政管理，2015(7)：132-136.

第5章　重大疫情防控下环境污染物管理

5.1　消杀和个人防护的管理

重大疫情实际上就是重大传染性疾病疫情，许多重大传染性疾病的致病病毒和病菌可以在宿主体外存活一定的时间，例如新型冠状病毒可以在体外存活一周多的时间。如果不及时对这些存在于体外的可体外存活的病毒或病菌进行灭活，就会造成更多的居民感染疾病，为疫情的防控带来更大的困难。阻断病毒的传播是控制传染病扩散的重要途径，对于存在于体外的传染病病毒和病菌，最好的阻断其传播的方式就是将其灭活。体外存活的病毒的灭活方式有多种，例如新型冠状病毒的灭活方式主要有75%的医用乙醇灭活、高温灭活、消毒剂灭活、短波光线灭活等。新型冠状肺炎疫情期间主要通过消毒剂灭活的方式对环境中存在的病毒进行消杀处理。做好疫情防控期间的消杀工作，可以有效防止和阻断病毒传播，最大限度保障居民群众身体健康。

除家庭内部的消杀作业外，其他消杀作业均由环卫和保洁人员实施。由于消杀作业的区域极有可能存在未失活的致病病毒或病菌，因此消杀实施过程中的人员防护尤为重要。环卫和保洁人员在消杀作业过程中的个人防护关系到其个人的身体健康，也关系到疫情防控期间消杀工作的顺利有序进行。本节旨在对疫情防控中消杀作业和环卫保洁人员的个人防护的实施方式及注意事项进行分场景介绍，为以后的疫情防控工作提供一定的借鉴依据。

5.1.1　消杀管理

1. 公共厕所的消杀

病原体通过粪便传播的方式叫粪-口传播，也叫消化道传播。通过粪-口传播的疾病，常见的有甲肝、伤寒、霍乱、手足口病和蛔虫、绦虫等寄生虫病。2020 年爆发的新型冠状病毒就被证明可以在人体消化道里复制，在患者的粪便中检出病毒核酸阳性，这就说明新型冠状病毒不仅可以近距离飞沫传播、间接接触传播，还可以通过粪-口传播的方式进行传播。公共厕所是居民日常社会活动中必不可少的公共设施，在传染性疾病爆发时，尤其是可以通过粪-口传播的方式进行传播的传染性疾病爆发时，公共厕所的消杀就变得非常重要。在出现重大疫情后，无论是独立建筑于城市道路或其他地方的独立公共厕所，还是其他附属于其他主体建筑内部的附属型公共厕所，均应该做好相应的消杀管理工作，消杀方式基本相同，主要实施方式如下。

(1) 公共厕所应该保持良好通风，有新风系统等装置的确保正常运行，保持室内通风换气，必要时应安装空气过滤设施，以使排到室外的空气不含有病毒或病菌。如果公共厕所存在通风动力不足的情况，应及时加装相应排气设施，提高强制排气能力。可根据每个公共厕所的具体情况，判定是否需要摘除公厕门口的门帘。

(2) 公共厕所保洁人员在每日上岗后，应该先进行自身的全身消毒，并穿戴手套、口罩等有效防护用具；每日消杀作业结束后，再进行一次全身消毒。个人消毒采用 75%酒精进行全身喷洒，用抑菌洗手液清洗双手，或用 75%酒精擦拭双手。

(3) 公共厕所保洁人员每天除了要进行基础的保洁外，必须要进行全面的冲洗，并检查设施设备是否完好，及时补充洗手液等便民服务用品。除了以上常规保洁和物资补充外，每天还需使用专用消毒剂对公共厕所全面喷洒消毒二次，或采用专用消毒剂对公厕地面、蹲位、门把手、水阀等部位进行擦拭或湿拖，并采用专用消毒剂对清洁工具进行浸泡消毒，每天用专用消毒剂对化粪池进行消毒。新冠肺炎疫情期间，公共厕所的具体消毒方式为每天使用有效氯为 1 000～2 000 mg/L 的含氯消毒剂溶液或 250～500 mg/L 二氧化氯对公共厕所全面喷洒消毒二次，喷药量为 50～300 mg/m^2，或采用含有效氯为 1 000 mg/L 的含氯消毒剂对公厕地面、蹲位、门把手、水阀等部位进行擦拭或湿拖，并采用含氯消毒剂对清洁工具进行浸泡消毒，每天加适量漂白粉或漂精粉对化粪池进行消毒。

（4）日常保洁期间每2个小时对公厕内所有便器洁具、各类扶手和把手、保洁工具、接触式冲水按钮、水龙头和水池、洗手液盒、手纸盒、废纸篓等重点部位进行消毒一次，并做好相关消毒记录。巡回保洁厕所保洁消毒频次不低于每4小时一次。如人流量较高，各类厕所应酌情适当增加消毒频次。在条件允许的情况下，应安装感控水龙头和蹲位自动冲水系统，减少居民在公共厕所使用过程中与公共厕所内设施的接触。日常保洁期间，公共厕所管理员或相关保洁员要加强对各厕位的巡查，确保便器内外整洁，粪便及尿液不残留，做到"一客一洁"。公共厕所男厕位取消废纸篓，女厕位废纸篓全部套垃圾袋，女性卫生用品废弃物投放至废纸篓，厕纸等可溶解废弃物可随水冲走。废纸篓内的垃圾超过废纸篓容积的1/2后应及时进行清理，收集的垃圾扎紧袋口，集中投放到有害废弃物的专门投放点，并在投放时进行消毒，减少病毒或病菌对外界的污染。

（5）公共厕所开门和关门时，公共厕所管理员或相关保洁员应做好全面冲洗和消毒工作。对于24小时开放的公共厕所，公共厕所管理员或相关保洁员应做到早晚各进行一次全面冲洗和消毒工作。对于各旅游景点、繁华商业区及交通枢纽等人流量较大的区域内公共厕所，以及医院等感染病人使用较多的公共厕所，需要使用专用消毒液每日对公共厕所进行5次以上消毒灭菌处理，并适时增加公共厕所管理员或相关保洁员，以保证清洁工作保质保量的完成。公厕关门前，在完成常规保洁之后应再次对公厕进行全面消毒并补充消毒液和洗手液。

（6）公共厕所排污管道堵塞或粪便满溢应该立即疏通并清洁消毒。排污管道如果严重堵塞，应该及时报修，并在24小时内修复完毕。对于公共厕所的保洁，应该适当扩大厕外责任区范围，公共厕所外3～5米范围内应保持环境整洁并保证不少于每日两次的保洁消毒工作。保洁及消毒记录应记录在《公厕保洁日志》内，以备工作检查。

2. 道路废物箱的收集及消杀

道路两旁通常会间隔放置废物箱，便于居民在室外活动过程中投放垃圾，相关保洁人员会定期对道路废物箱中的垃圾进行清理。疫情发生后，道路废物箱中的垃圾可能附着有一定量传染病致病病毒或病菌，在道路废物箱垃圾清理和收集的过程中，就需要相关保洁人员注意细节管理，增加部分工作程序，降低传染病致病病毒或病菌通过道路废物箱及其中的垃圾传染给居民的可能性。疫情发生后，对道路废物箱的清理和消杀工作的具体实施方式如下。

(1) 道路废物箱相关保洁人员在每日上岗后，应该先进行自身的全身消毒，并穿戴手套、口罩等有效防护用具；每日消杀作业结束后，再进行一次全身消毒。新冠肺炎疫情期间，个人消毒采用75%酒精进行全身喷洒，用抑菌洗手液清洗双手，或用75%酒精擦拭双手。

(2) 做好道路废物箱清理工作，对垃圾量大的收集点要随满随清。道路废物箱清理作业过程中，禁止无关人员靠近围观。打开道路废物箱前，需要先用专用消毒溶液对废物箱周围喷洒消毒。道路废物箱相关保洁人员作业前需要穿戴手套、口罩等有效防护用具，再对废物箱进行清理作业。作业完成后，及时关闭废物箱和收集容器桶盖，并对废物箱及周边进行喷洒消毒。作业完成后，做到废物箱周边无散落垃圾。废物箱垃圾运输途中需紧闭收集容器桶盖，运输过程中不得有垃圾散落。收集的垃圾应该集中投放到有害废弃物的专门投放点，并在投放时进行消毒，减少病毒或病菌对外界的污染。

(3) 每日作业完成后应对电动机具、垃圾收集容器、作业工具等设施设备进行清洗、消毒。做好作业、消毒等情况的记录，以备工作检查，并做好交接班工作。新冠肺炎疫情期间，消毒液为500～1 000 mg/L含氯(溴)消毒溶液，喷洒量为100～300 mL/m^2。

3. 道路清扫、冲洗

疫情发生后，公共道路的清洁工作相对非疫情情况下更加重要，这是保证疫情期间，居民正常出行的重要条件之一，也是防止传染病病毒附在鞋底，携带回家的有效途径。疫情期间，道路的清扫、冲洗应该遵循以下程序。

(1) 作业人员在每日上岗后，应该先进行自身的全身消毒，并穿戴手套、口罩等有效防护用具；每日消杀作业结束后，再进行一次全身消毒。新冠肺炎疫情期间，个人消毒采用75%酒精进行全身喷洒，用抑菌洗手液清洗双手，或用75%酒精擦拭双手。

(2) 道路清扫、冲洗(特别是人工清扫、冲洗)作业过程中，宜强化机械化保洁作业方式，加大冲洗力度，降低人工普扫频次，适度增加巡回保洁力度。作业过程中禁止无关人员靠近围观。作业人员在作业前，应该先用专用消毒溶液对车辆设备、驾驶室、电动机具、其他小型作业工具等进行喷洒消毒。2020年新型冠状病毒疫情期间，使用500～1 000 mg/L含氯(溴)消毒溶液对车辆设备、驾驶室、电动机具、其他小型作业工具等进行喷洒消毒，喷洒量为100～300 mL/m^2。作业人员作业完成后，应及时关闭收集容器桶盖，做到道路无零星垃圾。道路清扫垃圾运输途中需紧闭收集容器桶盖，运输过程中不得有垃圾散落。收集的垃圾应该集中投放到有害废弃物的专门投放点，并在投放时进行消毒，减少病毒或病菌对外界的污染。

(3) 每日作业完成后应对车辆设备、驾驶室、电动机具、其他小型作业工具等设施设备进行清洗、消毒。做好作业、消毒等情况的记录，以备工作检查，并做好交接班工作。

4. 社区的消杀

居民区是居民活动最密集的地方，也是最容易发生传染性疾病交叉感染的地方，社区的消杀工作就显得十分重要。做好居民区的消杀工作对于保障社区居民的身体健康和生命安全，有效防控传染性疾病在辖区范围内的流行非常关键。疫情发生后，社区工作人员应该积极联合街道干部、社区志愿者、物业人员、保洁人员等力量，持续深入开展社区消杀防控治理工作，对社区进行全面消杀，并对重点部位着重消杀，切实达到防控预期，让群众安心生活。社区消杀工作的具体实施方式如下。

(1) 社区消杀工作人员在每日上岗后，应该先进行自身的全身消毒，并穿戴手套、口罩等有效防护用具；每日消杀作业结束后，再进行一次全身消毒。

(2) 社区消杀工作宜强化机械化作业方式。较大型小区室外区域消杀工作应该尽量采用喷洒专用车进行消杀工作，提高工作效率，降低人工数量，对于喷洒死角应该采用人工补喷的方式查缺补漏，做到社区消杀工作无死角。小型小区室外区域消杀工作可采用作业人员配备背负式喷雾器进行无死角消杀工作。对于楼道内的公共区域、地下车库、电梯间、储藏室等狭小室内区域的消杀工作，采用作业人员配备背负式喷雾器或手持式进行无死角消杀工作。小区室外公共区域每周进行一次消杀工作，地下车库、储藏室、楼道内的公共区域每天进行一次消杀工作，小区出入口、电梯间等居民使用较频繁的区域每天要用消毒液进行两次消杀工作。带有窗户的楼梯间应该每日开窗通风，确保楼梯间通风正常。对于小区单元门及电梯按钮，应该每天用消毒液进行喷洒或擦拭消毒两次，或配备纸巾等一次性用品辅助居民按电梯按钮及开关单元门，并在旁边配备专用垃圾桶进行相关垃圾的收集。应对新冠肺炎疫情，消毒液是选用500～1 000 mg/L含氯(溴)消毒剂溶液对废物箱周围喷洒消毒，喷洒量为100～300 mL/m^2。社区垃圾收集点及移动式垃圾桶周边区域，应该用消毒液每天进行两次常规消杀工作。垃圾桶应该在垃圾清运后立即用消毒液进行喷洒消毒，并保证垃圾在清运过程中周边无散落垃圾，垃圾收运清理作业过程中，禁止无关人员靠近围观。

(3) 许多小区存在多个大门，疫情期间应只保留一个大门为小区专用出入口，并封锁其他出入口。对于居民自行外出购买生活用品的情况，当居民携带物品进入小区时，出入口工作人员应对居民及其携带的物品进行喷洒消毒，消毒完成后方可进入小区。对于居民通过网络购买的生活用品，小区应在出入口设置快递临时放置点，所有配送员统一将配送物品交由出入口工作人员，并由工作人员进行喷洒消毒后放置在临时放置点，由配送员电话通知居民到其小区快递临时放置点收取。居民到快递临时放置点取快递的时候，出入口工作人员应对物品再次喷洒消毒液后交由居民。新冠肺炎疫情期间，小区出入口采用75%酒精对出入小区的居民及物资进行喷洒消毒。

(4) 对于需要居家隔离的居民，社区工作人员应将生活用品消毒后放置在需要居家隔离居民的家门口，待离开后，通知居民将物品取回家中。小区内每天各项消毒、检查工作等情况应及时记录，以备工作检查，并做好交接班工作。

5. 商场、车站、机场、医院等大型室内公共场所的消杀

商场、车站、机场、医院等地方的共同特点是人流量比较大，尤其车站和机场，各个地方和国家的人都有，交叉感染的可能性非常大，消杀工作就显得十分重要。对于人流量较大的室内公共场所，我们应该采取的消杀方式具体如下。

(1) 消杀工作人员在每日上岗后，应该先进行自身的全身消毒，并穿戴手套、口罩等有效防护用具；每日消杀作业结束后，再进行一次全身消毒。新冠肺炎疫情期间，个人消毒采用75%酒精进行全身喷洒，用抑菌洗手液清洗双手，或用75%酒精擦拭双手。

(2) 疫情期间，每天在营业前和结束营业后各进行一次基础消杀工作，对于24小时营业的场所，应早晚各进行一次基础消杀工作。由于这些场所面积较大，应适量增加消杀工作人员或保洁人员的数量，以保证消杀工作应全面到位，不应留下任何消毒死角。商场可根据自身情况，为每个商场工作人员分配责任片区，每个工作人员负责各自责任片区内的消杀工作，这样可不用增加保洁人员的数量。每天再根据人流量增加情况适度增加消毒次数，能够有效降低感染风险。疫情期间商场、车站、机场、医院等大型室内公共场所的消杀工作应该以擦拭和湿拖为主，在营业结束期间或基本无人流的情况下可采用喷洒的方式进行消杀工作。电梯间按钮、扶手、门把手、公共桌椅座椅、垃圾桶、购物车、储物柜等区域相对其他区域应增加消毒次数，并随着客流量的增加而不断增加次数，能够有效降低感染的风险。疫情期间，喷洒用消毒液使用有效氯为1 000～2 000 mg/L的含氯消毒剂溶液，擦拭和湿拖是采用有效氯为1 000 mg/L的含氯消毒剂。

(3) 对于消杀工作用到的卫生洁具，需要使用含氯消毒剂浸泡或擦拭，作用30分钟后，再使用清水冲洗干净，晾干后再用，能够有效降低感染风险。商场、车站、机场、医院等大型室内公共场所均需要确保洗手设施的正常使用，并配备抑菌洗手液或消毒剂，保障流动人员可以及时清洗消毒双手。

(4) 医院的消杀工作应增加强度，增加消杀次数。对医院的生活垃圾和医疗废物进行清理前，需要先用专用消毒溶液对废物箱周围喷洒消毒，再将垃圾袋口扎紧，并再次喷洒消毒液进行消毒，然后集中投放到医疗废物的专门投放点。

(5) 均应做好作业、消毒等情况的记录，以备工作检查，并做好交接班工作。

6. 办公场所的消杀

疫情期间，依然有很多人需要到办公室上班，以保证社会的正常运转和居民的正常生活。办公场所的消杀工作关系到办公场所内上班人员的安全。消杀工作做得到位，能够有效降低上班人员的感染风险。疫情发生后，办公场所消杀工作的具体实施方式如下。

（1）办公场所保洁人员到岗后应该先进行自身的全身消毒，并穿戴手套、口罩等有效防护用具；每日消杀作业结束后，再进行一次全身消毒。新冠肺炎疫情期间，个人消毒采用75%酒精进行全身喷洒，用抑菌洗手液清洗双手，或用75%酒精擦拭双手。

（2）办公场所保洁人员应在其他员工到岗前，对办公场所进行一次全面消杀作业。由于办公场所电器较多，消杀工作应该以擦拭和湿拖为主。对于门厅、楼道、会议室、电梯、楼梯、卫生间等公共部位进行消杀作业时，应尽量使用喷洒消毒的方式。每个区域使用的保洁用具要分开、避免混用。电梯间按钮、扶手、门把手、桌椅、垃圾桶等区域相对其他区域应增加消毒次数。保洁人员应在其他员工离岗后，再进行一次全面消杀作业。员工到岗后和离岗前，应该对各自工位进行擦拭消毒。座机电话每日擦拭消毒两次，如果使用频繁可增加至四次。新冠肺炎疫情期间，喷洒用消毒液采用有效氯为1 000～2 000 mg/L的含氯消毒剂溶液，擦拭和湿拖采用有效氯为1 000 mg/L的含氯消毒剂或者75%酒精。

（3）办公场所应保证每日通风3次、每次20～30分钟。中央空调系统风机盘管正常使用时应该定期对送风口、回风口进行消毒。中央空调新风系统正常使用时出现疫情，不要停止风机运行，应该在人员撤离后，对排风支管进行封闭运行一段时间，然后关闭新风排风系统并同时进行消毒。带回风的全空气系统，应把回风完全封闭，保证系统全新风运行。疫情期间应尽量减少集中开会，如遇必须情况需要集中开会的，在会议结束后，应立即进行消杀工作。

（4）办公场所如需开放食堂，应采用分餐进食、避免人员密集。餐厅每日消毒1次、餐桌椅使用后进行消毒，餐具用品须高温消毒。餐桌应间隔1米，分散开摆放，每个餐桌仅坐1人，且应放置消毒产品。员工用餐结束后，应自行对餐桌进行擦拭消毒，并自行将餐具放入指定地点。餐厅应每天做好消杀工作，并确保餐食的安全健康。做好作业、消毒等情况的记录，以备工作检查，并做好交接班工作。

5.1.2 环卫、保洁人员的个人防护管理

疫情发生后，许多企业、社会组织等都停止工作，进行居家隔离和居家办公，但也有一部分人无法停止工作，必须要按时到岗，这其中就包括环卫工作人员和保洁人员。环卫工人和保洁人员是冲在最前面的战士，与环境中的病毒或病菌进行斗争，为居民清洁生活环境，降低居民在日常生活中遭受病毒感染的可能性，让居民可以相对安全地进行一些最基本的日常活动。他们同医生一样，也是保卫居民安全的战士，环卫工人和保洁人员在工作中的防护同样非常重要。

1. 一线环卫工人的疫情防护

这里所讲的一线环卫工人是指负责道路清扫保洁、道路垃圾桶清理及道路边公共厕所保洁的环卫工人。他们很容易在工作环境中与传染性疾病的感染者发生间接接触，或接触到携带有传染性疾病病毒的物品，造成自身的感染，因此，一线环卫工人在疫情期间的个人防护工作就非常重要，关系到他们的人身安全。

环卫工人工作前需换上工作服（或防护服），要及时洗手（2020 年新型冠状病毒疫情期间，采用 AHD2000 手消毒剂对手进行消毒），并测量体温。各部门应掌握职工身体状况，一旦发现职工有发热、咳嗽等呼吸道感染症状，根据病情就近选择医院发热门诊就医，及时处置，同时填写本部门疫情防控工作日报表，并做好每日上报工作。需要设置专门的更衣场所或更衣间用于更换防护服、口罩等，也便于重复使用的工作服、胶鞋、防护手套、防护眼镜等物品进行集中清洗消毒。新冠肺炎疫情期间，劳动保护防护用品清洗消毒，采用含氯消毒剂（如 84 消毒液）、过氧乙酸消毒液等。换下的口罩、防护用品等需投放专用的垃圾桶内，专门收集与处置。应选择在通风向阳、相对开阔、不与人员接触的位置工间休息，工间休息不得与工友结对甚至扎堆聊天。到爱心驿站（工休点）休息时，应先进门再脱下手套和口罩。作业完成后，对垃圾收集容器、收运车辆及装载工具等进行冲洗、消杀。作业人员收工前进行全面独立清洗消毒，清洗消毒后再换上干净衣服，戴好口罩及相关防护用品，复测体温，方能离开工作单位。

收运、处置生活垃圾时，需穿连体防护服。如果防护服资源紧缺情况下可穿袖口可收扎或紧口的长袖（或将袖口用橡皮筋等物品扎紧）、有帽口可收扎的防雨帽等防雨工作服，配备足够数量（不小于2套）供轮换使用。穿尺寸合适的长筒胶鞋，佩戴一次性乳胶手套或可重复使用的抗化学和生物伤害的防护手套，防护手套应配备足够数量（不少于2套）供轮换使用；佩戴至少两层一次性外科口罩或N95口罩，一次性口罩最长4小时更换一次，或被水汽浸湿失去防护效果时也需要更换；佩戴尺寸合适的防护眼镜（医用防护眼镜或化学防护眼罩）。

作业期间不得将口罩、手套脱下。对人员较多的路段可暂不进行清扫保洁，待人员分散后再进行清扫保洁。对于地面上的零星垃圾，特别是弃用口罩，必须使用作业工具挟起置于保洁车内，不得徒手直接捡拾，不得翻捡垃圾桶。上门收集人员应配戴口罩、防护手套等防护用具，接受社区卫生中心指导做好个人防护。每次完成任务后应洗手消毒，勤换洗工作服，保持个人卫生。疑似病人安置点、临时封闭区域的清扫保洁，由所在安置点和封闭区域内部负责，日常保洁人员不得进入此类区域，不得与相关人员接触。

到家或进入居住点前不得脱下口罩和手套。进门后先脱下手套、口罩，并将口罩放在室内固定位置，立即洗手，然后测量体温。如要洗澡，应先测量体温再洗澡。必要时还要对口罩、手套等进行消毒处理。在未完成上述动作前，不得与家人接触。控制适度工作强度，不要过度疲劳，加强体育锻炼，增强身体免疫力。不去或少去人群聚集的地方，不去已经发生疫情的城市，避免与疫情城市返回人员的接触。不接触、更不食用野生动物。规律起居，按时入睡，保证睡眠充足；多吃蔬菜和水果，特别是富含维生素C的水果；不吃未煮熟的肉、蛋。

2. 社区、商业区、车站机场、医院等大型室内区域保洁人员的疫情防护

社区、商业区、车站机场、医院等大型室内区域人流量很大，尤其医院，很容易遇到已经感染的患者或接触到感染患者使用的物品，这些区域的保洁人员、志愿者等相关消杀清洁工作人员需要做好特别防护，防止工作过程中被病毒或病菌感染。

保洁人员、志愿者等相关消杀清洁工作人员在工作前应先测量体温，密切关注清洁人员的身体状况，一旦发现职工有发热、咳嗽等呼吸道感染症状，根据病情就近选择医院发热门诊就医，及时处置，同时填写本部门疫情防控工作日报表，并做好每日上报工作。消杀清洁工作人员换上连体防护服，社区、商业区、车站机场等场所如果防护服供应不足，可穿袖口可收扎或紧口的长袖(或将袖口用橡皮筋等物品扎紧)，配备足够数量(不小于 2 套)供轮换使用。佩戴一次性乳胶手套或可重复使用的抗化学和生物伤害的防护手套，防护手套应配备足够数量(不少于 2 套)供轮换使用；佩戴至少两层一次性外科口罩或 N95 口罩，一次性口罩最长 4 小时更换一次，或被水汽浸湿失去防护效果时也需要更换；佩戴尺寸合适的防护眼镜(医用防护眼镜或化学防护眼罩)。医院消杀清洁工作人员必须穿防护服，并佩戴护目镜、一次性乳胶手套、两层一次性外科口罩或 N95 口罩才可以上岗。需要设置专门的更衣场所或更衣间用于更换防护服、口罩等，也便于重复使用的工作服、胶鞋、防护手套、防护眼镜等物品进行集中清洗消毒。应选择在通风向阳、相对开阔、不与人员接触的位置工间休息，工间休息不得与工友结对甚至扎堆聊天。换下的口罩、防护用品等需投放专用的垃圾桶内，专门收集与处置。

消杀清洁工作人员不得直接接触生活垃圾，禁止任何人从垃圾桶拣拾废弃口罩等物品。具有两网融合服务点的垃圾箱房可暂停服务，仍提供服务的，作业人员应配套手套、口罩等防护用具，避免近距离接触交投者。垃圾箱房负责人每次完成垃圾桶移位、消毒作业后，应及时洗手消毒，勤换洗工作服，保持个人卫生。

作业人员收工前进行全面独立清洗消毒，清洗消毒后再换上干净衣服，戴好口罩及相关防护用品，复测体温，方能离开工作单位。到家以后也需要注意先自我消毒并测量体温后，才可以与家人接触，并在家注意饮食，多做运动，加强体育锻炼，增强自身免疫力。

3. 环卫车辆及清运转运人员的疫情防护

环卫车辆驾驶人员、垃圾清运转运人员主要的接触对象是垃圾，和感染者接触的可能性较小，防护级别虽然不要求同一线环卫人员一样高，但他们的防护也非常重要。

环卫车辆作业前，驾驶人员必须穿工作服、雨披、雨鞋，戴橡胶手套，并正确佩戴口罩，做好防护工作。车辆出车前需要随车携带消毒用具。清运作业人员统一规范着装，佩戴工号卡，须配戴口罩、防护手套、防护服、护目镜及胶鞋等进行作业，相关防护用品根据使用说明及时更换或消毒。作业前先对密闭容器进行内外消毒喷洒，重点是操作部位。现场作业后对空容器再进行内外消毒。物业小区要及时对已清运桶进行清洗及二次消毒。进入处置设施后服从厂区现场人员的调度安排到指定卸料口卸料，同时进出车辆接受公司消毒处理。

环卫车辆收运路线需要按照指定收运路线收运，不得随意变更、增加收运点位。环卫车辆作业后必须全部清空，包括污水槽，清洗全车后并消毒。有条件的，专车专用。每班作业后，车队员之间相互监督相互帮助消毒，尤其是作业工具的消毒。工作服等非一次性用具每日清洗消毒，一次性用具消毒后放置到指定位置，并确认下次作业工具，尤其是防护用品、消毒液是否完好充足。

作业完成后应及时洗手消毒，勤换洗工作服，保持个人卫生。作业人员关注自身健康，减少人员外出接触，不聚众聊天，注意自我防护。建立作业人员健康日报告制度，配备电子温度计，每日进行体温检测。发现自身有异常情况需要及时上报并自我隔离，一旦有发热、咳嗽等症状，要及时就诊。

4. 垃圾末端处理人员的疫情防护

垃圾末端处理人员的疫情防护如下。

做好疫情防控预案，成立疫情防控领导小组一级对一级负责，责任人到岗，及时分析研判疫情防控形势，督促检查相关措施的具体实施到位。储备充足口罩、防护服等防护物资，确保工作人员自身安全。及时了解在岗、返岗人员健康情况。在岗人员按照排班表上班，每天分早、中、晚三次测量体温并记录在体温统计表内；出现发热、打喷嚏、咳嗽等感染症状时，第一时间上报，使用后的纸巾、手帕丢到密闭桶内；每天上报自己及家人健康状况。工作区域每一位员工都必须身穿防护服、护目镜、口罩等防护措施才能上岗，每位进厂人员必须接受体温测量。

末端处理人员需要注意，严禁医疗垃圾混入生活垃圾处理系统。废弃口罩、防护服等高风险废弃物，需与其他垃圾隔开，经过全面消毒后第一时间焚烧，防止二次污染，遏制疫情在垃圾处置末端扩散。垃圾填埋场尽量减少填埋作业面，日覆盖率要达到100%。严格落实消杀制度，对焚烧厂垃圾大厅、控制室、作业车辆、进出通道每天进行消杀处理。卫生处理厂运送病死禽畜的车辆进出厂区均须用有消毒剂进行消杀处理。新冠肺炎疫情期间，本环节消杀作业采用有效氯为1 000～2 000 mg/L的含氯消毒剂溶液全面喷洒消毒二次，喷药量为50～300 mg/m^2，或采用有效氯为1 000 mg/L的含氯消毒剂对物体表面进行擦拭或湿拖。

员工进入食堂就餐必须佩戴口罩，就餐人员需要对双手进行消毒。食堂采用分部门、分时段、分散用餐，采用一次性餐具用餐。对每一辆进出的垃圾运输车进行消杀，每位进厂司机都要接受体温测量，登记姓名、车牌号、手机号码，没有情况才能入场。

5.2 医疗废物的管理

疫情期间，医院聚集了大量的感染患者和疑似患者，在治疗感染患者或检查疑似患者的过程中就产生了大量医疗废物，以及感染患者和疑似患者在医院治疗期间产生的少量生活垃圾。这些垃圾，尤其是医疗垃圾，有极大的可能携带有传染病的致病病毒或病菌，做好疫情期间医疗垃圾的分类收集、运输和处置非常重要。各级政府充分认识到这一点，相继出台了关于疫情期间医疗废物的管理工作的相关文件，并制定了医疗废物应急收运处置操作规程，让各地方的医疗废物收运处置程序有了一定的依据。各地医疗废物收运处置相关文件都对高感染性医疗废物、发热门诊和隔离区医疗废物做了解释，高感染性医疗废物指包括收治“新冠”患者的定点医院隔离区（病区）产生的医疗废物和生活垃圾；发热门诊和隔离区医疗废物指包括发热门诊和“新冠”患者密切接触人员在隔离区产生的医疗废物和生活垃圾，亦可包括各隔离区工作人员产生的生活垃圾。各地医疗废物收运处置相关文件也都对不同情景下的医疗废物做出了不同的收运处置指导。常规医疗废物依然按常规收运处置程序进行，但需加强各环节的防护和消毒；疫情相关医疗废物则需单独收运处置。

5.2.1 医疗废物的收集暂存

1. 高感染性医疗废物的收集暂存

疫情发生后，卫生健康部门规定的定点收治医院、临时收治点(如新冠肺炎疫情期间的方舱医院等)等处产生的医疗废物均为高感染性医疗废物。高感染性医疗废物主要包含医疗废物5大类中的三类：损伤性废物、感染性废物和少量病理性废物。损伤性废物依然用利器盒进行收集，感染性废物和少量病理性废物依然用专用包装袋进行收集。对于高感染性医疗废物的收集暂存操作步骤，具体如下。

(1) 定点医疗机构应严格区分疫情医疗垃圾、常规医疗垃圾和生活垃圾的存放场所与容器，暂停生活垃圾分类，加强对生活垃圾存放场所的消毒频次和管理，每次存放、清运时应完成一次消毒，严禁一般人员进入。

(2) 医疗机构的所有医护人员应该按照医疗废物类别及时分类收集，医疗废物垃圾桶应该采用专用包装袋，损伤性医疗废物应该用利器盒进行包装后再投放至相应的垃圾桶或收集点。废弃的一次性隔离衣、防护服等物品在分类收集、包装时严禁挤压。包装袋和利器盒外表面被污染时及医疗废物离开污染区前，应再在外侧增加一层包装袋。

(3) 医疗废物达到包装袋或者利器盒的3/4时，应当有效封口，确保封口严密。应当使用双层包装袋盛装医疗废物，采用鹅颈结式封口，分层封扎。在医疗废物包装袋封口前用消毒液进行喷洒消毒处理，封口后再次用消毒液进行喷洒消毒处理，才可以转运到该医疗卫生机构的医疗废物暂存点，等待收运。2020年新冠肺炎疫情期间，喷洒消毒采用有效氯为1 000～2 000 mg/L的含氯消毒剂溶液全面喷洒。

(4) 每个包装袋、利器盒应当系有或粘贴中文标签，标签内容包括：医疗废物产生单位、产生部门、产生日期、类别，并在特别说明中标注疫情名称。2020年新冠肺炎疫情期间，每个医疗废物包装袋、利器盒都标注有“新冠”，并单独进行“新冠医疗废物的交接登记”。

(5) 医疗废物暂时贮存场所实行专场存放、专人管理，疫情医疗废物不得与常规医疗废物和生活垃圾混放、混装。为避免疫情医疗垃圾与常规医疗垃圾混合，应在原有医疗废物贮存间内单独划分出疫情医疗垃圾贮存区，并利用物理隔断或过道间隔开。暂存时间不超过 24 小时。

(6) 贮存场所应按照卫生健康部门规定的消毒剂每天进行 2 次消毒。贮存场所冲洗液应排入医疗卫生机构内的医疗污水处理系统处理。新冠肺炎疫情期间，消毒采用 1 000～2 000 mg/L 含氯消毒剂。

(7) 医疗卫生机构按照规定时间，预约专业处置单位。高感染医疗废物应在 24 小时内转至专业处置单位及时进行无害化处置。专业处置单位应安排专人专车进行收集运送。双方人员现场共同检查医疗废物包装完整、规范性，对不符合规范要求的进行重新包装、消毒。医疗卫生机构应按要求配备医疗废物称重设备，并在双方转交时对医疗废物进行称重。双方人员在收运过程中均应该注意个人防护和消毒，以及医疗废物和相关设备的消毒。

(8) 双方人员共同填写《危险废物转移联单(医疗废物专用)》和《医疗废物运送登记卡》(一车一卡)，疫情相关的医疗废物应在资料上标注疫情名称，并双方签字。登记资料保存 3 年。新冠肺炎疫情期间，疫情相关的医疗废物均都标注了“新冠”字样。

(9) 交接后，医疗卫生机构医疗废物贮存场所应按照卫生健康部门要求的方法和频次消毒。2020 年新型冠状病毒疫情期间，医疗废物贮存场所应该先进行清水冲洗，再用有效氯为 1 000～2 000 mg/L 的含氯消毒剂溶液进行全面喷洒消毒 2 次，冲洗水应排入医疗卫生机构内的医疗污水处理系统处理。

2. 相关门诊和隔离区废弃物的收集暂存

该类医疗废物要专收不转运，优先处置，其收运处置可参照高感染性医疗废物的操作进行执行，特殊要求如下。

(1) 相关门诊(新冠肺炎疫情期间为发热门诊)收治疑似患者污染区和潜在污染区、患者运送车辆产生的医疗废物，参照高感染性医疗废物的操作规程进行操作。

(2) 集中隔离观察点观察人员宜暂停生活垃圾分类，湿垃圾、干垃圾统一入袋存放。在隔离区产生的废弃口罩等医疗相关物品，应随同房间产生的生活垃圾一并装袋封闭，放置于固定地点。采用隔离观察人员措施时，应告知接受隔离观察人员生活垃圾室内存放时，采用统一配发的垃圾袋、按要求消毒、装载量不超过袋容量的 3/4,并扎紧后消毒。

(3) 隔离区(点)服务人员定时采用专用医疗废物包装袋或其他包装袋收集,放置于专用场所(防风、防雨、防扬散、防丢失等)。暂存场所设置专用容器,并张贴"专用容器"或"隔离专用容器"字样标识,并应在开盖入桶前和入桶关盖后,使用消毒液对专用容器盖、桶身、周边环境进行消杀,做好内部交接登记。新冠肺炎疫情期间,采用有效氯(溴)为 1 000～2 000 mg/L 的含氯(溴)消毒剂溶液或 100～250 mg/L 二氧化氯消毒液进行消杀,喷洒量 100～300 mL/m^2。

(4) 疫情患者密切接触人员在隔离区(点)产生的餐厨垃圾、其他人员产生的含有废弃口罩的生活垃圾可参照以上操作进行管理。隔离区产生的废弃物重量暂时实行估算,并进行交接登记。

3. 农村地区医疗废物的收集暂存

农村地区医疗废物的管理可以按照"农村基层医疗机构—中转站(乡镇卫生院)—处置单位"的模式进行收运处置。

(1) 按照常规医疗废物管理要求进行收集,若发现疫情患者,按照基层医疗机构疫情防控工作的要求执行,督促患者将其佩戴的口罩等感染物带到就近的相关门诊,按相关门诊医疗废物相关规程处理。

(2) 向指定的中转站转运医疗废物时应填写《农村医疗废物中转交接登记卡》。中转站所属单位(各乡镇卫生院)应做好覆盖范围内的医疗废物接收、暂存等工作。专业处置单位定期收集中转站贮存的农村地区医疗废物。中转站向专业处置单位转交前填报《危险废物转移联单(医疗废物专用)》。所有暂存和转移环节均应按规定做好防护和消毒工作。

4. 海岛地区医疗废物的收集暂存

海岛地区的医疗废物收运至所属管辖区域的乡镇卫生院或县级医院进行集中暂存,并由乡镇卫生院或县级医院进行简易焚烧处置(医疗废物不出岛)。海岛地区医疗废物的具体收运单位,根据疫情发生时各海岛实际情况再作具体规定。

(1) 按照一般医疗废物管理要求进行收集。

(2) 向指定的中转站转运医疗废物时应填写《海岛地区医疗废物中转交

接登记卡》。

（3）中转站所属单位（各乡镇卫生院或县级医院）做好覆盖范围内的医疗废物接收、暂存等工作。中转站所属单位（各乡镇卫生院或县级医院）做好医疗废物简易焚烧处置工作，接受卫生健康部门和生态环境部门的监管。

（4）各海岛地区具备其他简易处置方式的，应如实填报《海岛地区医疗废物处置情况表》。

5.2.2 医疗废物的清运

1. 高感染性医疗废物的运输

（1）专业处置单位须专人专车，使用固定专用医疗废物运输车辆单独运输。高感染性医疗废物不得与常规医疗废物混装、混运。

（2）医疗废物运输车辆应保证定车、定人、定线路，且车况完好。根据每日实际需清运的地点预先确定路线，运输路线和运输时间应避开人口稠密地区和上下班高峰期。

（3）运输车辆停至作业点作业时，禁止无关人员靠近围观。每次作业前应对暂存点进行喷洒消毒，作业过程中对清运的医疗废物进行喷洒消毒，医疗废物装车后对车辆和暂存点再次进行消毒。新冠肺炎疫情期间，采用有效氯（溴）为 1 000～2 000 mg/L 的含氯（溴）消毒剂溶液或 100～250 mg/L 二氧化氯消毒液进行消杀，喷洒量 100～300 mL/m^2。

（4）作业完成后应及时做好登记交接工作。

2. 相关门诊和隔离区废弃物的运输

相关门诊和隔离区的医疗废物及其他废弃物，均采用专用医疗废物运输车辆运输。其余执行高感染性医疗废物操作规程。

3. 农村地区和海岛地区医疗废物的运输

在确保健康和环境安全的情况下，基层医疗卫生机构可自行选择合适交通工具对医疗废物进行运输，海岛地区基层医疗卫生机构可自行选择合适交通工具向岛内处置设施进行运输。清运过程应注意做好防护、消毒和登记交接工作。

5.2.3　医疗废物的处置

1. 高感染性医疗废物的处置

(1) 末端处置单位厂区内设置医疗废物处置的隔离区，包括医疗废物卸料区、暂存区、无害化处置区。车辆入厂后，需对到厂的高感染性医疗废物进行称重复核，做好内部交接记录。

(2) 高感染性医疗废物由专人负责卸料投料，尽量做到处置不落地。原则上做到到厂立即处置，如需暂存，时间不得超过 12 小时。高感染性医疗废物全部以焚烧的处置方式进行处置，焚烧之后的残渣作为固体废物运到垃圾场填埋。

(3) 处置完成后，由专人负责对墙壁、地面、物体表面进行喷洒消毒，新冠肺炎疫情期间，采用有效氯(溴)为 1 000～2 000 mg/L 的含氯(溴)消毒剂溶液或 100～250 mg/L 二氧化氯消毒液进行喷洒消毒，喷洒量 100～300 mL/m^2，频率为每次作业结束后进行喷洒作业两次。

(4) 处置单位按照医疗废物交接单的数据做好台账记录，疫情相关医疗废物的相关记录均要标注疫情名称。

2. 相关门诊和隔离区医疗废物的处置

相关门诊和隔离区医疗废物的处置执行高感染性医疗废物操作规程。

3. 农村地区医疗废物的处置

按一般医疗废物进行处置，疫情防控期间若出现特殊情况，应向生态环境部门和卫生健康部门备案，在其监管下采用简易焚烧等方式处置医疗废物，并加强处置区域和相关工作人员的防护和消杀工作管理，确保医疗废物处置和防护到位。

4. 海岛地区医疗废物的处置

生态环境部门和卫生健康部门应加强对海岛地区医疗废物处置设施的监管，相关医院和简易焚烧设施所在单位须保障处置设施和各项环保设施稳定运行，加强设施运行管理，加强处置区域和相关工作人员的防护和消杀工作管理，确保医疗废物处置和防护到位。

5.3 生活垃圾中有害垃圾的管理

新冠肺炎疫情发生后，所有人除居家情况外的其他活动都必须佩戴口罩，防止新冠病毒通过飞沫的方式互相传染，因此就产生了大量的废弃口罩。一般情况下，生活源的口罩属于其他垃圾范畴，但鉴于新冠肺炎疫情，废弃口罩上可能附着有新冠病毒，所以新冠肺炎疫情期间的废弃口罩被列为居民生活垃圾中的有害垃圾。为有效控制新冠肺炎病毒、病菌的传播，应该做到生活源废弃口罩单独收集、单独运输、焚烧处理，严格控制废弃口罩混装混运，使污染口罩做到全程密闭、无害化处置。

5.3.1 生活垃圾中有害垃圾的收集暂存

非疫情情况下，在实施垃圾分类的地区，城镇居民将生活垃圾中的有害垃圾分类后，投放到小区垃圾箱房的有害垃圾回收桶内，农村居民则将分类出的有害垃圾投放到投放点的有害垃圾回收处，并单独清运；在未实施垃圾分类的地区，生活垃圾未经分类，直接混装在一起进行投放，环卫部门将生活垃圾清运后在进行分类，分类出的有害垃圾会单独存放。最终，有害垃圾最后都会由专业的有资质的有害垃圾处理单位进行处理。

疫情期间居民生活垃圾中的有害垃圾可能会发生一定的变化。新冠肺炎疫情中产生的大量废弃口罩，被视为有害垃圾，需要单独处理。因此，疫情期间的有害垃圾收集就需要进行一定的调整。

1. 居民区有害垃圾的收集暂存

(1) 政府部门需要加强居民宣传教育，让居民了解废弃口罩需要分类出来单独投放，不与生活垃圾中的其他垃圾混合投放。

(2) 用过的废弃口罩需要单独用小塑料袋包裹严密后，投放到专门的废弃口罩回收箱内。居民可在家中设置小型的废弃口罩回收垃圾桶，垃圾桶最好为带盖垃圾桶，并套有无破损的垃圾袋，作为家庭废弃口罩的专门暂存点，并于生活垃圾定时投放时间段内进行投放。居民在投放结束后应及时清洗双手并消毒。

(3) 所有小区及农村垃圾收集点均应设置专门的废弃口罩回收垃圾箱，并对垃圾箱进行文字标识，标明废弃口罩专用，与其他垃圾箱区别开。在条件允许的情况下，对废弃口罩垃圾箱进行改造，确保改造后的垃圾箱可以上锁，并且投放口比较小，丢弃后的口罩不宜简单取出来。改造后的废弃口罩垃圾箱可以有效防止翻检污染，控制了污染口罩的病毒传播，并且防止了废弃口罩被不法分子偷盗流入市场。

(4) 小区及农村垃圾收集点的废弃口罩垃圾箱需配套专用的垃圾袋，装载量不得超过垃圾袋容量的 3/4，并对袋口进行封扎。在封口前用消毒液进行喷洒消毒处理，封口后再次用消毒液进行喷洒消毒处理，才可以转运到有害垃圾暂存点，等待收运。常规有害垃圾到达垃圾桶装载量限值后，先进行打包和消毒处理后，再转运到有害垃圾暂存点，等待收运。

(5) 贮存场所实行专场存放、专人管理，废弃口罩不得与常规生活垃圾中的有害垃圾混放、混装。为避免废弃口罩与常规有害垃圾混合，应在原有有害垃圾贮存间内单独划分出废弃口罩贮存区，并利用物理隔断或过道间隔开。暂存时间不超过 24 小时。贮存场所应按照卫生健康部门规定的消毒剂每天进行 2 次消毒。

(6) 对于居民日常生活中所产生的常规有害垃圾的投放程序不变，但小区垃圾箱房和农村垃圾回收点的管理人员需要对垃圾箱房和垃圾回收点加强消毒。垃圾箱房每天定时开放结束后需对垃圾桶和垃圾箱房周围 2～3 米范围内进行喷洒消毒，农村垃圾回收站点每天早中晚各进行一次消毒作业。

(7) 每天做好台账记录和交接工作登记。

2. 非居民区有害垃圾的收集暂存

(1) 公共场所、机关企事业单位、商业集中区等人口密集的重点区域应当在原有垃圾收集点增设专门垃圾容器，用于收集废弃口罩。容器应为“有害垃圾”收集容器，并有配套顶盖，设置文字标识，标明废弃口罩专用，与其他生活垃圾区别开。废弃口罩垃圾桶内设塑料袋内衬，避免废弃口罩与容器直接接触。装载量不得超过垃圾桶内部垃圾袋容量的 3/4，到达限值后对垃圾袋进行封扎。在封口前用消毒液进行喷洒消毒处理，封口后再次用消毒液进行喷洒消毒处理，才可以转运到有害垃圾暂存点，等待收运。

(2) 公共场所、机关企事业单位、商业集中区等人口密集的重点区域的洗手间应配备抑菌洗手液或其他手部消毒用品,用于废弃口罩投放后的手部消毒。

(3) 贮存场所实行专场存放、专人管理,废弃口罩不得与其他生活垃圾混放、混装。为避免废弃口罩与其他生活垃圾混合,应在原有生活垃圾贮存间内单独划分出废弃口罩贮存区,并利用物理隔断或过道间隔开。暂存时间不超过 24 小时。贮存场所应按照卫生健康部门规定的消毒剂每天进行 2 次消毒。

(4) 农村地区公共场所、商业集中区等人口密集的重点区域应结合当地实际参照执行。

5.3.2 生活垃圾中有害垃圾的清运

新冠肺炎疫情发生后,城镇居民小区、公共场所、机关企事业单位、商业集中区等人口密集的重点区域的居民日常生活中产生的最多的有害垃圾是废弃口罩,为控制病毒的传播,废弃口罩须及时清运。废弃口罩的清运应根据需要清运的区域预先确定线路,采用专车运输,日产日清,不与其他垃圾交叉污染。除废弃口罩外的其他有害垃圾的清运作业按常规路线进行。

疫情期间所有有害垃圾清运车辆停至作业点作业时,均需禁止无关人员靠近围观,并保持全密闭作业运输,车容整洁、无明显污垢、无滴漏、无拖挂、无散落,运送至生活垃圾焚烧厂或医疗废物(危险废物)集中处置单位进行无害化处理。有害垃圾专门垃圾容器、垃圾中转站应每日消毒杀菌,运输车辆须密闭,中转处理后要及时消毒杀菌。在清运作业结束后,做好台账记录和交接登记。

5.3.3 生活垃圾中有害垃圾的处置

有害垃圾清运车在焚烧厂设定的特定时段内,从物流大门进入焚烧厂,并应听从现场管理员指挥,按指定路线行驶至指定卸料口进行卸料。运输车辆驾驶员必须服从卸料平台指挥人员指挥。卸料时车辆必须挂好安全牵引绳,严禁将垃圾倾倒在卸料门外,卸料完成后应及时关闭盖板。生活垃圾焚烧厂或医疗废物(危险废物)集中处置单位应开设口罩接收专区,并进行优先处置，不混入垃圾池待烧垃圾中，不再进行拌料、堆存，到场直接投入焚烧炉内进行无害化焚烧处置，焚烧之后的残渣作为固体废物运到垃圾场填埋。常规生活垃圾中的有害垃圾应按常规处理程序进行，注意处理过程的防护及消毒。所有有害垃圾运输车辆、相关区域及工具均需进行消毒，运输车辆必须在消毒结束后才可驶离厂区。所有现场操作人员应按传染病防控有关要求做好自身防护措施，并做好工作记录和交接登记。新冠肺炎疫情期间，每天作业完成后做好台账记录和交接登记，并对卸料大厅以及运输车辆行驶路线地面进行冲洗，再用有效氯为 1 000～2 000 mg/L 的含氯消毒剂溶液对墙面、地面、周围环境喷洒消毒，喷药量为 50～300 mg/m^2。

5.4　废水的管理

疫情发生后，一般会划定一些医院作为定点医院，专门用于疫情患者的收治。疫情患者较多的区域，也会新建一些临时医院作为疫情患者的专门收治医院，如“非典”疫情重症患者收治医院“北京市小汤山医院”、“新冠肺炎”疫情重症患者收治医院“火神山医院”和“雷神山医院”、“新冠肺炎”疫情轻症患者收治医院“方舱医院”等。定点医院和专门收治医院收治了很多疫情患者，非定点医院的相关门诊也会接待很多疫情患者，医院的医疗废水和生活废水中则均有可能携带有疫情相关的病毒和病菌。许多居家隔离人员中，有些已经感染疫情病毒，那么这些人产生的生活污水中就很有可能携带病毒。疫情期间，无论是医疗废水还是生活废水，都很有可能携带有疫情相关的病毒或病菌，如果废水处理不彻底，就会造成疫情病毒或病菌通过废水扩散传播。因此，疫情期间废水的处理非常重要，关系到疫情的有效控制。

新冠肺炎期间，生态环境部印发了《关于做好新型冠状病毒感染的肺炎疫情医疗污水和城镇污水监管工作的通知》（环办水体函〔2020〕52 号）的文件，要求高度重视医疗废水和城镇污水监管工作，防止新冠病毒通过污水传播扩散，将其作为疫情防控工作的一项重要内容。新型肺炎疫情期间所产生的医疗废水、城镇污水如不进行妥善处理，可能会影响疫情防控甚至引发环境事件。

5.4.1 医疗废水的处理

疫情期间，疫情患者诊疗的医疗机构、临时集中隔离场所、疫情研究机构等产生的污水，均视为传染病医疗机构污水进行管控，强化杀菌消毒，确保出水粪大肠菌群数等各项指标达到《医疗机构水污染物排放标准》的相关要求。如果地方有更严格的地方性污染物排放标准，应按地方标准执行。

对于已建成的医疗机构和相关单位，如果自身配备有污水处理设施，应自行负责收集系统、处理系统的相关设施的正常运行，强化工艺控制和运行管理，采取有效措施，确保达标排放进入污水处理系统；如果自身未建设污水处理设施，应参照《医院污水处理技术指南》《医院污水处理工程技术规范》等，因地制宜建设临时性污水处理罐（箱），禁止污水直接排放或处理未达标排放，处理后的废水必须达到国家或地方规定的排放标准后，才可排入污水处理系统。固体传染性废物、各种化学废液不得随意弃置和倾倒排入下水道，应联系专门的收运处置单位进行上门收运处置。

对于临时新建的医疗机构和相关单位，一般是用于收治重症患者，如“北京市小汤山医院”“火神山医院”“雷神山医院”等，在建设期间，应对建设地块铺设防渗膜，废水收集系统应做到雨水、生活废水、医疗废水全收集，收集后进入各自处理系统进行处理。所有进入处理系统的废水均需进行严格的两次消毒处理后才可排放进入污水处理系统，不允许随意排放入河流和湖泊，降低医疗废水对周围环境的影响。

对于产生的污水最有效的消毒方法是投加消毒剂。目前消毒剂主要以强氧化剂为主，这些消毒剂的来源主要可分为两类，一类是化学药剂，另一类是产生消毒剂的设备。应根据不同情形选择适用的消毒剂种类和消毒方式，保证达到消毒效果。医院污水消毒常采用含氯消毒剂（如次氯酸钠、漂白粉、漂白精、液氯等）消毒、过氧化物类消毒剂消毒（如过氧乙酸等）、臭氧消毒等措施，所有化学药剂的配制均必须使用塑料容器和塑料工具。各医疗机构和相关单位进行污水处理时，可根据实际情况优化消毒剂的投加点、投加量和消毒接触池的接触时间。采用含氯消毒剂消毒且医院污水排至地表水体时，应采取脱氯措施。采用臭氧消毒时，在工艺末端必须设置尾气处理装置，反应后排出的臭氧尾气必须经过分解破坏，达到排放标准，才可排放。对相关处理设施废气、废水排出口和单位污水外排口开展水质进行及时的和定期的监测和评价，未达到排放标准的，需要及时进行检修和整改，保证排出的废气和废水均达标。位于室内的污水处理设施必须设有强制通风设备，并为工作人员配备工作服、手套、面罩、护目镜、防毒面具以及急救用品。

污泥应在贮泥池中进行消毒，贮泥池内需增加机械搅拌措施，以利于污泥加药消毒，不可使用人工搅拌。污泥脱水处理应尽可能采用封闭离心脱水装置，避免其与工作人员的接触。医院污泥应按危险废物处理处置要求，由具有危险废物处理处置资质的单位进行集中收运处置。

因此，医疗机构所排放的含病原体的废水，必须同时符合两项严格的限制要求才可排放：①含有病原体的污水必须经过消毒处理；②经消毒处理后的含有病原体的污水必须符合国家有关标准。特别注意的是农村地区的医疗废水存在量少、分散等特点，但也应该对医疗废水进行消毒处理，不得直接排入外部水环境或用于农田灌溉。对于疫情期间医疗机构所排放的医疗废水应做好应急处理、杀菌消毒要求，防止疫情相关病毒或病菌通过粪便和污水扩散传播，造成环境污染事件。当地生态环境部门及其他相关部门，要加强对医疗污水消毒情况的监督检查，严禁未经消毒处理或处理未达标的医疗污水排放。

5.4.2　城镇污水的处理

城镇污水是指城镇居民生活污水，机关、学校、商业服务机构及各种公共设施排水，以及允许排入城镇污水收集系统的工业废水和初期雨水等。

疫情发生以后，无论是公共场所还是居民区、办工场所、家庭个人的防护，都会进行消毒处理，因此就会有大量的消毒剂进入城镇污水收集系统，导致废水中的某种物质骤增，对废水的末端处理造成影响。新冠肺炎疫情发生后，市场上销售的主要的消毒剂为含氯消毒剂，公共场所、居民区、办公场所、家庭个人等的消毒也大都使用的是含氯消毒剂，这就导致排入城镇污水处理厂的污水余氯量可能偏高，就会影响生化处理单元正常运行。疫情期间，有许多已感染的居民在居家隔离或居家生活过程中产生的生活废水中，会有疫情相关病毒和病菌的存在，为了防止疫情通过水体扩散传播，就要加强消毒杀菌工作。

加强城镇污水处理厂出水的消毒工作，应该结合实际情况，采取投加消毒剂或臭氧、紫外线消毒等措施，确保出水粪大肠菌群数指标达到《城镇污水处理厂污染物排放标准》要求。城镇污水设施的管理单位在疫情期间对污水处理工艺进行调整的同时，也应确保处理设施的正常运行。针对城镇污水因疫情可能导致的病原体、细菌的增加，应结合当地实际情况，采取投加消毒剂或臭氧、紫外线消毒等措施，确保出水粪大肠菌群数等指标达到《城镇污水处理厂污染物排放标准》要求。对于疫情暴发期集中收治区的废水治理，应更加重视，严格执行消毒措施，严格进行废水、废气排放的检测，保证废水、废气的达标排放。位于室内的污水处理设施必须设有强制通风设备，并为工作人员配备工作服、手套、面罩、护目镜、防毒面具以及急救用品。对剩余污泥也应采取必要的消毒措施，防止病毒扩散。如有设施不正常运转、出水水质不达标、偷排等情况，将会严重影响疫情的防控，会造成严重的环境污染事件。当地生态环境部门及其他相关部门，要加强对城镇污水消毒杀菌情况的监督检查，严禁未经消毒处理或处理未达标的污水进行排放。

在线监测设施主要是对处理后排放的废水进行监测，确保排放的废水达到国家规定的标准，避免不达标废水的排放造成水环境污染。同时，在线监测设施应与生态环境主管部门的监测数据平台对接，并确保数据的可靠性、完整性、真实性。运营单位应保证设施的正常运行，如有异常情况发生，应及时上报。

在线监测是对排放废水是否达标的最后一道屏障，尤其是在疫情期间，不管对于医疗废水的处理还是城镇污水的处理，都应进行在线监测，所涉及的在线监测设备，在疫情期间均应确保其正常运行，同时不得有造假的行为。监管部门应加强对医疗废水、城镇污水的监管力度，对相关信息及时公开。

5.5 生活垃圾中其他垃圾的管理

疫情发生后，疫情感染者和疑似感染者的生活垃圾均可能携带有疫情致病病毒或病菌，如果不能及时有效地处理感染者和疑似感染者的生活垃圾，就很有可能造成交叉感染或加快范围的疫情扩散。因此，疫情发生后的生活垃圾收运处置过程需进行临时调整，根据危害性大小进行分类收运处置，尽量减少危险性大的生活垃圾从产生到进行末端处置之间的间隔时间。

新冠肺炎疫情发生后，国家和各级政府设置了专门的新冠肺炎定点医疗机构，用来收治新冠肺炎患者，还设置了集中隔离观察点，对疑似患者进行隔离观察，或让部分疑似患者进行居家隔离，待确诊后再收治进入定点医疗机构进行治疗。新冠肺炎的典型症状之一为发烧，所以发热门诊也聚集了大量的疑似患者。对于确诊患者、疑似患者的生活垃圾应该与普通居民的生活垃圾分开收运处置，减少新冠肺炎的交叉感染。

5.5.1　生活垃圾中其他垃圾的收集暂存

生活垃圾中其他垃圾的收集分为两类场景进行情况介绍，一类是医疗机构、相关门诊及隔离观察点，另一类是居民区、公共场所、工作单位等人口密集区域。

1. 医疗机构、相关门诊及隔离观察点其他垃圾的收集暂存

(1) 医疗机构在疫情防治过程中分为定点医疗机构和非定点医疗机构。定点医疗机构中的所有患者全部为疫情患者，患者产生的生活垃圾暂停垃圾分类，全部厨余垃圾、其他垃圾以及废弃口罩等患者疫情用品统一装入袋中，作为医疗废物一并处理。非定点医疗机构的相关门诊区域为疫情患者和疑似患者的聚集区，该区域就诊患者产生的生活垃圾暂停垃圾分类，全部厨余垃圾、其他垃圾以及废弃口罩等患者疫情用品统一装入袋中，作为医疗废物一并处理。非定点医疗机构的非相关门诊区域的患者的生活垃圾仍继续进行厨余垃圾、其他垃圾分类投放。

定点医院及非定点医院工作人员产生的生活垃圾仍应进行厨余垃圾、其他垃圾分类投放，并不得与患者和相关门诊产生的混合生活垃圾混放、混装。为避免工作人员产生的其他垃圾与患者和相关门诊产生的生活垃圾混放，应在原有其他垃圾贮存间内单独划分出不同贮存区，并利用物理隔断或过道间隔开。患者和门诊产生的混合生活垃圾暂存时间不得超过 24 小时。

(2) 集中隔离观察点的隔离观察人员产生的生活垃圾暂停垃圾分类,全部厨余垃圾、其他垃圾以及废弃口罩等患者疫情用品统一装入袋中,作为医疗废物一并处理。采用隔离观察人员措施时,应告知接受隔离观察人员的生活垃圾投放注意事项。隔离观察点工作人员产生的生活垃圾仍应进行厨余垃圾、其他垃圾分类投放,并不得与观察人员产生的混合生活垃圾混放、混装。为避免工作人员产生的其他垃圾与观察人员产生的混合生活垃圾混放,应在原有其他垃圾贮存间内单独划分出不同贮存区,并利用物理隔断或过道间隔开。观察人员产生的混合生活垃圾暂存时间不得超过 24 小时。

(3) 所有混合生活垃圾均需装入垃圾袋中,装载量不得超过垃圾袋容量的 3/4,并扎紧后消毒。医疗机构、相关门诊的其他垃圾和混合生活垃圾均由专门的保洁人员进行收集、封扎、消毒后转移至垃圾回收站点或贮存点进行暂存。

集中隔离观察点观察人员产生的混合生活垃圾应按要求自行进行封扎和消毒,且垃圾袋装载量不超过垃圾袋容量的 3/4,封扎好的垃圾袋由专人上门收集,收集频率不得低于每两天一次。集中隔离观察点应设置生活垃圾疫情专用容器,用于存放隔离观察人员的混合生活垃圾,并张贴"专用容器"或"隔离专用容器"字样标识。专人收集隔离观察人员产生的混合生活垃圾暂存入容器时,应在开盖入桶前和入桶关盖后,使用消毒液对专用容器盖、桶身、周边环境进行消杀。

2. 居民区、公共场所、工作单位等人口密集区域其他垃圾的收集暂存

(1) 居民区会有部分居民需要进行居家隔离观察,社区及物业部门需要绝对掌握需要居家隔离居民的住户信息。对于需要居家隔离的住户产生的生活垃圾暂停垃圾分类,全部厨余垃圾、其他垃圾以及废弃口罩等患者疫情用品统一装入袋中,作为混合生活垃圾一并收集处理。

(2) 城镇小区及农村地区需要居家隔离的住户产生的混合生活垃圾应按要求自行进行封扎和消毒,且垃圾袋装载量不超过垃圾袋容量的 3/4,封扎好的垃圾袋由专人上门收集,收集频率不得低于每两天一次。居家隔离观察点应在相应区域范围内设置生活垃圾疫情专用容器,用于存放隔离观察人员的混合生活垃圾,并张贴"专用容器"或"隔离专用容器"字样标识。专人收集居

家隔离人员产生的混合生活垃圾暂存入容器时，应在开盖入桶前和入桶关盖后，使用消毒液对专用容器盖、桶身、周边环境进行消杀。

（3）正常住户的居民、村民、公共场所、工作单位等人口密集区域依然按当地正常的垃圾分类政策执行，并在垃圾分类后进行定时定点分类投放，废弃口罩等疫情防控用品单独投放。投放后及时进行洗手和消毒，做好个人防护。

5.5.2　生活垃圾中其他垃圾的清运

生活垃圾中其他垃圾的清运应分为常规其他垃圾的清运和混合生活垃圾的清运，两者不可使用同一辆其他垃圾清运车辆进行清运。所有清运车辆应保证定车、定人、定线路，且车况完好。其他垃圾清运车辆应每日根据定点医疗机构、集中隔离观察点、居家隔离观察点动态，预先确定线路。清运车辆停至作业点作业时，禁止无关人员靠近围观。

垃圾装车前，应先对垃圾桶及周围区域进行喷洒消毒，再进行装车作业。清运作业时严格做到“三同时、一手清”，清运完毕后做好对专用容器、垃圾收集点及其作业场所周边 2～3 米范围内的清扫消毒工作，做到车走地净，并完成对车辆装载盖板密闭后的消杀。

清运车辆保持全密闭作业运输，车容整洁、无明显污垢、无滴漏、无拖挂、无散落，直接将其他垃圾送至生活垃圾焚烧厂或医疗废物专业处置单位进行末端无害化处理。作业完成后做好台账记录和交接登记。

5.5.3　生活垃圾中其他垃圾的处置

其他垃圾和混合生活垃圾清运车在焚烧厂设定的特定时段内，从物流大门进入焚烧厂，并应听从现场管理员指挥，按指定路线行驶至指定卸料口进行卸料。运输车辆驾驶员必须服从卸料平台指挥人员指挥。卸料时车辆必须挂好安全牵引绳，严禁将垃圾倾倒在卸料门外，卸料完成后应及时关闭盖板。运输车辆驶离卸料泊位后，应立即对地面掉落的垃圾清理进坑，并对运输车辆、地面及工具进行消毒，运输车辆必须在消毒结束方可驶离厂区。

焚烧厂应对混合生活垃圾进行优先处置，不混入垃圾池待烧垃圾中，不再进行拌料、堆存,到场直接投入焚烧炉内进行无害化焚烧处置,焚烧之后的残渣作为固体废物运到垃圾场填埋。常规其他垃圾应按常规处理程序进行,注意处理过程的防护及消毒。

每天作业完成后,对卸料大厅以及运输车辆行驶路线地面进行冲洗,再用消毒剂溶液对墙面、地面、周围环境喷洒消毒。作业完成后做好台账记录和交接登记。

5.6 厨余垃圾的管理

疫情发生后,生活垃圾的收运处置过程均会进行临时调整,以此来降低交叉感染的概率或疫情扩散的速度。新冠肺炎疫情发生后,疫情定点医疗机构的患者、相关门诊的就诊患者、集中隔离观察点观察人员和居家隔离观察人员产生的生活垃圾均停止垃圾分类,所有厨余垃圾和其他垃圾以及废弃口罩等患者疫情用品统一装入袋中,作为混合生活垃圾由其他垃圾处理系统或医疗废物处理系统进行处理。因此疫情患者和疑似患者的厨余垃圾均不进入厨余垃圾处理系统进行清运处理,非疫情感染者产生的厨余垃圾才会进入厨余垃圾处理系统进行收集处理。

5.6.1 厨余垃圾的收集暂存

疫情发生后,非疫情感染者仍需按照非疫情下的垃圾分类要求进行垃圾分类,分类出的厨余垃圾需在规定投放时间段内投放到规定垃圾收集点,需要破袋投放的地区仍需破袋投放。居民投放结束后需要及时清洗双手并进行消毒处理。垃圾收集点或垃圾箱房管理人员需要在每次投放结束后对垃圾收集点及垃圾桶进行喷洒消毒。未定点区域的垃圾箱需每天早中晚各进行一次喷洒消毒。

5.6.2 厨余垃圾的清运

厨余垃圾的清运比非疫情时的清运程序增加三道工序,一是在清运车辆进行清运作业前,对清运车辆进行喷洒消毒;二是在每一个收运点收运厨余垃圾之前，均需用消毒水对垃圾桶及桶周围进行消毒，对于直接接触的垃圾桶把手位置，需要特别加强消毒；三是清运作业结束后，需要对清运车辆进行冲洗消毒，清运人员也要进行全身消毒。作业期间需要注意，禁止无关人员靠近。作业完成后做好台账记录和交接登记。

5.6.3　厨余垃圾的处置

厨余垃圾末端处置单位应严格实施车辆准入制度，对进场车辆实施备案准入进场制度，湿垃圾清运车辆应从规定入口进入，未备案车辆禁止入内。卸料时，随车人员不得随意下车，作业平台指挥人员宜在5米外进行相关指挥。卸料后，保洁人员应立即对平台的散落垃圾清理进坑，对清运车辆、平台和工具进行清理、消毒。

疫情期间，进入厨余垃圾末端处置单位的厨余垃圾应暂停人工分选，实行机器分选，并进行消毒杀菌处理。经过两级分选除杂、破碎、除油、制浆等环节，将杂质分选出来，分选出来的残渣应及时装箱或入桶，密闭存放，并对暂存容器及时消杀，日产日清，尽快转运至生活垃圾焚烧厂无害化处理。进过分选并剔除杂质的厨余垃圾进行下一步资源化利用，主要资源化利用方式为堆肥、厌氧发酵产生沼气、制作绿色能源生物柴油等。

每日采用消毒剂对作业区全面消毒至少一次，并做好台账记录和交接登记。

5.7　可回收垃圾的管理

可回收垃圾主要包括废纸（如报纸、杂志、图书、办公用纸、纸箱等）、废塑料（如塑料袋、塑料包装物、塑料生活用品等）、废玻璃（如玻璃瓶、玻璃杯、碎玻璃、镜子、镜片等）、废金属（如铁钉、铁片、铁丝等铁制品，以及易拉罐、罐头盒、奶粉桶、铝箔、铜管等金属制品）、废织物（如旧衣物、旧书包、旧床单被褥、毛绒玩具等）、废电器电子产品（如旧电视、旧冰箱、旧空调、旧洗衣机等）、大件可回收物（如沙发、茶几、床、办公桌等）。可回收垃圾的产生量较小，大部分可回收垃圾均可在居民家中暂存一定时间，或延期进行更换。可回收垃圾暂时放在家中或延期进行更换基本不会影响正常的居家生活，但是在疫情期间进行清运，会为社区工作人员和清运系统带来沉重的负担，而且会挤占本来数量就很紧张的垃圾清运车辆。因此，疫情期间应停止所有或部分可回收垃圾的投放和回收工作，或尽量减少可回收垃圾的投放和回收频率，从而可以减少清运可回收垃圾占用的清运车辆，为疫情期间骤增的医疗废物清运提供更多的清运车辆。疫情期间还应绝对禁止个体废品回收人员进行可回收垃圾的回收，仅允许环卫部门、环卫部门和政府部门许可的相关单位进行可回收垃圾的清运回收。各社区居委会、村委会等应积极动员居民，尽量将可回收垃圾有序存放于家中，做好消毒杀菌工作，待疫情缓解后再组织居民进行可回收物的投放。

如遇必须进行可回收物投放的情况，应按以下过程进行。

5.7.1 可回收垃圾的收集暂存

各社区居委会、村委会等相关单位和部门，应在疫情发生后的第一时间通知到居民暂停回收的可回收垃圾种类，让居民有计划地在家中进行暂存。如废玻璃瓶、废塑料制品等体积较大，急需回收的可回收垃圾，居民应先在家中进行拆解整理，尽量减少可回收垃圾所占用的体积，用捆扎或装袋的形式打包好后进行消毒，消毒后方可按照当地垃圾投放时间，定时定点投放至可回收垃圾投放点。

可回收垃圾投放点工作人员应在每日投放时间结束后，先对可回收垃圾及垃圾桶进行消杀作业，再进行二次打包，注意不再进行二次分拣。打包结束后再对打包涉及区域进行消杀，并将打包好的可回收垃圾转运至暂存点暂存。暂存点应早晚各进行一次消杀作业。暂存点可回收垃圾暂存量达到暂存点容纳量前，应及时联系相关回收处理单位进行收运。

5.7.2 可回收垃圾的清运

可回收垃圾清运车辆在进行清运作业前，应该先对清运车辆进行喷洒消毒，再进行可回收垃圾的装车工作，装车结束后再对清运车辆及暂存点进行消毒杀菌。清运作业结束后，清运车辆需要进行冲洗消毒，清运人员需要进行全身消毒。作业期间需要注意，禁止无关人员靠近。作业完成后做好台账记录和交接登记。

5.7.3 可回收垃圾的处置

可回收垃圾末端处置单位应严格实施车辆准入制度，对进场车辆实施备案准入进场制度，湿垃圾清运车辆应从规定入口进入，未备案车辆禁止入内。卸料时，随车人员不得随意下车，作业平台指挥人员宜在5米外进行相关指挥。卸料后，保洁人员应立即对平台的散落垃圾清理，对清运车辆、平台和工具进行清理、消毒。

疫情期间，可回收垃圾末端处置单位应暂停可回收垃圾的人工分选，实行机器分选，并进行消毒杀菌处理，然后进行暂存或末端资源化处理。每日采用消毒剂对作业区全面消毒至少一次，并做好台账记录和交接登记。

参考文献

[1] 上海市绿化和市容管理局.新型冠状病毒感染的肺炎防控期间环境卫生行业作业规程和要求[EB/OL]. 2020[2020-02-14]. http://www.shanghai.gov.cn/nw2/nw2314/nw2319/nw12344/u26aw64057.html?phlnohdjmglngdbi.

[2] 四川省生态环境厅.新型冠状病毒感染的肺炎疫情医疗废物应急处置污染防治技术指南(试行)[EB/OL]. 2020[2020-02-20]. http://sthjt.sc.gov.cn/sthjt/c103956/2020/2/2/5d70906ed50747768b0a4a6581de5993.shtml.

[3] 大连市新型冠状病毒感染的肺炎疫情防控指挥部办公室.新型冠状病毒感染的肺炎疫情期间医疗废物应急收运处置操作规程(试行)[EB/OL]. 2020[2020-01-30]. http://huanbao.bjx.com.cn/news/20200201/1039213.shtml.

[4] 中华人民共和国卫生部.医疗卫生机构医疗废物管理办法[EB/OL]. 2003[2003-10-15]. https://baike.baidu.com/item/%E5%8C%BB%E7%96%97%E5%8D%AB%E7%94%9F%E6%9C%BA%E6%9E%84%E5%8C%BB%E7%96%97%E5%BA%9F%E7%89%A9%E7%AE%A1%E7%90%86%E5%8A%9E%E6%B3%95/7998281?fr=aladdin.

[5] 国务院.医疗废物管理条例[EB/OL]. 2003[2003-06-16]. https://baike.baidu.com/item/%E5%8C%BB%E7%96%97%E5%BA%9F%E7%89%A9%E7%AE%A1%

E7%90%86%E6%9D%A1%E4%BE%8B/7969511.

[6] 广西壮族自治区新型冠状病毒感染的肺炎疫情防控工作领导小组指挥部.公共场所预防性消毒技术指南[EB/OL].2020[2020-02-04].http://www.gxdsw.cn/showarticle.asp?articleid=16145.

[7] 中华人民共和国卫生部.流感样病例暴发疫情处置指南(2012 年版)[J].传染病信息,2012,25(6):321-323.

[8] 杨丽娟.甲型 H1N1 流感疫情防控对医院感染管理的促进作用[J].赤峰学院学报(自然科学版),2010,26(12):53-54.

[9] 宋红安,孟长明,吴明松,等.二氧化氯在禽流感防疫中的应用[C]//二氧化氯研究与应用—2010 二氧化氯与水处理技术研讨会论文集.2010.

[10] 中国疾病预防控制中心.传染性非典型肺炎防治管理办法[J].中国医刊,2003(07):56-57.

[11] 福建省环保局防治非典型肺炎工作领导小组.非典型肺炎防范期间医疗废水和医疗废物的安全处置和环境监督管理[J].福建环境,2003(2):1.

[12] 符祝慧.日本为什么没有 SARS? [J].天津科技,2003,30(3):36.

第6章 环境管理信息化系统与环境治理能力建设

6.1 环境管理信息化系统的建设与应用

6.1.1 环境管理信息化系统包含的内容

随着信息技术的发展，环境管理信息化程度日益提升。这一实践不仅提高了各方参与环境治理的水平，为政府的科学决策奠定了基础；也能够满足公民对于环境信息的知情权，并起到督促相关部门及时公开环境信息的作用；同时，还有利于面向公众开展环境知识的科普。

按照使用场景和具体作用划分，当前我国的环境管理信息化系统主要分为功能平台、信息平台和科普平台三类。

1. 以环境管理为目的的功能型平台

如今，物联网、云计算、地理信息系统等大数据时代的新技术广泛应用，促使环境管理信息化快速普及。以目标用户作为划分依据，环境管理功能型平台主要分为两类，一类是面向政府、企业及其他相关机构进行专业化环境管理所应用的工具型平台，如地方政府的环境监察执法平台；一类则是面向个人的应用平台，如垃圾分类软件。

第一类平台涵盖的范围非常广泛，包括政府的排污监理系统、污染事故预警系统、机动车尾气排放监管系统、化工企业的环境管理系统、环保公益组织搭建的污染监测数字化平台等。

环境管理的信息化是当前“智慧城市”建设的重要内容。以海口市为例，该市基本完成了环保局内部所有数据资源的整合，包括生态红线、污染源分布、城市内河湖、排污口、水质监测断面、空气自动监测点位、环境监察信息、市政管线管点、湿地保护范围、饮用水水源地、水体蓝线等20多个图层。在对企业的监管方面，政府引入人工智能预警技术，收集整理了1万多家企业的环保信息，并将空气质量数据、水环境、重点污染源环境统计、自动监测等数据进行综合分析，提供污染源信息管理、环境监测、监察执法、排污收费等业务模块，与环保网格化管理系统等进行信息互联互通，实现对污染源环保业务数据系统化、智能化的全面监管。

不论是对于政府还是企业、研究机构，环境管理工作的信息化，都极大地提升了管理的效率、提高了管理的效果。我国高度重视这一领域。2015年7月，习近平总书记强调，要推进全国生态环境监测数据联网共享，开展生态环境监测大数据分析。为此，我国制定了《环境保护督察方案（试行）》《生态环境监测网络建设方案》等多项关于生态文明建设的政策。2016年，当时的环保部（现在的生态环境部）印发了《生态环境大数据建设总体方案》。这些政策成为构建智慧化环境治理体系的政策基石。2018年，生态环境部启动"千里眼计划"，集合了天、空、地、人大数据，通过人工智能分析，将3千米×3千米的"热点网格"污染情况进行同化反演，精度达到500米×500米，能够实时动态监管重点区域的污染情况。

第二类环境管理功能型平台是面向个人的环境相关应用平台。随着信息技术的发展和环保产业的日渐成熟，越来越多环保类应用软件问世，成为百姓身边的环保指南，这类应用平台已经成为环境管理信息化浪潮中的重要力量。

此类平台主要分为资讯类软件和应用类软件，如中国环保门户网、走进环保等属于资讯类应用软件；爱回收、小黄狗则属于垃圾回收类应用软件；北京空气质量、在意空气等则属于空气质量监测软件。

2. 以信息公开为目的的信息发布平台

环境信息的公开透明是全社会维护良好生态环境的基础。环境作为公共物品，其保护需要公共力量的广泛参与，这就要求环境资源利用主体和监管单位均对相关信息进行公开。

政府是环境信息公开的重要主体之一。2008年5月，《中华人民共和国政府信息公开条例》(以下简称《条例》)正式实施，于 2019 年 5 月 15 日重新修订，明确了“以公开为常态、不公开为例外”的原则，扩大了政府应主动公开信息的范围，并提升了政府信息公开的在线服务水平。

《条例》要求各级人民政府加强政府信息资源的规范化、标准化、信息化管理，加强互联网政府信息公开平台建设，推进政府信息公开平台与政务服务平台融合，提高政府信息公开在线办理水平。

与环境管理相关的政府信息公开范畴很广，涉及政策法规、环评审批、环境监察、污染防治、回应社会关切等。相关平台包括政府的官网、微博、微信客户端等。

我国生态环境部每年都会发布政府信息公开工作报告。根据该部门 2018 年度的工作报告，其信息公开主要涵盖以下几部分：一是生态环境质量信息公开，包括大气、水、土壤、固废、化学品管理、核与辐射安全等；二是生态环境监管信息公开，包括环保督查、行政许可、执法监管、突发事件处置和投诉举报等；三是加强政策解读，及时回应社会关切；四是拓展政府生态环境信息公开渠道，包括加强在微信和微博平台上的宣传力度；五是规范办理政府信息依申请公开工作。

企业也是环境信息公开的重要主体。生态环境部、发改委、证监会等部委出台了一系列举措，推动国内企事业单位及上市公司的环境信息披露工作的开发展。绿色金融的蓬勃发展和国内碳市场、绿证市场的全面展开，为环境信息的披露奠定了良好基础。强制性的企业环境信息披露已是大势所趋。生态环境部、国家发改委于 2015 年联合发布了《关于加强企业环境信用体系建设的指导意见》，明确指出要加强企业环境信用信息公示，重点排污单位和企业应依法依规公开其环境信息。

企业环境信息披露主要包括环境管理措施、建设项目的环境影响、环保设施安排、排污和污染物处理、碳排放量和减排量等。复旦大学曾针对上海证券交易所旗下 14 个重污染行业的 172 家上市公司开展分析，形成“企业环境信息披露指数”，对相关情况进行评估。随着市场监管体制的完善，政策法规对企业主动披露环境事项的要求将越来越高。

3. 以科普为目的的知识传播平台

科普平台在面向社会普及环境知识方面发挥着举足轻重的作用，不仅增进了公众对于环境保护的了解，也为社会的环境治理和政府的有效监管奠定了民意和共识的基础。

目前，社会上既有环保专业领域的科普平台，也有涵盖内容较为广泛的泛科普平台。其建设力量主要有政府、研究机构、公益性社会组织和商业机构等主体，覆盖网站、微博、微信等各种媒体形式；每一种环保科普平台都在为普及环境知识贡献力量。

各级环保学会、地方政府、协会和科研机构等，都是环境知识科普平台的重要建设力量。以湖南文理学院生命与环境资源科普基地为例，该基地2008年成为省级科普基地，其不仅拥有仪器、设备、场馆、标本等实物科普资源，也建成了网上电子图书库、视频、图片的在线科普资源平台。通过网站，受众者可以足不出户，免费享受多种形式的环境知识。

各类环保组织以及企业也是进行环境科普宣传的生力军。近年来，越来越多的企业会赞助政府以及环保组织搭建的科普平台，作为企业践行社会责任的重要举措。同时，一些从事传媒行业的企业自身就是传播环境知识的天然有利平台，如新浪、腾讯等，新浪微博邀请名人明星宣传和推动环境公益事业，微博的“星光公益联盟”发起多个项目都与环保相关。

6.1.2 环境管理信息化系统的价值

1. 提高环境管理工作效率

这主要是针对以环境管理为目的的功能型平台而言。信息化的管理学系统能够大大提升工作效率。目前，全国各地都在积极部署环境管理的信息化工作体系。

以北京通州区为例。2019年，通州区“智慧”环卫系统正式上线，将辖区内的环境巡逻车、洒水车、扫地车以及垃圾车等专业作业车安装卫星终端系统。这样一来，就可以通过数据回传，使数字监管系统能够实时呈现作业车辆的工作进度以及工作状态。同时，还可以根据作业车的轨迹和反馈的数据，进行大数据处理，从而优化作业车的作业时间，提升工作效果。这个“智慧”环卫系统，既提高了环境整治的工作效力，又提升了环卫工作精细化管理服务水平。

再以垃圾分类为例。全国各地目前都在积极推广垃圾分类。然而在推广初期，很多居民对于垃圾如何精确分类并不清楚，扔垃圾前拿捏不定。另外，对于电视机、电脑、沙发这类大件废弃物的处理，居民又觉得过于麻烦。而涉及垃圾分类和回收的一系列手机软件则很好地解决了居民的困扰。安装软件后，居民“扫一扫”垃圾便知垃圾的分类以及如何丢弃，在手机上预约到家服务就可以坐等人员上门回收垃圾。不论对于机构还是个人，信息化都大大提升了工作和办事的效率。

2. 作为政府科学决策的依据

政府决策需要基于对实际状况全面、精准的掌握。不论是以环境管理为目的的功能型平台，还是环境信息公开平台，都能够帮助政府部门更全面、更准确地将现状呈现出来；大数据智能分析技术还能够在碎片化的信息中发现趋势、找出问题。这些信息和判断都可以作为政府决策的有力依据。

以成都市为例，成都市建立了“数智环境”的智慧环境治理决策体系，以信息化的管理模式对各环节进行定量化、精细化的过程留痕，进而通过对过程数据的分析找准问题、分析根源、精准发力，不断提高生态环境管理成效。“数智环境”治理体系以“现状、研究、决策、执行、评估”五步闭环工作方法为指导，针对特定生态环境治理目标，通过信息化手段整合调配数据、技术、系统、设施、人员、机构等资源而形成系统性的治理体系，是实现以技术为基础进行科学决策的一次重要实践。

2020年3月中办国办印发的《关于构建现代环境治理体系的指导意见》要求，不断完善生态环境监测技术体系，全面提高监测自动化、标准化、信息化水平，推动实现环境质量预报预警，确保监测数据“真、准、全”；推进信息化建设，形成生态环境数据一本台账、一张网络、一个窗口。《意见》还提出，到2025年要形成导向清晰、决策科学、执行有力、激励有效、多元参与、良性互动的环境治理体系。由此可见，环境治理的信息化正是科学决策的基础。

3. 满足公众的环境知情权

环境知情权是指对于包含环境状况的相关信息所享有的知悉的权利。

环境管理的全面信息化为公民满足环境知情权提供了更便捷的渠道。

就定义而言，我国法律并没有明确规定环境知情权的含义，但是大部分学者都认为环境知情权是从宪法规定的公民权利中演变而来的一种权利，该权利的行使主体不仅包括自然人，还包括企业、环保组织等非自然人主体。

环境知情权至关重要。这是因为，环境资源是一种特殊的公共物品，是每个人生存的基础；环境资源的使用和保护情况，和大众的生活息息相关。每个人都既有环境信息的知情权，也有保护环境的义务；而环境的知情权是公民参与环境保护的前提条件、客观要求和基础环节。

1992 年联合国人类环境与发展大会上通过的《里约环境与发展宣言》指出“每个人都应享有了解公共机构掌握的环境信息的适当途径，国家应当提供广泛的信息获取渠道。”

随着信息技术的发展，环境信息的发布渠道更多更广；同时，随着法治的完善，越来越多的社会主体主动发布环境资源的相关信息，更好地履行了信息公开的责任和义务。这两方面因素都将有利于公民更好地享有环境知情权。

4. 督促责任主体履行环境管理相关职责

环境管理体系的全面信息化，更有利于社会各界有效监督相关主体履行环境管理的责任与义务。

2011 年，我国出现了首例与环境信息公开有关的公益诉讼案。中华环保联合会状告贵州某奶业公司偷排污水，向当地环保局申请相关信息公开索取无门，便将该环保局也告上环境法庭，2012 年初，贵州省清镇市人民法院环保法庭判决，要求修文县环保局 10 日内公开相关信息。

这一诉讼案件充分说明了环境信息公开对于督促环境管理责任主体履行责任与义务的作用。而在环境管理信息化提速的今天，市场主体承受的压力有增无减。

上海财经大学今年初发布的一项研究显示，环境信息公开的程度与污染治理效果存在明显的正相关联系。研究者以 2008 年至 2016 年全国 120 个城市的数据为样本，探究了环境信息公开在污染防治攻坚战中的作用，发现在环境信息公开的情况下，责任主体为规避社会舆论压力和行政处罚而加大了污染减排力度。因此，环境信息公开有助于降低污染排放。

5. 面向公众普及环保观念

环境管理的信息化是普及环保观念的重要平台。不论是科普平台还是环境管理的功能型平台、信息公开平台，都在扮演着这一重要角色，"润物细无声"地使环保理念深入人心。

除了政府、学校、相关协会、图书馆、科技馆、公益组织等宣传环保理念的传统部门，越来越多的企业开始进入这一领域，以合作或者独自搭建信息传播平台的方式，对公众进行环保科普。同时，随着微博、微信公众号和短视频的风行，大量的环保宣传借助这些平台开展起来。

比如，2019 年上海市开始推广垃圾分类初期，国内一家短视频和直播平台便出现了许多教公众如何进行垃圾分类的小视频，同时，这家平台也推出了"垃圾分类小能手"游戏，让用户在玩游戏的过程中更好地了解垃圾分类要求。此外，微博、抖音、快手等平台都有许多主张环保的"网红"，以轻松愉快的形式倡导环保理念。比如，有一个将树叶做成衣服的"树叶女神"用户，拥有众多粉丝，她用有趣的实践普及了环保观念。还有一些媒体平台推出了环保为主题的比赛，积极宣传正能量。

6.2　环境管理信息化系统在防控重大疫情方面的作用

6.2.1　提升环境管理能力，有效抑制疫情传播、扩散

无数科研成果和大量实践经验证明，环境卫生水平的提升，能够在一定程度上抑制病毒的传播。信息化系统能够大大提高环境卫生管理的效率，因此成为预防及抗击疫情的重要保障。

1. 生态环境水平与疫情传播强弱直接相关

科学研究发现，生态环境与卫生水平都与人类对疫情的防控能力存在直接的关联。

流行病学研究已经发现，多种传染病的发生均与生态环境的问题以及不合理地猎杀野生动物存在直接关联。多年来，自然环境与人类疾病之间的联

系正在成为科学研究的热点，环境与健康的交叉学科“保护医学”(Conservation Medicine)正在兴起。根据保护医学的研究，许多暴发突然、传播迅速、危害猛烈的人类传染病均与自然环境条件有着密切联系。

此外，卫生环境质量也决定了社会能否有效防控疫情。人们生活的环境中充斥着各种各样的病毒。流行病学研究发现，环境卫生作业的生活垃圾、粪便、保洁区域等均可能成为病毒传播的载体，危害日常居民生活和环境卫生作业人员的健康。因此，环境卫生对于疫情防控发挥着举足轻重的作用。

此次新冠疫情中，不少确诊患者都是在商场、餐厅等公共空间被传染。比如，天津宝坻区的百货大楼中有多名工作人员和前往购物的消费者被感染；广州市的一家餐厅，相邻三桌均被确诊为新冠肺炎患者；广州市疾病预防控制中心在一名确诊患者家中门把手上发现了新冠病毒；同时，国内外均发现新冠病毒可以在粪便中存活，能够实现粪口传播。

针对此次新冠病毒的生存环境，3 月 10 日医学预印本平台 medRxiv 发表了关于新冠病毒在气溶胶中与在不同物体表面的存活稳定性研究报告。研究团队发现，新冠病毒在空气气溶胶中存活最多 3 小时，中位半衰期为 2.7 小时；在纸质材料表面可存活 24 小时，在铜表面存活最长 4 小时，在塑料和不锈钢表面则可存活 2～3 天。因此，公共空间中的空气、金属、塑料等介质，都有作为疫情传播中介的可能。

由此可见，治理好环境卫生对于预防以及抗击疫情而言，意义十分重大。维持良好的公共环境卫生，就筑成了抵御疫情的有效防线。

2. 做好环境管理能够有效控制疫情

环境管理对疫情控制的意义主要体现在两方面，一方面是良好的自然生态环境保护有利于预防疫情；另一方面，有效的环卫工作能够预防疫情，并且在疫情发生时做到消杀病毒、控制传播。

第一方面，根据上述“保护医学”的研究，保护生态环境能够在很大程度上预防疫情的发生。因此，保护环境，也是在守卫人类的健康。

第二方面，有效的环卫消杀工作能够抑制病毒的传播。虽然人类的生存环境中充斥着各种各样的病毒，但科学研究表明，病毒并非“无坚不摧”，只要针对病毒的特性进行合理的消杀作业，就能够抑制甚至消灭病毒。

广州市花都区疾控中心 2007 年的一项研究显示，2002 年广州市区发生了较大规模的登革热疫情，波及花都区。疫情发生后，当地进行了全面的环境卫生整治，并建立了有效的监测体系，此后，该区连续四年都未有登革热病例出现。由此可见，有效的环境卫生整治对疫情防控而言至关重要。

此次新冠肺炎疫情暴发后，专家发现，经过科学合理的消杀，新冠病毒是能够被消灭的。武汉市建成了收治轻症患者的方舱医院，院方组织了专业队伍对各类设施进行消毒，消毒完毕后还会对消毒结果进行评估考核。武汉市卫健委表示，经过这次疫情，可以看到新冠肺炎病毒经过专业消杀后是完全可以消灭的；疫情过后，方舱医院所在建筑将恢复其原来的用途。

3. 信息化系统的应用提升了环境管理和疫情防控能力

信息化系统的应用，有助于提升环境管理工作的效率，从而更好地保护生态环境，并且能够更加安全、有效地完成环卫消杀工作，从而切实提升全社会的疫情防控能力。

在生态管理方面，大数据智能管理系统日益普及，有利于监管部门更好地掌握现状、发现隐患、解决问题。近年来，在打好污染防治攻坚战的国家行动下，环境监管向精细化、主动预防、科学决策转变，互联网、大数据技术在生态环境保护领域得到越来越广泛的应用。全国各地诸多生态环境部门应用了互联网、大数据、人工智能等新技术，探索环境治理模式、创新环境监管手段，实行精细管理、精准治污。全国不少地区建立了现代化、精细化的生态云平台，如在京津冀、汾渭平原运用的热点网格监测、构建“天地一体化”的监测体系等。有效的生态环境整治，为防控疫情奠定了良好的基础。

在打击野生动物非法贩卖领域，社会各界也在探索数字化模式治理新方式。腾讯公司基于国际权威专业的动物保护非营利组织的学术及科研优势，通过自身的大数据及互联网安全能力，研发出动物物种保护及研究的信息化系统，配合执法机关打击贩卖野生动物的网络违法犯罪行为，助力生态治理。还有腾讯公益平台“企鹅爱地球”携手腾讯 110 利用“网络贩卖野生动物及制品举报工具”，从网友的举报中梳理出有用的线索并移交警方协助侦查，破获了多起野生动物贩卖案件。

在环卫工作方面，信息化系统的应用，不仅可以有效部署、实施、监管垃圾的分类、倾倒、清运，尤其是医疗垃圾的处理；还能够在具有一定危险性的工作场所实现无人作业的机器化操作，降低病毒的扩散概率，也保护了工作人员的身体健康。

以安徽省为例，安徽已经建成智慧环卫大数据云平台，实现环卫车辆GPS定位管理、环卫工人智能调度。疫情期间，智慧环卫AI云继续提供环卫智能考核、现场核查、数据评估服务，有效掌握人员和车辆的作业情况，避免人员密切接触引起病毒感染。

无人机、无人清扫车等机械化应用也成为环境管理信息化的一大亮点。2020年2月初，深圳便派出无人机进行厨余垃圾处理厂、垃圾焚烧厂、畜禽防疫处理厂等区域的病毒消杀。相比传统的人工消杀，无人机防疫减少了人力，避免交叉感染，同时立体喷洒消毒药液，空间范围更广。至今，无人机消杀已经在全国多个地区的城市和农村推广。

无人清扫车也在抗击疫情的过程中发挥了重要作用。在疫情暴发之前，无人清扫车已经在上海、北京、厦门、杭州、武汉、苏州等多个城市落地。疫情发生后，无人清扫车更是加快了全国推广应用的步伐。

6.2.2 作为疫情期间应急管理的有效工具

由于环境管理在疫情防控方面发挥巨大作用且与公众息息相关，环境管理信息化平台完全可以作为疫情期间应急管理的有效工具。目前这一领域实践甚少，是未来可以试点尝试并推而广之的举措。

1. 疫情期间需要有效的信息化应急管理工具

疫情期间，政府的管理工作更为复杂。而有效的信息化管理工具，可以大大提高疫情期间政府对社会的管理能力。

按照我国2006年发布的《国家突发公共事件总体应急预案》，突发公共事件分为四类，疫情属于突发公共卫生事件，是其中的第三类；按照事件的性质、严重程度、可控性和影响范围等因素，一般分为四级，分别是Ⅰ级（特别重大）、Ⅱ级（重大）、Ⅲ级（较大）和Ⅳ级（一般）。值得注意的是，《国家突发公共事件总体应急预案》中提到，“依靠科技，提高素质。加强公共安全科学研究和技术开发，采用先进的监测、预测、预警、预防和应急处置技术及设施……

加强宣传和培训教育工作，提高公众自救、互救和应对各类突发公共事件的综合素质。”

预案中提及了预警、宣传、教育的重要性以及应用科技手段进行应急管理的必要性。此次新冠肺炎疫情发生后，社会各界充分意识到，应对疫情需要有效的信息化应急管理工具，以更好地适应多变的疫情形势，做好信息传导、舆情监控、资源调度、人员安排等各项工作。

今年 2 月，习近平总书记在北京市调研指导疫情防控工作时便强调，要运用大数据等手段，加强疫情溯源和监测。2 月 18 日，工业和信息化部印发了《关于运用新一代信息技术支撑服务疫情防控和复工复产工作的通知》，提出有效应用信息化手段助力疫情防控和复工复产。

2. 新冠疫情期间社会各界积极探索信息化疫情防控工具

在中央精神的指导下，社会各界纷纷探索以信息化途径高效开展疫情防控的工具。目前看来，这项工作取得了一定的成效。从功能上看，近期我国的疫情信息化防控平台主要分为以下几类。

(1) 个人健康状况查询、追踪与认证平台。包括国务院办、卫健委等单位共同开发的“密切接触者测量仪”、支付宝以及各类 App 的“健康码”、北京健康宝平台等。通过 App，可以筛查人员是否为“四类人群”(确诊患者、疑似患者、不能排除感染可能的发热患者和确诊患者的密切接触者)，做到监测分析、病毒溯源、患者追踪。许多社区、学校、公司等将这一类 App 的认证结果作为允许人员进入的重要依据。有不少社区根据这些软件识别出了谎报或隐瞒外省或境外旅行史的居民，有效控制了疫情的传播。

(2) 远程医疗问诊平台。百度健康问医生平台、腾讯微医平台、阿里健康、京东健康、好大夫、丁香园等互联网问诊平台均推出了在线诊疗服务，由有经验的执业医师在线为咨询者答疑。许多平台还搭建了中医专区，京东健康还推出了双语专区，支付宝则发布了海外华人问诊入口，支持全球各界人士的在线问诊。

(3) 应急物资调配平台和保障复工复产的信息化平台。此类平台主要面向企业端，以有效对接产能供需为主要功能。其中，有政府牵头建设的平台，如工信部主导建设的国家重点医疗物资保障调度平台、湖北省政府主导建设的应急物资供应链管理平台、北京市地方金融监管局主导建设的北京市产业链共享云平台等；也有企业主动搭建的平台，如京东建设的复工复产智慧平台、各地建设的疫情防控工业资源共享平台等。

3. 当前的应急信息化建设仍存在盲点

纵观当前林林总总的疫情防控信息化平台建设，固然取得了一定成效，但需要注意的是，当前的信息化建设单纯着眼疫情防控本身，远远未能覆盖应急管理的多元需求，面向社区的应急管理系统更是一片空白。具体而言，问题主要有以下方面。

首先，功能单一，无法满足多种场景下的应急管理需求。大部分疫情防控信息化系统只是“就疫情谈疫情”，缺乏火灾、爆炸、列车出轨、网络攻击等多种场景下的应急管理功能。疫情结束后，此类软件也就失去用武之地，不仅造成了巨大的社会资源浪费，也不利于应急管理系统的常态化发展。

其次，互动性差，难以真正实现应急管理功能。应急管理 IT 系统中尤为重要的两个元素是充足的信息、充分的互动性。基于这两点，应急管理系统才能发挥作用。比如，火灾发生时，救灾指挥部需要了解危险区域的人员信息，同时还要与危险区域内的人员互动，了解其具体情况。但是，当前大部分疫情防控信息化系统只是单纯收集人员健康信息，或是判断人员是否为“四类人群”，基本没有考虑与人群进行互动。这就导致当前疫情防控信息化平台缺乏作为长期性应急管理平台的基础。

最后，社区受“冷落”，应急管理平台缺乏群众基础，成为“无源之水”“无本之木”。社区防疫是抗击疫情的前沿阵地。习近平总书记指出，基层党组织和广大党员要发挥战斗堡垒作用和先锋模范作用，广泛动员群众、组织群众、凝聚群众，全面落实联防联控措施，构筑群防群治的严密防线。然而，当前的疫情防控信息化平台却明显缺乏社区级的应用。百姓使用各类疫情防控 App，多为被动下载、被动扫码，不论是软件使用场景还是后台数据，都没有和社区的应急管理相结合。

因此，不难看到，疫情发生后，一面是各类 App 满天飞、信息化平台层出不穷；另一面则是社区管理的“人工化”或“劳动密集型”，效率低下。全国多地的社区人员工作依然停留在找人、看护、看门这三项内容，社区防疫工作主要是摆摊子、坐椅子、填表格。有的小区甚至派人“守夜”，而任务只是给进出社区的人量体温、查出入证。

4. 环境管理信息化平台可以探索成为应急管理平台

由上述问题可以看到，我国亟待建成基于社区的常态化应急管理 IT 平台。只有考虑到应急管理的常态化，信息化建设才能超越疫情防控的狭隘命题，全面提升我国的应急管理能力；只有基于社区，应急管理系统才能找到根基、真正搞“活”。此举也必将助力政府进一步完善社会治理能力。

参考当前世界各地应急管理系统建设的成熟做法，环境信息管理平台其实完全具备探索成为应急管理平台的条件，尤其是面向百姓的垃圾回收、分类应用软件。理由如下。

第一，在具体措施上，为了应急备灾管理，政府让居民去安装新的 App 成本巨大，不仅推广、宣传难，让居民保持黏性、愿意打开 App 更难。因此，在现有 App 上增加社区防疫功能，是更可行的选择。

第二，我国垃圾分类一线服务人员人数多、覆盖广。他们直接掌握社区居民实名信息，与社区居民、街道、物业等日常交流密切，联动能力较好。在面对突发公共事件时，如果组织得当，垃圾分类人员还可以作为政府能力以外重要的社会化应急人力资源补充。

第三，借此实现对垃圾分类人员的有效防疫检测。垃圾分类一线服务人员具有接触污染物频繁、感染风险高的特点。对他们健康情况的监测，在精准度和频次方面的要求更高。正好可以借垃圾分类软件，对这一特殊人群开展动态实时的健康监测。

目前，上海昱晗数据科技有限公司（青物联）在上海部分区域已经开始试验用垃圾分类 App 作为疫情应急管理的工具。在现有的垃圾分类软件上，该公司增加了以下服务作为社区防疫的必要内容，分别为通行身份码、周边医疗资源查询、市民健康信息上报、在线诊疗服务、疑似病例绿色通道、新型肺炎保险等。

“通行身份码”是指为每位居民生成唯一的身份二维码，同时关联城市相关上报数据核验后台，帮助社区执勤人员实现无接触、快速验证审核的效果。

“周边医疗资源查询”是指向社区居民快速提供周围的医疗机构、药房等信息，帮助居民快速对接所需的医疗服务。

“市民健康信息上报”是指协助政府应急部门采集网格化居民体温，同时反馈发热、呕吐、腹泻等主要症状信息。还可以通过垃圾分类一线服务人员，在线下对居民使用开展引流和指导，增加覆盖率。

“在线诊疗服务”是指与在线诊疗机构合作，为居民提供基础的在线诊疗服务，可以开展初期排查，或与疫情无关的其他轻微病症处理。

“疑似病例绿色通道”是指针对高度疑似症状的居民，提供直接对接当地应急部门的绿色通道，并给予居民充分的信息和指导，引导并协助其到指定的医疗机构治疗。

“新型肺炎保险”是指发动保险公司资源，为居民提供极低保费的新型肺炎保险，解除居民的就医费用后顾之忧。

通过App，社区可以快速采集居民健康信息，集中处理，基于大数据重点排查补漏、重点防范，极大提高人力效率。同时，社区还可以了解居民生活需求，提供医疗服务、减轻首次排查医疗资源的压力，也能够借此为换位工人提供密切监控和贴身关怀。

对市民而言，App防疫功能则帮助其减少了与社区工作人员的直接物理接触，还能免费获取在线医疗、保险等保障服务，做到“小病不出门”；还能够在必要的时候向社区求助药品、食物、生活物资。

6.3 完善环境管理信息化系统在疫情防控方面的作用

6.3.1 推动环境管理信息化系统的应用下沉

在疫情防控中充分发挥环境管理系统的价值、使其链接到每一个人，就必须注重结合基层社区的力量，切实让应用在平时就“活起来、用起来”。在此基础之上，遇到重大疫情或其他应急情况，环境管理应用才能切实做好服务、保障和动员工作。

1. 拓展应用场景

随着生态文明建设提速、环境管理信息化系统应用日益普及，未来必将有更多的环境管理场景以移动软件的方式出现，渗透人们生活的方方面面。

可以预见，垃圾分类领域将持续成为环境管理信息化系统应用的亮点。目前，全国46个城市已作为垃圾分类试点逐步推广垃圾分类，未来垃圾分类的信息化建设仍有巨大的发展空间，涵盖智能识别、分类服务、自动化机具、上门回收、回收处理等各个领域。每一个环节都离不开信息化的服务。在这个过程中，既需要面向机构或社区的IT服务，也需要直接面向居民个人的信息化产品。目前，上海市在这方面已积累诸多经验，值得各地借鉴。去年，上海市垃圾全程分类信息平台上线运营。平台可实现生活垃圾分类清运处置的实时数据显示、生活垃圾全程追踪溯源、垃圾品质在线识别三项功能。平台运营后，垃圾不分类将“难逃法眼”。此外，许多居民也安装了垃圾分类的手机App，可以享受智能识别垃圾和上门分类回收的服务。

嵌入其他现有的社区功能平台。环境管理信息化的目的是让工作更便利、让服务更顺畅。因此，也可以尝试将环境管理的功能嵌入当前的生活服务平台，比如购物软件、社交软件、金融支付软件、短视频软件、直播软件等。此举可以提升居民使用软件的便利程度和黏性，客观上有力推广了环境管理系统的应用。以支付宝为例，支付宝作为金融支付工具，同时上线了环保公益和垃圾分类绿色账户的功能，普及了环保观念，也提高了居民主动垃圾分类的积极性。

2. 纳入地方网格化管理体系

将环境管理信息化系统纳入地方政府的网格化管理体系，更加有利于环境管理系统真正发挥作用。通过这一举措，环境管理系统不仅能够获得更多的数据以驱动智能化的系统，还能够在疫情、自然灾害等应急状态下与社区联动，实现真正的应急备灾功能。

以北京市为例，2019年，东城区率先实现了所有垃圾桶进入网格化管理体系，实现全程实时监管，每个垃圾桶、每辆垃圾车都配备了电子“身份证”。此外，厨余垃圾的分类清运也率先在东城区的部分街道试点实施。用了一年半的时间，2019年年末，北京市东城区部分街道厨余垃圾的分出率已经从6%上升至21%。这一目标的达成离不开网格化管理体系的助力。在疫情期间，网格化管理体系也帮助政府更好地对垃圾进行精准监控、避免疫情扩散。

3. 试点在环境管理平台搭载疫情应急管理功能

推广环境管理信息化系统面临诸多挑战，并非一日之功。建议在行政效率较高、信息化能力较强的地区，积极开展环境管理信息化平台的试点；同时尝试在环境管理信息化平台上搭载疫情应急管理模块。在先行先试的基础上，做好分析和评估工作，为下一步改进工作、普及推广奠定基础。

如今，一些大城市的环境管理信息化平台初具规模、成效显著，不论在生态环境保护还是环卫管理方面都起到了良好的作用。建议在这些地区，可以尝试将疫情应急管理模块整合其中，今后在重大疫情发生时，环境管理平台就可以顺利发挥作用，参与疫情的联防联控。

2017 年，生态环境部印发《环保服务业试点工作管理办法（试行）》的通知，规定了申请开展环境管理信息化平台试点的条件、评估的标准，为各地有序申请试点提供了良好的政策环境。

6.3.2 在医疗和环卫领域率先实现全面的环境管理信息化

疫情期间，医院区域和环卫作业区域经常暴露于病毒之下，针对其进行高效的环境管理势在必行。建议采用信息化的手段优化相关环境监测和环卫作业，能够有效提高卫生水平、防止疫情扩散。

1. 医院引入智能环境监测体系和医疗垃圾信息化处理平台

随着人们对空气质量日益重视以及智能建筑的推广普及，越来越多的城市楼宇安装了智能环境监测系统。目前，大城市的许多医院也安装了相关系统，采用先进的集成传感器技术，通过内置微处理器、检测器和内部固化的运算程序，自动完成对外界环境空气成分的采集和计算分析，可以监测 $PM_{2.5}$、PM_{10}、温湿度、二氧化碳、甲醛等多种物质。一些监测系统还能够为医院环境监测特别定制特有气体，保障空气质量检测的全面性。

但在全国范围内，这一类监测系统的普及程度依然不够高。未来，应在各地的各级医院大力推广相关系统的安装使用，尤其是在传染病医院。

医疗垃圾的智能化处理平台则可以实现对医疗废物的全程跟踪、溯源管理，依托物联网系统对医疗垃圾进行定位、跟踪，可以有效预防医疗废物流失、泄露、扩散和其他意外事故的发生，同时还能够大大提高医院对突发事故处理的应变能力，控制医疗废物和事故对人体和环境造成的危害。

2. 环卫作业全面提升信息化和自动化

公众环境保护意识的增强以及各级政府对城市垃圾处理问题的重视，推动环卫机械产业驶入快车道，越来越多的环卫机械车辆开始接入物联网、尝试自动化，进行垃圾清运、除雪、吸粪等环卫作业。通过中央控制系统，工作人员可以随时监控车辆和人员调度。此次疫情中，环卫机械化和自动化应用快速普及，不少地方积极部署无人机和自动清扫车开展环卫作业。此举不仅节约人力，而且避免了交叉感染，即便在疫情结束后，也具有较大的发展前景。目前，环卫机械化和自动化领域已经出现一批创新型企业开展积极探索，甚至在局部应用板块出现激烈竞争。需要注意的是，未来，我国需要在这一领域更多地研发自主技术，加强创新能力，争取不断推出具有自主知识产权、具有国际竞争力的环卫机械化、自动化的产品和服务。

6.3.3　加速欠发达地区环境管理信息化系统建设

环境管理系统的信息化面临突出的区域间和城乡不平衡的问题。经济发展水平较高、信息化渗透率高的地区，环境管理信息化的能力也明显更强。总体而言，东强西弱、城市强农村弱的局面依然存在。尽快解决区域和城乡发展不平衡的问题尤为迫切。

1. 为欠发达地区注入财政资金，建设环境管理信息化系统

近年来，全国上下掀起的“厕所革命”，取得了明显成效。许多贫困地区和农村的厕所都大大提高了卫生水平。当前，有必要像推进“厕所革命”一样在各地建设有效的环境管理信息化平台，尤其是要补齐贫困地区和农村地区的短板。基于解决环境问题的重要性和紧迫性，中央和地方可以为相关项目的建设注入一定的财政资金，覆盖空气自动监测、农田保护、河流保护、湿地保护、排污监理、污染事故预警、机动车尾气排放、垃圾处理、环卫清扫、饮用水管理、野生动物管理等各个方面。

值得一提的是，农村地区尤其容易出现污染物偷排和野生动物非法捕杀贩卖等违法行为，相关领域的信息化建设迫在眉睫。

2. 发达地区与欠发达地区“结对子”,普及管理方式和理念

环境管理信息化系统的顺利运行,高度依赖现代化的环境管理模式,而这也正是欠发达地区的短板。各级政府可以组织发达地区与欠发达地区的环境管理部门“结对子”,发达地区全面传授管理方式和理念,手把手指导欠发达地区开展环境管理的信息化实践,实现共同进步。在这一过程中,政府可以搭建平台,鼓励多种类型的市场化力量进入,提供人员培训服务。

3. 鼓励社会力量加强农村环境科普工作

真正将环境管理工作落到实处,除了制度和硬件的保障,理念的普及、推广也是不可或缺的前提条件。在新农村建设和生态文明建设的新形势下,欠发达地区的环境保护日益变成热点课题。

要做到有效普及环境知识,单方面说教收效甚微。建议在农村地区大力发展循环经济,让公众切实看到环境保护创造的巨大价值。同时,鼓励高校、企业、公益组织在农村进行环境科普宣传。学校和社区是重要的窗口,近年来,全国各地纷纷开展“千乡万村”环保活动,组织高校大学生前往农村进行环保科普,便是非常有效的宣传平台。微博、抖音、快手、微信等新媒体平台也应继续发挥作用,以喜闻乐见的方式有针对性地面向欠发达地区传播环境科普知识,缩小不同区域之间环境理念的认知鸿沟。

参考文献

[1] 郭少青.智慧化环境治理体系的内涵与构建路径探析议[J].山东大学学报(哲学社会科学版),2020(1):10-18.

[2] 谢弘.论我国企业环境信息公开制度[J].现代企业,2020(3):52-53.

[3] 周佳,彭理谦,陆楠,等.成都市“数智环境”治理体系的建设实践[J].环境与可持续发展,2019(6):97-100.

[4] 甘珏晟.我国环境知情权立法现状及其完善——以《奥胡斯公约》为参照[J].法制博览,2020(2):45-47.

[5] 吕凡,郝丽萍,章骅,等.病毒在环境卫生作业环境中的存活潜力及感染风险防控探讨[J].环境卫生工程,2020(2):1-9.

[6] 张劲硕,张树义,唐先春,等.保护医学——一个正在兴起的交叉学科[J].中国基础科学,2005(1):23-27.

[7] 沈秋逢，李凯.花都区登革热流行因素与环境卫生关系探讨[J].基层医学论坛，2008(4)：183-184.

[8] 田琦，肖志雄，黄麟雅，等."互联网＋"背景下智慧环卫管控体系发展现状与优化[J].企业科技与发展，2019(5)：35-39.

[9] 王淑豪，杨陈慧.环境信息披露政策实施相关问题及对策[J].财会学习，2020(6)：122-123.

第7章　疫情防控相关政策案例

7.1　中共中央办公厅　国务院办公厅相关政策案例

7.1.1　关于构建现代环境治理体系的指导意见

为贯彻落实党的十九大部署，构建党委领导、政府主导、企业主体、社会组织和公众共同参与的现代环境治理体系，现提出如下意见。

一、总体要求

（一）指导思想。以习近平新时代中国特色社会主义思想为指导，全面贯彻党的十九大和十九届二中、三中、四中全会精神，深入贯彻习近平生态文明思想，紧紧围绕统筹推进“五位一体”总体布局和协调推进“四个全面”战略布局，认真落实党中央、国务院决策部署，牢固树立绿色发展理念，以坚持党的集中统一领导为统领，以强化政府主导作用为关键，以深化企业主体作用为根本，以更好动员社会组织和公众共同参与为支撑，实现政府治理和社会调节、企业自治良性互动，完善体制机制，强化源头治理，形成工作合力，为推动生态环境根本好转、建设生态文明和美丽中国提供有力制度保障。

（二）基本原则

——坚持党的领导。贯彻党中央关于生态环境保护的总体要求，实行生态环境保护党政同责、一岗双责。

——坚持多方共治。明晰政府、企业、公众等各类主体权责，畅通参与渠道，形成全社会共同推进环境治理的良好格局。

——坚持市场导向。完善经济政策，健全市场机制，规范环境治理市场行为，强化环境治理诚信建设，促进行业自律。

——坚持依法治理。健全法律法规标准，严格执法、加强监管，加快补齐环境治理体制机制短板。

（三）主要目标。到 2025 年，建立健全环境治理的领导责任体系、企业责任体系、全民行动体系、监管体系、市场体系、信用体系、法律法规政策体系，落实各类主体责任，提高市场主体和公众参与的积极性，形成导向清晰、决策科学、执行有力、激励有效、多元参与、良性互动的环境治理体系。

二、健全环境治理领导责任体系

（四）完善中央统筹、省负总责、市县抓落实的工作机制。党中央、国务院统筹制定生态环境保护的大政方针，提出总体目标，谋划重大战略举措。制定实施中央和国家机关有关部门生态环境保护责任清单。省级党委和政府对本地区环境治理负总体责任，贯彻执行党中央、国务院各项决策部署，组织落实目标任务、政策措施，加大资金投入。市县党委和政府承担具体责任，统筹做好监管执法、市场规范、资金安排、宣传教育等工作。

（五）明确中央和地方财政支出责任。制定实施生态环境领域中央与地方财政事权和支出责任划分改革方案，除全国性、重点区域流域、跨区域、国际合作等环境治理重大事务外，主要由地方财政承担环境治理支出责任。按照财力与事权相匹配的原则，在进一步理顺中央与地方收入划分和完善转移支付制度改革中统筹考虑地方环境治理的财政需求。

（六）开展目标评价考核。着眼环境质量改善，合理设定约束性和预期性目标，纳入国民经济和社会发展规划、国土空间规划以及相关专项规划。各地区可制定符合实际、体现特色的目标。完善生态文明建设目标评价考核体系，对相关专项考核进行精简整合，促进开展环境治理。

（七）深化生态环境保护督察。实行中央和省（自治区、直辖市）两级生态环境保护督察体制。以解决突出生态环境问题、改善生态环境质量、推动经济高质量发展为重点，推进例行督察，加强专项督察，严格督察整改。进一步完善排查、交办、核查、约谈、专项督察“五步法”工作模式，强化监督帮扶，压实生态环境保护责任。

三、健全环境治理企业责任体系

（八）依法实行排污许可管理制度。加快排污许可管理条例立法进程，完善排污许可制度，加强对企业排污行为的监督检查。按照新老有别、平稳过渡原则，妥善处理排污许可与环评制度的关系。

（九）推进生产服务绿色化。从源头防治污染，优化原料投入，依法依规淘汰落后生产工艺技术。积极践行绿色生产方式，大力开展技术创新，加大清洁生产推行力度，加强全过程管理，减少污染物排放。提供资源节约、环境友好的产品和服务。落实生产者责任延伸制度。

（十）提高治污能力和水平。加强企业环境治理责任制度建设，督促企业严格执行法律法规，接受社会监督。重点排污企业要安装使用监测设备并确保正常运行，坚决杜绝治理效果和监测数据造假。

（十一）公开环境治理信息。排污企业应通过企业网站等途径依法公开主要污染物名称、排放方式、执行标准以及污染防治设施建设和运行情况，并对信息真实性负责。鼓励排污企业在确保安全生产前提下，通过设立企业开放日、建设教育体验场所等形式，向社会公众开放。

四、健全环境治理全民行动体系

（十二）强化社会监督。完善公众监督和举报反馈机制，充分发挥“12369”环保举报热线作用，畅通环保监督渠道。加强舆论监督，鼓励新闻媒体对各类破坏生态环境问题、突发环境事件、环境违法行为进行曝光。引导具备资格的环保组织依法开展生态环境公益诉讼等活动。

（十三）发挥各类社会团体作用。工会、共青团、妇联等群团组织要积极动员广大职工、青年、妇女参与环境治理。行业协会、商会要发挥桥梁纽带作用，促进行业自律。加强对社会组织的管理和指导，积极推进能力建设，大力发挥环保志愿者作用。

（十四）提高公民环保素养。把环境保护纳入国民教育体系和党政领导干部培训体系，组织编写环境保护读本，推进环境保护宣传教育进学校、进家庭、进社区、进工厂、进机关。加大环境公益广告宣传力度，研发推广环境文化产品。引导公民自觉履行环境保护责任，逐步转变落后的生活风俗习惯，积极开展垃圾分类，践行绿色生活方式，倡导绿色出行、绿色消费。

五、健全环境治理监管体系

（十五）完善监管体制。整合相关部门污染防治和生态环境保护执法职责、队伍，统一实行生态环境保护执法。全面完成省以下生态环境机构监测监察执法垂直管理制度改革。实施“双随机、一公开”环境监管模式。推动跨区域跨流域污染防治联防联控。除国家组织的重大活动外，各地不得因召开会议、论坛和举办大型活动等原因，对企业采取停产、限产措施。

（十六）加强司法保障。建立生态环境保护综合行政执法机关、公安机关、检察机关、审判机关信息共享、案情通报、案件移送制度。强化对破坏生态环境违法犯罪行为的查处侦办，加大对破坏生态环境案件起诉力度，加强检察机关提起生态环境公益诉讼工作。在高级人民法院和具备条件的中基层人民法院调整设立专门的环境审判机构，统一涉生态环境案件的受案范围、审理程序等。探索建立“恢复性司法实践＋社会化综合治理”审判结果执行机制。

（十七）强化监测能力建设。加快构建陆海统筹、天地一体、上下协同、信息共享的生态环境监测网络，实现环境质量、污染源和生态状况监测全覆盖。实行“谁考核、谁监测”，不断完善生态环境监测技术体系，全面提高监测自动化、标准化、信息化水平，推动实现环境质量预报预警，确保监测数据“真、准、全”。推进信息化建设，形成生态环境数据一本台账、一张网络、一个窗口。加大监测技术装备研发与应用力度，推动监测装备精准、快速、便携化发展。

六、健全环境治理市场体系

（十八）构建规范开放的市场。深入推进“放管服”改革，打破地区、行业壁垒，对各类所有制企业一视同仁，平等对待各类市场主体，引导各类资本参与环境治理投资、建设、运行。规范市场秩序，减少恶性竞争，防止恶意低价中标，加快形成公开透明、规范有序的环境治理市场环境。

（十九）强化环保产业支撑。加强关键环保技术产品自主创新，推动环保首台（套）重大技术装备示范应用，加快提高环保产业技术装备水平。做大做强龙头企业，培育一批专业化骨干企业，扶持一批专特优精中小企业。鼓励企业参与绿色“一带一路”建设，带动先进的环保技术、装备、产能走出去。

（二十）创新环境治理模式。积极推行环境污染第三方治理，开展园区污染防治第三方治理示范，探索统一规划、统一监测、统一治理的一体化服务模式。开展小城镇环境综合治理托管服务试点，强化系统治理，实行按效付费。

对工业污染地块，鼓励采用“环境修复＋开发建设”模式。

（二十一）健全价格收费机制。严格落实“谁污染、谁付费”政策导向，建立健全“污染者付费＋第三方治理”等机制。按照补偿处理成本并合理盈利原则，完善并落实污水垃圾处理收费政策。综合考虑企业和居民承受能力，完善差别化电价政策。

七、健全环境治理信用体系

（二十二）加强政务诚信建设。建立健全环境治理政务失信记录，将地方各级政府和公职人员在环境保护工作中因违法违规、失信违约被司法判决、行政处罚、纪律处分、问责处理等信息纳入政务失信记录，并归集至相关信用信息共享平台，依托“信用中国”网站等依法依规逐步公开。

（二十三）健全企业信用建设。完善企业环保信用评价制度，依据评价结果实施分级分类监管。建立排污企业黑名单制度，将环境违法企业依法依规纳入失信联合惩戒对象名单，将其违法信息记入信用记录，并按照国家有关规定纳入全国信用信息共享平台，依法向社会公开。建立完善上市公司和发债企业强制性环境治理信息披露制度。

八、健全环境治理法律法规政策体系

（二十四）完善法律法规。制定修订固体废物污染防治、长江保护、海洋环境保护、生态环境监测、环境影响评价、清洁生产、循环经济等方面的法律法规。鼓励有条件的地方在环境治理领域先于国家进行立法。严格执法，对造成生态环境损害的，依法依规追究赔偿责任；对构成犯罪的，依法追究刑事责任。

（二十五）完善环境保护标准。立足国情实际和生态环境状况，制定修订环境质量标准、污染物排放（控制）标准以及环境监测标准等。推动完善产品环保强制性国家标准。做好生态环境保护规划、环境保护标准与产业政策的衔接配套，健全标准实施信息反馈和评估机制。鼓励开展各类涉及环境治理的绿色认证制度。

（二十六）加强财税支持。建立健全常态化、稳定的中央和地方环境治理财政资金投入机制。健全生态保护补偿机制。制定出台有利于推进产业结构、能源结构、运输结构和用地结构调整优化的相关政策。严格执行环境保护税法，促进企业降低大气污染物、水污染物排放浓度，提高固体废物综合利用率。贯彻落实好现行促进环境保护和污染防治的税收优惠政策。

（二十七）完善金融扶持。设立国家绿色发展基金。推动环境污染责任保险发展，在环境高风险领域研究建立环境污染强制责任保险制度。开展排污权交易，研究探索对排污权交易进行抵质押融资。鼓励发展重大环保装备融资租赁。加快建立省级土壤污染防治基金。统一国内绿色债券标准。

九、强化组织领导

（二十八）加强组织实施。地方各级党委和政府要根据本意见要求，结合本地区发展实际，进一步细化落实构建现代环境治理体系的目标任务和政策措施，确保本意见确定的重点任务及时落地见效。国家发展改革委要加强统筹协调和政策支持，生态环境部要牵头推进相关具体工作，有关部门各负其责、密切配合，重大事项及时向党中央、国务院报告。

7.1.2　关于全面加强危险化学品安全生产工作的意见

为深刻吸取一些地区发生的重特大事故教训，举一反三，全面加强危险化学品安全生产工作，有力防范化解系统性安全风险，坚决遏制重特大事故发生，有效维护人民群众生命财产安全，现提出如下意见。

一、总体要求

以习近平新时代中国特色社会主义思想为指导，全面贯彻党的十九大和十九届二中、三中、四中全会精神，紧紧围绕统筹推进“五位一体”总体布局和协调推进“四个全面”战略布局，坚持总体国家安全观，按照高质量发展要求，以防控系统性安全风险为重点，完善和落实安全生产责任和管理制度，建立安全隐患排查和安全预防控制体系，加强源头治理、综合治理、精准治理，着力解决基础性、源头性、瓶颈性问题，加快实现危险化学品安全生产治理体系和治理能力现代化，全面提升安全发展水平，推动安全生产形势持续稳定好转，为经济社会发展营造安全稳定环境。

二、强化安全风险管控

（一）深入开展安全风险排查。按照《化工园区安全风险排查治理导则（试行）》和《危险化学品企业安全风险隐患排查治理导则》等相关制度规范，全面开展安全风险排查和隐患治理。严格落实地方党委和政府领导责任，结合实际细化排查标准，对危险化学品企业、化工园区或化工集中区（以下简称化工园区），组织实施精准化安全风险排查评估，分类建立完善安全风险数据库和信息管理系统，区分“红、橙、黄、蓝”四级安全风险，突出一、二级重大危险源和有毒有害、易燃易爆化工企业，按照“一企一策”“一园一策”原则，实施最严格的治理整顿。制定实施方案，深入组织开展危险化学品安全三年提升行动。

（二）推进产业结构调整。完善和推动落实化工产业转型升级的政策措施。严格落实国家产业结构调整指导目录，及时修订公布淘汰落后安全技术工艺、设备目录，各地区结合实际制定修订并严格落实危险化学品“禁限控”目录，结合深化供给侧结构性改革，依法淘汰不符合安全生产国家标准、行业标准条件的产能，有效防控风险。坚持全国“一盘棋”，严禁已淘汰落后产能异地落户、办厂进园，对违规批建、接收者依法依规追究责任。

（三）严格标准规范。制定化工园区建设标准、认定条件和管理办法。整合化工、石化和化学制药等安全生产标准，解决标准不一致问题，建立健全危险化学品安全生产标准体系。完善化工和涉及危险化学品的工程设计、施工和验收标准。提高化工和涉及危险化学品的生产装置设计、制造和维护标准。加快制定化工过程安全管理导则和精细化工反应安全风险评估标准等技术规范。鼓励先进化工企业对标国际标准和国外先进标准，制定严于国家标准或行业标准的企业标准。

三、强化全链条安全管理

（四）严格安全准入。各地区要坚持有所为、有所不为，确定化工产业发展定位，建立发展改革、工业和信息化、自然资源、生态环境、住房城乡建设和应急管理等部门参与的化工产业发展规划编制协调沟通机制。新建化工园区由省级政府组织开展安全风险评估、论证并完善和落实管控措施。涉及“两重点一重大”（重点监管的危险化工工艺、重点监管的危险化学品和危险化学品重大危险源）的危险化学品建设项目由设区的市级以上政府相关部门联合建立安全风险防控机制。建设内有化工园区的高新技术产业开发区、经济技术开发区或独立设置化工园区，有关部门应依据上下游产业链完备性、人才基础和管理能力等因素,完善落实安全防控措施。完善并严格落实化学品鉴定评估与登记有关规定,科学准确鉴定评估化学品的物理危险性、毒性,严禁未落实风险防控措施就投入生产。

(五) 加强重点环节安全管控。对现有化工园区全面开展评估和达标认定。对新开发化工工艺进行安全性审查。2020年年底前实现涉及"两重点一重大"的化工装置或储运设施自动化控制系统装备率、重大危险源在线监测监控率均达到100%。加强全国油气管道发展规划与国土空间、交通运输等其他专项规划衔接。督促企业大力推进油气输送管道完整性管理,加快完善油气输送管道地理信息系统,强化油气输送管道高后果区管控。严格落实油气管道法定检验制度,提升油气管道法定检验覆盖率。加强涉及危险化学品的停车场安全管理,纳入信息化监管平台。强化托运、承运、装卸、车辆运行等危险货物运输全链条安全监管。提高危险化学品储罐等贮存设备设计标准。研究建立常压危险货物储罐强制监测制度。严格特大型公路桥梁、特长公路隧道、饮用水源地危险货物运输车辆通行管控。加强港口、机场、铁路站场等危险货物配套存储场所安全管理。加强相关企业及医院、学校、科研机构等单位危险化学品使用安全管理。

(六) 强化废弃危险化学品等危险废物监管。全面开展废弃危险化学品等危险废物(以下简称危险废物)排查,对属性不明的固体废物进行鉴别鉴定,重点整治化工园区、化工企业、危险化学品单位等可能存在的违规堆存、随意倾倒、私自填埋危险废物等问题,确保危险废物贮存、运输、处置安全。加快制定危险废物贮存安全技术标准。建立完善危险废物由产生到处置各环节联单制度。建立部门联动、区域协作、重大案件会商督办制度,形成覆盖危险废物产生、收集、贮存、转移、运输、利用、处置等全过程的监管体系,加大打击故意隐瞒、偷放偷排或违法违规处置危险废物违法犯罪行为力度。加快危险废物综合处置技术装备研发,合理规划布点处置企业,加快处置设施建设,消除处置能力瓶颈。督促企业对重点环保设施和项目组织安全风险评估论证和隐患排查治理。

四、强化企业主体责任落实

(七) 强化法治措施。积极研究修改刑法相关条款,严格责任追究。推进制定危险化学品安全和危险货物运输相关法律，修改安全生产法、安全生产许可证条例等，强化法治力度。严格执行执法公示制度、执法全过程记录制度和重大执法决定法制审核制度，细化安全生产行政处罚自由裁量标准，强化精准严格执法。落实职工及家属和社会公众对企业安全生产隐患举报奖励制度，依法严格查处举报案件。

（八）加大失信约束力度。危险化学品生产贮存企业主要负责人（法定代表人）必须认真履责，并作出安全承诺；因未履行安全生产职责受刑事处罚或撤职处分的，依法对其实施职业禁入；企业管理和技术团队必须具备相应的履职能力，做到责任到人、工作到位，对安全隐患排查治理不力、风险防控措施不落实的，依法依规追究相关责任人责任。对存在以隐蔽、欺骗或阻碍等方式逃避、对抗安全生产监管和环境保护监管，违章指挥、违章作业产生重大安全隐患，违规更改工艺流程，破坏监测监控设施，夹带、谎报、瞒报、匿报危险物品等严重危害人民群众生命财产安全的主观故意行为的单位及主要责任人，依法依规将其纳入信用记录，加强失信惩戒，从严监管。

（九）强化激励措施。全面推进危险化学品企业安全生产标准化建设，对一、二级标准化企业扩产扩能、进区入园等，在同等条件下分别给予优先考虑并减少检查频次。对国家鼓励发展的危险化学品项目，在投资总额内进口的自用先进危险品检测检验设备按照现行政策规定免征进口关税。落实安全生产专用设备投资抵免企业所得税优惠。提高危险化学品生产贮存企业安全生产费用提取标准。推动危险化学品企业建立安全生产内审机制和承诺制度，完善风险分级管控和隐患排查治理预防机制，并纳入安全生产标准化等级评审条件。

五、强化基础支撑保障

（十）提高科技与信息化水平。强化危险化学品安全研究支撑，加强危险化学品安全相关国家级科技创新平台建设，开展基础性、前瞻性研究。研究建立危险化学品全生命周期信息监管系统，综合利用电子标签、大数据、人工智能等高新技术，对生产、贮存、运输、使用、经营、废弃处置等各环节进行全过程信息化管理和监控，实现危险化学品来源可循、去向可溯、状态可控，做到企业、监管部门、执法部门及应急救援部门之间互联互通。将安全生产行政处罚信息统一纳入监管执法信息化系统，实现信息共享，取代层层备案。加强化工危险工艺本质安全、大型储罐安全保障、化工园区安全环保一体化风险防控等技术及装备研发。推进化工园区安全生产信息化智能化平台建设，实现对园区内企业、重点场所、重大危险源、基础设施实时风险监控预警。加快建成应急管理部门与辖区内化工园区和危险化学品企业联网的远程监控系统。

（十一）加强专业人才培养。实施安全技能提升行动计划，将化工、危险化学品企业从业人员作为高危行业领域职业技能提升行动的重点群体。危险化学品生产企业主要负责人、分管安全生产负责人必须具有化工类专业大专及以上学历和一定实践经验，专职安全管理人员至少要具备中级及以上化工专业技术职称或化工安全类注册安全工程师资格，新招一线岗位从业人员必须具有化工职业教育背景或普通高中及以上学历并接受危险化学品安全培训，经考核合格后方能上岗。企业通过内部培养或外部聘用形式建立化工专业技术团队。化工重点地区扶持建设一批化工相关职业院校（含技工院校），依托重点化工企业、化工园区或第三方专业机构建立实习实训基地。把化工过程安全管理知识纳入相关高校化工与制药类专业核心课程体系。

（十二）规范技术服务协作机制。加快培育一批专业能力强、社会信誉好的技术服务龙头企业，引入市场机制，为涉及危险化学品企业提供管理和技术服务。建立专家技术服务规范，分级分类开展精准指导帮扶。安全生产责任保险覆盖所有危险化学品企业。对安全评价、检测检验等中介机构和环境评价文件编制单位出具虚假报告和证明的，依法依规吊销其相关资质或资格；构成犯罪的，依法追究刑事责任。

（十三）加强危险化学品救援队伍建设。统筹国家综合性消防救援力量、危险化学品专业救援力量，合理规划布局建设立足化工园区、辐射周边、覆盖主要贮存区域的危险化学品应急救援基地。强化长江干线危险化学品应急处置能力建设。加强应急救援装备配备，健全应急救援预案，开展实训演练，提高区域协同救援能力。推进实施危险化学品事故应急指南，指导企业提高应急处置能力。

六、强化安全监管能力

（十四）完善监管体制机制。将涉恐涉爆涉毒危险化学品重大风险纳入国家安全管控范围，健全监管制度，加强重点监督。进一步调整完善危险化学品安全生产监督管理体制。按照“管行业必须管安全、管业务必须管安全、管生产经营必须管安全”和“谁主管谁负责”原则，严格落实相关部门危险化学品各环节安全监管责任，实施全主体、全品种、全链条安全监管。应急管理部门负责危险化学品安全生产监管工作和危险化学品安全监管综合工作；按照《危险化学品安全管理条例》规定，应急管理、交通运输、公安、铁路、民航、生态环境等部门分别承担危险化学品生产、贮存、使用、经营、运输、处置等环节相关安全监管责任；在相关安全监管职责未明确部门的情况下，应急管理部门承担危险化学品安全综合监督管理兜底责任。生态环境部门依法对危险废物的收集、贮存、处置等进行监督管理。应急管理部门和生态环境部门以及其他有关部门建立监管协作和联合执法工作机制，密切协调配合，实现信息及时、充分、有效共享，形成工作合力，共同做好危险化学品安全监管各项工作。完善国务院安全生产委员会工作机制，及时研究解决危险化学品安全突出问题，加强对相关单位履职情况的监督检查和考核通报。

（十五）健全执法体系。建立健全省、市、县三级安全生产执法体系。省级应急管理部门原则上不设执法队伍，由内设机构承担安全生产监管执法责任，市、县级应急管理部门一般实行“局队合一”体制。危险化学品重点县（市、区、旗）、危险化学品贮存量大的港区，以及各类开发区特别是内设化工园区的开发区，应强化危险化学品安全生产监管职责，落实落细监管执法责任，配齐配强专业执法力量。具体由地方党委和政府研究确定，按程序审批。

（十六）提升监管效能。严把危险化学品监管执法人员进人关，进一步明确资格标准，严格考试考核，突出专业素质，择优录用；可通过公务员聘任制方式选聘专业人才，到2022年年底具有安全生产相关专业学历和实践经验的执法人员数量不低于在职人员的75％。完善监管执法人员培训制度，入职培训不少于3个月，每年参加为期不少于2周的复训。实行危险化学品重点县（市、区、旗）监管执法人员到国有大型化工企业进行岗位实训。深化“放管服”改革，加强和规范事中事后监管，在对涉及危险化学品企业进行全覆盖监管基础上，实施分级分类动态严格监管，运用“两随机一公开”进行重点抽查、突击检查。严厉打击非法建设生产经营行为。省、市、县级应急管理部门对同一企业确定一个执法主体，避免多层多头重复执法。加强执法监督，既严格执法，又避免简单化、“一刀切”。大力推行“互联网＋监管”、“执法＋专家”模式，及时发现风险隐患，及早预警防范。各地区根据工作需要，面向社会招聘执法辅助人员并健全相关管理制度。

各地区各有关部门要加强组织领导，认真落实党政同责、一岗双责、齐抓共管、失职追责安全生产责任制，整合一切条件、尽最大努力，加快推进危险化学品安全生产各项工作措施落地见效，重要情况及时向党中央、国务院报告。

7.2　国家发展改革委相关政策案例

7.2.1　关于进一步加强塑料污染治理的意见(发改环资〔2020〕80 号)

各省、自治区、直辖市人民政府，国务院各部委、各直属机构：

塑料在生产生活中应用广泛，是重要的基础材料。不规范生产、使用塑料制品和回收处置塑料废弃物，会造成能源资源浪费和环境污染，加大资源环境压力。积极应对塑料污染，事关人民群众健康，事关我国生态文明建设和高质量发展。为贯彻落实党中央、国务院决策部署，进一步加强塑料污染治理，建立健全塑料制品长效管理机制，经国务院同意，现提出如下意见。

一、总体要求

（一）指导思想。以习近平新时代中国特色社会主义思想为指导，全面贯彻党的十九大和十九届二中、三中、四中全会精神，坚持以人民为中心，牢固树立新发展理念，有序禁止、限制部分塑料制品的生产、销售和使用，积极推广替代产品，规范塑料废弃物回收利用，建立健全塑料制品生产、流通、使用、回收处置等环节的管理制度，有力有序有效治理塑料污染，努力建设美丽中国。

（二）基本原则。突出重点，有序推进。强化源头治理，抓住塑料制品生产使用的重点领域和重要环节，针对社会反映强烈的突出问题，分类提出管理要求；综合考虑各地区、各领域实际情况，合理确定实施路径，积极稳妥推进塑料污染治理工作。

创新引领，科技支撑。以可循环、易回收、可降解为导向，研发推广性能达标、绿色环保、经济适用的塑料制品及替代产品，培育有利于规范回收和循环利用、减少塑料污染的新业态新模式。

多元参与，社会共治。发挥企业主体责任，强化政府监督管理，加强政策引导，凝聚社会共识，形成政府、企业、行业组织、社会公众共同参与的多元共治体系。

（三）主要目标。到 2020 年，率先在部分地区、部分领域禁止、限制部分塑料制品的生产、销售和使用。到 2022 年，一次性塑料制品消费量明显减少，替代产品得到推广，塑料废弃物资源化能源化利用比例大幅提升；在塑料污染问题突出领域和电商、快递、外卖等新兴领域，形成一批可复制、可推广的塑料减量和绿色物流模式。到 2025 年，塑料制品生产、流通、消费和回收处置等环节的管理制度基本建立，多元共治体系基本形成，替代产品开发应用水平进一步提升，重点城市塑料垃圾填埋量大幅降低，塑料污染得到有效控制。

二、禁止、限制部分塑料制品的生产、销售和使用

（四）禁止生产、销售的塑料制品。禁止生产和销售厚度小于 0.025 毫米的超薄塑料购物袋、厚度小于 0.01 毫米的聚乙烯农用地膜。禁止以医疗废物为原料制造塑料制品。全面禁止废塑料进口。到 2020 年年底，禁止生产和销售一次性发泡塑料餐具、一次性塑料棉签；禁止生产含塑料微珠的日化产品。到 2022 年年底，禁止销售含塑料微珠的日化产品。

（五）禁止、限制使用的塑料制品。

1. 不可降解塑料袋。到 2020 年年底，直辖市、省会城市、计划单列市城市建成区的商场、超市、药店、书店等场所以及餐饮打包外卖服务和各类展会活动，禁止使用不可降解塑料袋，集贸市场规范和限制使用不可降解塑料袋；到 2022 年年底，实施范围扩大至全部地级以上城市建成区和沿海地区县城建

成区。到2025年年底，上述区域的集贸市场禁止使用不可降解塑料袋。鼓励有条件的地方，在城乡接合部、乡镇和农村地区集市等场所停止使用不可降解塑料袋。

2. 一次性塑料餐具。到2020年年底，全国范围餐饮行业禁止使用不可降解一次性塑料吸管；地级以上城市建成区、景区景点的餐饮堂食服务，禁止使用不可降解一次性塑料餐具。到2022年年底，县城建成区、景区景点餐饮堂食服务，禁止使用不可降解一次性塑料餐具。到2025年，地级以上城市餐饮外卖领域不可降解一次性塑料餐具消耗强度下降30%。

3. 宾馆、酒店一次性塑料用品。到2022年年底，全国范围星级宾馆、酒店等场所不再主动提供一次性塑料用品，可通过设置自助购买机、提供续充型洗洁剂等方式提供相关服务；到2025年年底，实施范围扩大至所有宾馆、酒店、民宿。

4. 快递塑料包装。到2022年年底，北京、上海、江苏、浙江、福建、广东等省市的邮政快递网点，先行禁止使用不可降解的塑料包装袋、一次性塑料编织袋等，降低不可降解的塑料胶带使用量。到2025年年底，全国范围邮政快递网点禁止使用不可降解的塑料包装袋、塑料胶带、一次性塑料编织袋等。

三、推广应用替代产品和模式

（六）推广应用替代产品。在商场、超市、药店、书店等场所，推广使用环保布袋、纸袋等非塑制品和可降解购物袋，鼓励设置自助式、智慧化投放装置，方便群众生活。推广使用生鲜产品可降解包装膜（袋）。建立集贸市场购物袋集中购销制。在餐饮外卖领域推广使用符合性能和食品安全要求的秸秆覆膜餐盒等生物基产品、可降解塑料袋等替代产品。在重点覆膜区域，结合农艺措施规模化推广可降解地膜。

（七）培育优化新业态新模式。强化企业绿色管理责任，推行绿色供应链。电商、外卖等平台企业要加强入驻商户管理，制定一次性塑料制品减量替代实施方案，并向社会发布执行情况。以连锁商超、大型集贸市场、物流仓储、电商快递等为重点，推动企业通过设备租赁、融资租赁等方式，积极推广可循环、可折叠包装产品和物流配送器具。鼓励企业采用股权合作、共同注资等方式，建设可循环包装跨平台运营体系。鼓励企业使用商品和物流一体化包装，建立可循环物流配送器具回收体系。

（八）增加绿色产品供给。塑料制品生产企业要严格执行有关法律法规，生产符合相关标准的塑料制品，不得违规添加对人体、环境有害的化学添加剂。推行绿色设计，提升塑料制品的安全性和回收利用性能。积极采用新型绿色环保功能材料，增加使用符合质量控制标准和用途管制要求的再生塑料，加强可循环、易回收、可降解替代材料和产品研发，降低应用成本，有效增加绿色产品供给。

四、规范塑料废弃物回收利用和处置

（九）加强塑料废弃物回收和清运。结合实施垃圾分类，加大塑料废弃物等可回收物分类收集和处理力度，禁止随意堆放、倾倒造成塑料垃圾污染。在写字楼、机场、车站、港口码头等塑料废弃物产生量大的场所，要增加投放设施，提高清运频次。推动电商外卖平台、环卫部门、回收企业等开展多方合作，在重点区域投放快递包装、外卖餐盒等回收设施。建立健全废旧农膜回收体系；规范废旧渔网渔具回收处置。

（十）推进资源化能源化利用。推动塑料废弃物资源化利用的规范化、集中化和产业化，相关项目要向资源循环利用基地等园区集聚，提高塑料废弃物资源化利用水平。分拣成本高、不宜资源化利用的塑料废弃物要推进能源化利用，加强垃圾焚烧发电等企业的运行管理，确保各类污染物稳定达标排放，并最大限度降低塑料垃圾直接填埋量。

（十一）开展塑料垃圾专项清理。加快生活垃圾非正规堆放点、倾倒点排查整治工作，重点解决城乡接合部、环境敏感区、道路和江河沿线、坑塘沟渠等处生活垃圾随意倾倒堆放导致的塑料污染问题。开展江河湖泊、港湾塑料垃圾清理和清洁海滩行动。推进农田残留地膜、农药化肥塑料包装等清理整治工作，逐步降低农田残留地膜量。

五、完善支撑保障体系

（十二）建立健全法规制度和标准。推进相关法律法规修订，将塑料污染防治纳入相关法律法规要求。适时更新发布塑料制品禁限目录。制定塑料制品绿色设计导则。完善再生塑料质量控制标准，规范再生塑料用途。制修订可降解材料与产品的标准标识。建立健全电商、快递、外卖等新兴领域企业绿色管理和评价标准。研究对包装问题突出的商品开展包装适宜度分级评价，提出差别化管理措施。将一次性塑料制品管控要求纳入旅游景区和星级宾馆、酒店评定评级标准。完善塑料废弃物资源化能源化利用的环境保护相关标准。探索建立塑料原材料与制成品的生产、销售信息披露制度。探索实施企业法人守信承诺和失信惩戒，将违规生产、销售、使用塑料制品等行为列入失信记录。

（十三）完善相关支持政策。加大对绿色包装研发生产、绿色物流和配送体系建设、专业化智能化回收设施投放运营等重点项目的支持力度。落实好相关财税政策，加大对符合标准绿色产品的政府采购力度。开展新型绿色供应链建设、新产品新模式推广和废旧农膜回收利用等试点示范。各地要支持专业化回收设施投放，消除设施进居民社区、地铁站、车站和写字楼等公共场所的管理障碍。鼓励各地采取经济手段，促进一次性塑料制品减量、替代。公共机构要带头停止使用不可降解一次性塑料制品。

（十四）强化科技支撑。开展不同类型塑料制品全生命周期环境风险研究评价。加强江河湖海塑料垃圾及微塑料污染机理、监测、防治技术和政策等研究，开展生态环境影响与人体健康风险评估。加大可循环、可降解材料关键核心技术攻关和成果转化，提升替代材料和产品性能。以降解安全可控性、规模化应用经济性等为重点，开展可降解地膜等技术验证和产品遴选。

（十五）严格执法监督。加强日常管理和监督检查，严格落实禁止、限制生产、销售和使用部分塑料制品的政策措施。严厉打击违规生产销售国家明令禁止的塑料制品，严格查处虚标、伪标等行为。推行生态环境保护综合执法，加强塑料废弃物回收、利用、处置等环节的环境监管，依法查处违法排污等行为，持续推进废塑料加工利用行业整治。行业管理部门日常监管中发现有关塑料环境污染和生态破坏行为的，应当及时将相关线索移交生态环境保护综合执法队伍，由其依法立案查处。对实施不力的责任主体，依法依规予以查处，并通过公开曝光、约谈等方式督促整改。

六、强化组织实施

（十六）加强组织领导。各地区、各有关部门要高度重视塑料污染治理工作，精心组织安排，切实抓好落实。国家发展改革委、生态环境部会同有关部门建立专项工作机制，统筹指导协调相关工作，及时总结分析工作进展，重大情况和问题向党中央、国务院报告。生态环境部会同有关部门开展联合专项行动，加强对塑料污染治理落实情况的督促检查，重点问题纳入中央生态环境保护督察，强化考核和问责。各级地方人民政府要结合本地实际，制定具体实施办法，实化细化政策措施。

（十七）强化宣传引导。加大对塑料污染治理的宣传力度，引导公众减少使用一次性塑料制品，参与垃圾分类，抵制过度包装。利用报纸、广播电视、新媒体等渠道深入宣传塑料污染治理的工作成效和典型做法。引导行业协会、商业团体、公益组织有序开展专业研讨、志愿活动等，广泛凝聚共识，营造全社会共同参与的良好氛围。

国家发展改革委

生态环境部

2020 年 1 月 16 日

7.2.2 关于印发《医疗废物集中处置设施能力建设实施方案》的通知

各省、自治区、直辖市、新疆生产建设兵团发展改革委、卫生健康委、生态环境厅(局)：

为认真贯彻落实习近平总书记关于加快补齐医疗废物、危险废物收集处理设施方面短板的重要指示精神，深入贯彻落实党中央、国务院决策部署，加快推进医疗废物处置能力建设，补齐医疗废物处置短板，国家发展改革委、国家卫生健康委、生态环境部研究制定了《医疗废物集中处置设施能力建设实施方案》，现印发给你们，请贯彻执行。

国家发展改革委

国家卫生健康委

生态环境部

2020 年 4 月 30 日

附件

医疗废物集中处置设施能力建设实施方案

为认真贯彻落实习近平总书记关于加快补齐医疗废物、危险废物收集处理设施方面短板的重要指示精神，深入贯彻落实党中央、国务院决策部署，加强医疗废物管理，防止疾病传播，保护生态环境，保障人民群众生命健康，针对当前医疗废物处置能力布局不均衡、处置设备老化和处置标准低等问题，特制定本方案。

一、总体要求

以习近平新时代中国特色社会主义思想为指导，全面贯彻党的十九大和十九届二中、三中、四中全会精神，健全医疗废物收集转运处置体系，推动现有处置能力扩能提质，补齐处置能力缺口，提升治理能力现代化，推动形成与全面建成小康社会相适应的医疗废物处置体系。

二、实施目标

争取1～2年内尽快实现大城市、特大城市具备充足应急处理能力；每个地级以上城市至少建成1个符合运行要求的医疗废物集中处置设施；每个县(市)都建成医疗废物收集转运处置体系，实现县级以上医疗废物全收集、全处理，并逐步覆盖到建制镇，争取农村地区医疗废物得到规范处置。

三、主要任务

(一) 加快优化医疗废物集中处置设施布局。2020年5月底前，各地区要全面摸查本地区医疗废物集中处置设施建设情况，掌握各地市医疗废物集中处置设施覆盖辖区内医疗机构情况，以及处置不同类别医疗废物的能力短板。综合考虑地理位置分布、服务人口、城镇化发展速度、满足平时和应急需求等因素，优化本地区医疗废物集中处置设施布局，建立工作台账，明确建设进度要求。

(二) 积极推进大城市医疗废物集中处置设施应急备用能力建设。直辖市、省会城市、计划单列市、东中部地区人口1 000万以上城市、西部地区人口500万以上城市，对现有医疗废物处置能力进行评估，综合考虑未来医疗废物增长情况、应急备用需求，适度超前谋划、设计、建设。有条件的地区要利用现有危险废物焚烧炉、生活垃圾焚烧炉、水泥窑补足医疗废物应急处置能力短板。

（三）大力推进现有医疗废物集中处置设施扩能提质。各地区要按照医疗废物集中处置技术规范等要求，在对现有医疗废物集中处置设施进行符合性排查基础上，加快推动现有医疗废物集中处置设施扩能提质改造，确保处置设施满足处置要求，并符合环境保护、卫生等相关法律法规要求。医疗废物处置设施超负荷、高负荷的地市要进行医疗废物处置设施提标改造，提升处置能力。2020年年底前每个地级以上城市至少建成1个符合运行要求的医疗废物集中处置设施。

（四）加快补齐医疗废物集中处置设施缺口。截止到2020年5月，尚没有医疗废物集中处置设施的（不含规划建设的）地级市，要加快规划选址，推动建设医疗废物集中处置设施，补齐设施缺口。鼓励人口50万以上的县（市）因地制宜建设医疗废物集中处置设施，医疗废物日收集处置量在5吨以上的地区，可以建设以焚烧、高温蒸煮等为主的处置设施。鼓励跨县（市）建设医疗废物集中处置设施，实现设施共享。鼓励为偏远基层地区配置医疗废物移动处置和预处理设施，实现医疗废物就地处置。

（五）健全医疗废物收集转运处置体系。加快补齐县级医疗废物收集转运短板。依托跨区域医疗废物集中处置设施的县（区），要加快健全医疗废物收集转运处置体系。收集处置能力不足的偏远区县要新建收集处置设施。医疗废物集中处置单位要配备数量充足的收集、转运周转设施和具备相关资质的车辆。收集转运能力应当向农村地区延伸。

（六）建立医疗废物信息化管理平台。2021年年底前，建立全国医疗废物信息化管理平台，覆盖医疗机构、医疗废物集中贮存点和医疗废物集中处置单位，实现信息互通共享，及时掌握医疗废物产生量、集中处置量、集中处置设施工作负荷以及应急处置需求等信息，提高医疗废物处置现代化管理水平。

四、保障措施

（一）加强组织领导，落实目标责任。各地区要按照国务院《医疗废物管理条例》和国家卫生健康委及有关部门《医疗机构废弃物综合治理工作方案》等要求，加强组织领导，落实目标责任，大力推进医疗废物处置设施建设。医疗机构和医疗废物集中处置单位分别承担医疗废物分类收集、分类贮存和转运处置的主体责任，要按照有关要求做好医疗废物处置工作。

（二）强化资金支持，加快建设进度。国家发展改革委会同有关部门研究出台支持政策，鼓励医疗废物处置设施建设。各地区要健全政策措施，加快推进医疗废物处置和转运设施建设相关工作。

（三）健全体制机制，形成工作合力。各地区要综合考虑区域内医疗机构总量和结构、医疗废物实际产生量及处理成本等因素，合理核定医疗废物处置收费标准。医疗机构按照规定支付的医疗废物处置费用作为医疗成本，在调整医疗服务价格时予以合理补偿。对跨区域建设医疗废物集中处置设施的地区，要建立协作机制和利益补偿机制。各地区发展改革部门要会同卫生健康、生态环境等部门建立工作协调机制，成立工作专班，按职责细化工作举措，及时交换信息，形成工作合力，共同推进医疗废物处置设施建设。

7.3　生态环境部相关政策案例

7.3.1　新型冠状病毒感染的肺炎疫情医疗废物应急处置管理与技术指南（试行）

一、总体要求

为应对新型冠状病毒感染的肺炎疫情（以下简称肺炎疫情），及时、有序、高效、无害化处置肺炎疫情医疗废物，规范肺炎疫情医疗废物应急处置的管理与技术要求，保护生态环境和人体健康，特制定本指南。

地方各级生态环境主管部门和医疗废物应急处置单位可参考本指南及相关标准规范，因地制宜确定肺炎疫情期间医疗废物应急处置的技术路线及相应的管理要求。

肺炎疫情期间纳入医疗废物管理的固体废物种类、范围以及收集、贮存、转运、处置过程中的卫生防疫，按照卫生健康主管部门的有关要求执行。

二、编制依据

（一）《中华人民共和国固体废物污染环境防治法》

（二）《中华人民共和国传染病防治法》

（三）《突发公共卫生事件应急条例》（国务院令第376号）

（四）《医疗废物管理条例》（国务院令第380号）

（五）《危险废物经营许可证管理办法》（国务院令第408号）

（六）《国家突发环境事件应急预案》（国办函〔2014〕119号）

（七）《国家突发公共卫生事件应急预案》

（八）《危险废物经营单位编制应急预案指南》（原国家环境保护总局公告2007年第48号）

（九）《医疗废物集中处置技术规范（试行）》（环发〔2003〕206号）

（十）《医疗废物专用包装袋、容器和警示标志标准》（HJ 421—2008）

（十一）《应对甲型H1N1流感疫情医疗废物管理预案》（环办〔2009〕65号）

三、应急处置管理要求

（一）完善应急处置协调机制。地方各级生态环境主管部门在本级人民政府统一领导下，按照“统一管理与分级管理相结合、分工负责与联防联控相结合、集中处置与就近处置相结合”的原则，协同卫生健康、住房城乡建设、工业和信息化、交通运输、公安等主管部门，共同组织好肺炎疫情医疗废物应急处置工作。

（二）统筹应急处置设施资源。以设区的市为单位摸排调度医疗废物应急处置能力情况，将可移动式医疗废物处置设施、危险废物焚烧设施、生活垃圾焚烧设施、工业炉窑等纳入肺炎疫情医疗废物应急处置资源清单。各设区的市级生态环境主管部门应做好医疗废物处置能力研判，在满足卫生健康主管部门提出的卫生防疫要求的情况下，向本级人民政府提出启动应急处置的建议，经本级人民政府同意后启用应急处置设施。对存在医疗废物处置能力缺口的地市，也可以通过省级疫情防控工作领导小组和联防联控工作机制或者在省级生态环境主管部门指导下，协调本省其他地市或者邻省具有富余医疗废物处置能力的相邻地市建立应急处置跨区域协同机制。

（三）规范应急处置活动。各医疗废物产生、收集、贮存、转运和应急处置单位应在当地人民政府及卫生健康、生态环境、住房城乡建设、交通运输等主管部门的指导下，妥善管理和处置医疗废物。处置过程应严格按照医疗废物处置相关技术规范操作，保证处置效果，保障污染治理设施正常稳定运行，确保水、大气等污染物达标排放，防止疾病传染和环境污染。应急处置单位应定期向所在地县级以上地方生态环境和卫生健康主管部门报告医疗废物应急处置情况，根据形势的发展和需要可实行日报或周报。

（四）及时发布应急处置信息。地方各级生态环境主管部门应根据本级人民政府的有关要求做好相关信息发布工作。

四、应急处置技术路线

（一）科学选择应急处置方式。各地可根据本地区情况，因地制宜选择肺炎疫情医疗废物应急处置技术路线。新型冠状病毒感染的肺炎患者产生的医疗废物，宜采用高温焚烧方式处置，也可以采用高温蒸汽消毒、微波消毒、化学消毒等非焚烧方式处置，并确保处置效果。

（二）合理确定定点应急处置设施。应急处置医疗废物的，应优先使用本行政区内的医疗废物集中处置设施。当区域内现有处置能力无法满足肺炎疫情医疗废物应急处置需要时，应立即启动应急预案，由列入应急处置资源清单内的应急处置设施处置医疗废物，并实行定点管理，或者按照应急处置跨区域协同机制，转运至临近地区医疗废物集中处置设施处置。因特殊原因，不具备集中处置条件的，可根据当地人民政府确定的方案对医疗废物进行就地焚烧处置。

（三）推荐分类分流管理和处置医疗废物。应急处置期间，推荐将肺炎疫情防治过程中产生的感染性医疗废物与其他医疗废物实行分类分流管理。医疗废物集中处置设施、可移动式医疗废物处置设施应优先用于处置肺炎疫情防治过程中产生的感染性医疗废物。其他医疗废物可分流至其他应急处置设施进行处置。

（四）便利医疗机构就地应急处置活动。医疗机构自行或在邻近医疗机构采用可移动式医疗废物处置设施应急处置医疗废物，可豁免环境影响评价、医疗废物经营许可等手续，但应合理设置处置地点，避让饮用水水源保护区、集中居住区等环境敏感区，并在设区的市级卫生健康和生态环境主管部门报备。可移动式医疗废物处置设施供应商应确保医疗废物处置效果满足相关标准和技术规范要求。

五、应急处置技术要点

（一）收集与暂存。收治新型冠状病毒感染的肺炎患者的定点医院应加强医疗废物的分类、包装和管理。建议在卫生健康主管部门的指导下，对肺炎疫情防治过程中产生的感染性医疗废物进行消毒处理，严格按照《医疗废物专用包装袋、容器和警示标志标准》包装，再置于指定周转桶（箱）或一次性专用包装容器中。包装表面应印刷或粘贴红色“感染性废物”标识。损伤性医疗废物必须装入利器盒，密闭后外套黄色垃圾袋，避免造成包装物破损。医疗废物需要交由危险废物焚烧设施、生活垃圾焚烧设施、工业炉窑等应急处置设施处置时，包装尺寸应符合相应上料设备尺寸要求。有条件的医疗卫生机构可对肺炎疫情防治过程产生的感染性医疗废物的暂时贮存场所实行专场存放、专人管理，不与其他医疗废物和生活垃圾混放、混装。贮存场所应按照卫生健康主管部门要求的方法和频次消毒，暂存时间不超过24小时。贮存场所冲洗液应排入医疗卫生机构内的医疗废水消毒、处理系统处理。

（二）转运。肺炎疫情防治过程产生的感染性医疗废物的运输使用专用医疗废物运输车辆，或使用参照医疗废物运输车辆要求进行临时改装的车辆。医疗废物转运过程可根据当地实际情况运行电子转移联单或者纸质联单。转运前应确定好转运路线和交接要求。运输路线尽量避开人口稠密地区，运输时间避开上下班高峰期。医疗废物应在不超过48小时内转运至处置设施。运输车辆每次卸载完毕，应按照卫生健康主管部门要求的方法和频次进行消毒。有条件的地区，可安排固定专用车辆单独运输肺炎疫情防治过程产生的感染性医疗废物，不与其他医疗废物混装、混运，与其他医疗废物分开填写转移联单，并建立台账。

（三）处置。医疗废物处置单位要优先收集和处置肺炎疫情防治过程产生的感染性医疗废物。可适当增加医疗废物的收集频次。运抵处置场所的医疗废物尽可能做到随到随处置，在处置单位的暂时贮存时间不超过12小时。处置单位内必须设置医疗废物处置的隔离区，隔离区应有明显的标识，无关人员不得进入。处置单位隔离区必须由专人负责，按照卫生健康主管部门要求的方法和频次对墙壁、地面、物体表面喷洒或拖地消毒。

（四）其他应急处置设施的特殊要求。危险废物焚烧设施、生活垃圾焚烧设施、工业炉窑等非医疗废物专业处置设施开展肺炎疫情医疗废物应急处置活动，应按照卫生健康主管部门的要求切实做好卫生防疫工作。应针对医疗废物划定专门卸料接收区域、清洗消毒区域，增加必要防雨防淋、防泄漏措施，对医疗废物运输车辆规划专用行车路线，并配置专人管理。接收现场应设置警示、警戒限制措施。进料方式宜采用专门输送上料设备，防止医疗废物与其他焚烧物接触造成二次交叉污染。注意做好医疗废物与其他焚烧物的进料配伍，保持工艺设备运行平稳可控。技术操作人员应接受必要的技术培训。

（五）人员卫生防护。医疗废物收集、贮存、转运、处置过程应按照卫生健康主管部门有关要求，加强对医疗废物和相关设施的消毒以及操作人员的个人防护和日常体温监测工作。有条件的地区，可安排医疗废物收集、贮存、转运、处置一线操作人员集中居住。

（六）其他技术要点。肺炎疫情医疗废物应急处置的其他技术要点，可参照《医疗废物集中处置技术规范（试行）》（环发〔2003〕206 号）、《应对甲型 H1N1 流感疫情医疗废物管理预案》（环办〔2009〕65 号）相关要求。

7.3.2　关于做好新型冠状病毒感染的肺炎疫情医疗污水和城镇污水监管工作的通知

各省、自治区、直辖市生态环境厅（局），新疆生产建设兵团生态环境局：

为有效应对新型冠状病毒感染的肺炎疫情（以下简称疫情），进一步加强医疗污水和城镇污水监管工作，防止新型冠状病毒通过污水传播扩散，现将有关事项通知如下。

一、高度重视医疗污水和城镇污水监管工作，将其作为疫情防控工作的一项重要内容抓紧抓实。进一步加强医疗污水收集、污染治理设施运行、污染物排放等监督管理；主动加强与卫生健康、城镇排水等部门的协调配合，健全联动机制，形成工作合力。

二、已发生疫情的地方，当地生态环境部门要指导督促接收新型冠状病毒感染的肺炎患者或疑似患者诊疗的定点医疗机构（医院、卫生院等）、相关临时隔离场所及研究机构，严格执行《医疗机构水污染物排放标准》（GB

18466—2005)，参照《医院污水处理技术指南》(环发〔2003〕197号)、《医院污水处理工程技术规范》(HJ 2029—2013)和《新型冠状病毒污染的医疗污水应急处理技术方案(试行)》(见附件)等有关要求，对污水和废弃物进行分类收集和处理，确保稳定达标排放。对没有医疗污水处理设施或污水处理能力未达到相关要求的医院，应督促其参照《医院污水处理工程技术规范》及《医院污水处理技术指南》，因地制宜建设临时性污水处理罐(箱)，采取加氯、过氧乙酸等措施进行杀菌消毒。切实加强对医疗污水消毒情况的监督检查，严禁未经消毒处理或处理未达标的医疗污水排放。对隔离区要指导其对外排粪便和污水进行必要的杀菌消毒。

地方生态环境部门要督促城镇污水处理厂切实加强消毒工作，结合实际，采取投加消毒剂或臭氧、紫外线消毒等措施，确保出水粪大肠菌群数指标达到《城镇污水处理厂污染物排放标准》(GB 18918—2002)要求。

当前公共场所和家庭为防控疫情多采用含氯消毒剂进行消毒，排入城镇污水处理厂的污水余氯量可能偏高，影响生化处理单元正常运行。地方生态环境部门要督促各城镇污水处理厂密切关注进水水质余氯指标的变化情况，及时采取有针对性的应对措施，确保出水达标。

三、未发生疫情的地方，当地生态环境部门要密切关注疫情发展，指导督促本行政区域内医疗机构、接纳医疗污水的城镇污水处理机构等提前做好应对准备。

四、加大农村医疗污水处置的监管力度，指导督促卫生院(所)因地制宜采取加氯、过氧乙酸等措施进行专门的灭菌消毒，防止病毒通过医疗污水扩散。严格污水灌溉的环境管理，禁止向农田灌溉渠道排放医疗污水。

五、进一步加强饮用水水源地保护，做好水质监测，确保饮用水水源不受污染。加大对农贸市场、集贸市场、超市、车站、机场、码头等重点场所污水收集处理的现场监督检查力度，依法查处违法排污，严防发生污染事故。

六、在当地党委政府统一领导下，做好本行政区域内医疗污水和城镇污水处理、污染物排放信息发布工作。按照生态环境部调度安排，及时准确统计报送当地医疗污水和城镇污水监管情况。要加强与卫生健康、城镇排水、农业农村、公安等部门信息共享，强化联防联控，严防疫情扩散蔓延，合力打赢疫情防控阻击战。

特此通知。

附件：新型冠状病毒污染的医疗污水应急处理技术方案（试行）

生态环境部办公厅

2020 年 2 月 1 日

（此件社会公开）

附件

新型冠状病毒污染的医疗污水应急处理技术方案

（试行）

为了有效应对目前我国发生的新型冠状病毒感染的肺炎疫情（以下简称疫情）患者及治疗过程产生污水对环境的污染，规范医疗污水应急处理、杀菌消毒要求，保护生态环境和人体健康，特制定本方案。

本方案适用于接收新型冠状病毒感染的肺炎患者（以下简称肺炎患者）或疑似患者诊疗的定点医疗机构（医院、卫生院等）、相关临时隔离场所以及研究机构等产生污水的处理。疫情期间，以上机构产生的污水应作为传染病医疗机构污水进行管控，强化杀菌消毒，确保出水粪大肠菌群数等各项指标达到《医疗机构水污染物排放标准》的相关要求。地方有更严格的地方污染物排放标准的，从其规定。

一、编制依据

（一）《中华人民共和国水污染防治法》

（二）《中华人民共和国传染病防治法》

（三）《突发公共卫生事件应急条例》（国务院令第 376 号）

（四）《国家突发环境事件应急预案》（国办函〔2014〕119 号）

（五）《医疗机构水污染物排放标准》（GB 18466—2005）

（六）《城镇污水处理厂污染物排放标准》（GB 18918—2002）

（七）《医院污水处理工程技术规范》（HJ 2029—2013）

（八）《医院污水处理技术指南》（环发〔2003〕197 号）

（九）《"SARS"病毒污染的污水应急处理技术方案》（环明传〔2003〕3 号）

（十）《室外排水设计规范》（GB 50014—2006）

（十一）《氯气安全规程》（GB 11984—2008）

（十二）《疫源地消毒总则》（GB 19193—2015）

二、总体要求

（一）加强分类管理，严防污染扩散

接收肺炎患者或疑似患者诊疗的定点医疗机构（医院、卫生院等）以及相关单位产生的污水应加强杀菌消毒。对于已建设污水处理设施的，应强化工艺控制和运行管理，采取有效措施，确保达标排放；对于未建设污水处理设施的，应参照《医院污水处理技术指南》《医院污水处理工程技术规范》等，因地制宜建设临时性污水处理罐（箱），禁止污水直接排放或处理未达标排放。不得将固体传染性废物、各种化学废液弃置和倾倒排入下水道。

（二）强化消毒灭菌，控制病毒扩散

对于产生的污水最有效的消毒方法是投加消毒剂。目前消毒剂主要以强氧化剂为主，这些消毒剂的来源主要可分为两类。一类是化学药剂，另一类是产生消毒剂的设备。应根据不同情形选择适用的消毒剂种类和消毒方式，保证达到消毒效果。

三、采用化学药剂的消毒处理应急方案

（一）常用药剂

医院污水消毒常采用含氯消毒剂（如次氯酸钠、漂白粉、漂白精、液氯等）消毒、过氧化物类消毒剂消毒（如过氧乙酸等）、臭氧消毒等措施。

（二）药剂配制

所有化学药剂的配制均要求用塑料容器和塑料工具。

（三）投药技术

采用含氯消毒剂消毒应遵守《室外排水设计规范》要求。投放液氯用真空加氯机，并将投氯管出口淹没在污水中，且应遵守《氯气安全规程》要求；二氧化氯用二氧化氯发生器；次氯酸钠用发生器或液体药剂；臭氧用臭氧发生器。加药设备至少为 2 套，1 用 1 备。没有条件时，也可以在污水入口处直接投加。各医院污水处理可根据实际情况优化消毒剂的投加点或投加量。

采用含氯消毒剂消毒且医院污水排至地表水体时，应采取脱氯措施。采用臭氧消毒时，在工艺末端必须设置尾气处理装置，反应后排出的臭氧尾气必须经过分解破坏，达到排放标准。

四、采用专用设备的消毒处理应急方案

（一）污水量测算

国内市场上可提供的成套消毒剂制备设备主要是二氧化氯发生器和臭氧发生器，这些设备基本可以采用自动化操作方式，设备选型根据产生的污水量而定。污水量的计算方法包括按用水量计算法、按日均污水量和变化系数计算法等，计算公式和参数选择参照《医院污水处理工程技术规范》执行。

（二）消毒剂投加量

1. 消毒剂消毒

接收肺炎患者或疑似患者诊疗的定点医疗机构（医院、卫生院等）以及相关单位，采用液氯、二氧化氯、氯酸钠、漂白粉或漂白精消毒时，参考有效氯投加量为 50 mg/L。消毒接触池的接触时间≥1.5 小时，余氯量大于 6.5 mg/L（以游离氯计），粪大肠菌群数＜100 个/L。若因现有氯化消毒设施能力限制难以达到前述接触时间要求，接触时间为 1.0 小时的，余氯大于 10 mg/L（以游离氯计），参考有效氯投加量为 80 mg/L，粪大肠菌群数＜100 个/L；若接触时间不足 1.0 小时的，投氯量与余氯还需适当加大。

2. 臭氧消毒

采用臭氧消毒，污水悬浮物浓度应小于 20 mg/L，接触时间大于 0.5 小时，投加量大于 50 mg/L，大肠菌群去除率不小于 99.99%，粪大肠菌群数＜100 个/L。

3. 肺炎患者排泄物及污物消毒方法

应按照《疫源地消毒总则》相关要求消毒。

五、污泥处理处置要求

（一）污泥在贮泥池中进行消毒，贮泥池有效容积应不小于处理系统 24 小时产泥量，且不宜小于 1 立方米。贮泥池内需采取搅拌措施，以利于污泥加药消毒。

（二）应尽量避免进行与人体暴露的污泥脱水处理，尽可能采用离心脱水装置。

（三）医院污泥应按危险废物处理处置要求，由具有危险废物处理处置资质的单位进行集中处置。

（四）污泥清掏前应按照《医疗机构水污染物排放标准》表 4 的规定进行监测。

六、其他要求

（一）污水应急处理的其他技术要点，可参照《医院污水处理技术指南》《医院污水处理工程技术规范》相关要求。

（二）严格按照《医疗机构水污染物排放标准》的规定，对相关处理设施排出口和单位污水外排口开展水质监测和评价。

（三）以疫情暴发期集中收治区为重点，加强城镇污水处理厂出水的消毒工作，结合实际采取投加消毒剂或臭氧、紫外线消毒等措施，确保出水粪大肠菌群数指标达到《城镇污水处理厂污染物排放标准》要求，对剩余污泥采取必要的消毒措施，防止病毒扩散。

（四）污水应急处理中要加强污水处理站废气、污泥排放的控制和管理，防止病原体在不同介质中转移。

（五）位于室内的污水处理工程必须设有强制通风设备，并为工作人员配备工作服、手套、面罩、护目镜、防毒面具以及急救用品。

（六）地方各级生态环境部门和医疗污水处理单位可参考本方案及相关标准规范，因地制宜确定疫情期间医疗污水应急处理的具体要求。

抄送：卫生健康委、住房城乡建设部办公厅。

7.4 住建部相关政策案例

7.4.1 关于进一步做好城市环境卫生工作的通知

各省、自治区住房和城乡建设厅，直辖市城市管理委（城市管理局、绿化市容局）：

新冠肺炎疫情发生以来，各地环境卫生主管部门和环卫作业单位坚决贯彻落实习近平总书记系列重要指示精神，按照党中央国务院决策部署，全面投入疫情防控的人民战争、总体战、阻击战，全力保障城市整洁、守护公众安全，取得了重要成绩。特别是广大一线环卫工人，发扬“宁愿一人脏，换来万家净”的精神，沐风栉雨、尽职尽责、勇于担当、不辱使命，成为疫情中的逆行者和城市中的暖人风景线。为进一步巩固疫情防控期间城市环卫各项工作成果，保障各地复工复产，弘扬城市环卫精神，推进城市环卫工作健康发展，现将有关事项通知如下：

一、切实关心关爱一线环卫工作者

（一）继续做好安全防护。各级环卫行业主管部门要结合当地实际，加快完善同疫情防控相适应的城市公共区域清扫保洁、生活垃圾收运处理、公厕管理和粪便收运处理等工作的流程规范，指导督促环卫作业单位不折不扣执行。要在属地卫生健康、疾病控制等部门的指导下，完善环卫作业人员防护措施，督促环卫作业单位切实履责，指导环卫职工增强自我保护意识，坚决防止松懈、麻痹大意思想，保护环卫工人的生命安全和身体健康。继续做好对环卫作业工具、作业场所、工间休息场所，以及环卫职工宿舍、食堂、浴室等区域的消毒灭菌工作。

（二）适时启动休息调整。要督促指导环卫作业单位根据环卫作业量的变化，加强力量统筹、做好生产调度，采取轮休、补休等方式，保证长期在一线作业的环卫职工得到必要休整。对长时间高负荷一线作业的环卫职工，要加强人文关怀，组织开展心理疏导。千方百计做好一线环卫工人的饮食调剂和休息保障工作。开展必要的走访慰问活动，帮助一线环卫职工解决家庭实际困难。

二、全力巩固城市环卫疫情防控成果

（三）继续做好清扫保洁和消毒杀菌工作。各级环卫行业主管部门要根据疫情防控形势变化和当地部署，按照标准规范要求，指导环卫作业单位做好城市道路等清扫保洁工作，强化机械化保洁作业方式，科学设置人工普扫频次。结合地区实际，继续做好医院、商超市场等重点区域及其周边的清扫保洁，并在当地卫生健康部门的指导下，对必要点位进行消毒灭菌作业。根据当地复工复产后防疫工作预案，积极有效做好企业园区、公交站点、交通枢纽等复工后人流密集区域周边的保洁和消毒杀菌工作。

（四）严格生活垃圾收集运输管理。根据复工复产后生活垃圾产生量的变化，合理调配作业力量，加强生活垃圾全过程监管，及时收集、清运、处理，确保生活垃圾日产日清，继续严格防止医疗废物混入生活垃圾。严格落实《国家卫生健康委办公厅关于做好新型冠状病毒感染的肺炎疫情期间医疗机构医疗废物管理工作的通知》（国卫办医函〔2020〕81号）《国家卫生健康委办公厅关于加强新冠肺炎首诊隔离点医疗管理工作通知》（国卫办医函〔2020〕120号）等要求，医疗机构和首诊隔离点在诊疗新冠肺炎活动中产生的口罩等废弃物，继续按照医疗废物进行管理。继续对废弃口罩收集、清运实行分类分区域管理。居民日常使用产生的口罩，作为生活垃圾管理，要严格实施无害化处理。

（五）规范生活垃圾处理设施运行管理。要督促指导生活垃圾处理设施运营单位严格执行相关标准规范，做好生活垃圾转运站、填埋场、焚烧厂等运行管理工作，保证生活垃圾得到无害化处理。要进一步规范进入处理设施各类生活垃圾的检验、称重计量和数据统计，严格禁止医疗废物等进入处理设施。当地党委和政府另有规定的可从其规定。

（六）做好公厕运行管理和粪便收运处理。要督促指导各责任单位继续做好公厕和化粪池的日常维护。全面落实公厕保洁、消毒、运行维护措施，加强化粪池巡查监管。做好对粪便收运车辆设备、处理设施、作业场所的日常维护和消毒杀菌。根据实际情况，适当调整粪便处理设施工艺参数，保证粪便无害化处理。

三、全面推进环卫各项工作

（七）扎实推进生活垃圾分类工作。46个重点城市要增强紧迫感，按既定方案加快建立分类投放、分类收集、分类运输、分类处理系统，积极有序推进厨余垃圾等分类处理设施建设，努力把疫情造成的损失降到最低限度，确保如期完成生活垃圾分类目标任务。武汉、北京等疫情防控重点地区，要在落实防疫措施前提下推进生活垃圾分类工作。各省、自治区住房和城乡建设厅要督促指导其他各地级城市，进一步细化实施方案，确定生活垃圾分类标准，明确目标任务、重点项目、配套政策、具体措施，扎实推进生活垃圾分类工作。

（八）扎实推进在建新建项目复工开工。各级环卫行业主管部门要进一步摸排本地区各类环卫设施存在的短板，特别是梳理疫情防控期间暴露出的设施短板。要抓住机遇，有针对性加快各类环卫设施建设，包括生活垃圾分类转运和焚烧、填埋、生物处理设施，垃圾渗滤液处理设施，建筑垃圾处置和资源化利用设施，填埋场封场治理项目等。要对全部在建和新建环卫设施项目，建立项目台账，细化项目规模、工艺、投资、开工时间等内容，配合有关部门多渠道落实建设资金，确保项目及早复工、开工，扎实有序加快建设，为积极扩大有效需求多做贡献。

（九）加强建筑垃圾治理工作。总结推广建筑垃圾治理试点经验，加强建筑垃圾全过程管理。建立渣土堆放场所常态化监测机制，消除安全隐患。加快建筑垃圾填埋消纳设施建设，规范作业管理。加快建筑垃圾回收和再利用体系建设，推动建筑垃圾资源化利用，因地制宜推进再生产品应用。35个建筑垃圾治理试点城市要建立长效机制，巩固试点成果，充分发挥示范带头作用。

（十）持续加大宣传力度。各地要建立健全长效宣传机制，全面展示环卫人任劳任怨、无私奉献的风采。要及时总结疫情防控期间，环卫行业攻坚克难、履职尽责、慎终如始，圆满完成所承担的日常及应急任务的经验做法，挖掘先进人物、先进集体、先进事迹，大力开展正面宣传。要深入分析疫情对环卫行业的影响，明确相关文件、标准规范、操作指南、技术规程的适用范围和时间，研究提出下一步推进环卫工作的建议。

有关情况请及时反馈至城市建设司环卫处。

联系人：简正王开

电话：010-58934756

传真：010-58933434

住房和城乡建设部办公厅

2020年3月20日

7.4.2 关于发布行业标准《生活垃圾卫生填埋场运行维护技术规程》的公告

现批准《生活垃圾卫生填埋场运行维护技术规程》为行业标准，编号为CJJ 93—2011，自2011年12月1日起实施。其中，第3.1.6、3.3.4、3.3.7、3.3.8、3.3.11、5.1.18、5.3.1、6.3.4、6.3.5、8.3.5、9.1.1、9.3.6、9.3.8、10.0.2、11.0.1条为强制性条文，必须严格执行。原行业标准《城市生活垃圾卫生填埋场运行维护技术规程》CJJ 93—2003同时废止。

本规程由我部标准定额研究所组织中国建筑工业出版社出版发行。

中华人民共和国住房和城乡建设部

二〇一一年四月二十二日

7.5 国家卫生健康委员会相关政策案例

7.5.1 关于加强新型冠状病毒感染的肺炎疫情社区防控工作的通知

各省、自治区、直辖市及新疆生产建设兵团应对新型冠状病毒感染的肺炎疫情联防联控工作机制：

为切实落实以社区防控为主的综合防控措施，指导社区科学有序地开展新型冠状病毒感染的肺炎疫情防控工作，及早发现病例，有效遏制疫情扩散和蔓延，现就加强新型冠状病毒感染的肺炎疫情社区防控工作通知如下：

一、总体要求

充分发挥社区动员能力，实施网格化、地毯式管理，群防群控，稳防稳控，有效落实综合性防控措施，做到“早发现、早报告、早隔离、早诊断、早治疗”，防止疫情输入、蔓延、输出，控制疾病传播。

二、具体任务

（一）县（区）级卫生健康部门和医疗卫生机构。

1. 卫生健康行政部门组织辖区内基层医疗卫生机构工作人员参加新型

冠状病毒感染的肺炎病例发现与报告、流行病学调查、标本采集、院感防控、个人防护等内容的培训，提高防控和诊疗能力。发布公告，对辖区内来自武汉的人员进行警示，要求到社区卫生机构登记并实行居家医学观察14天。

2. 医疗机构加强预检分诊工作，根据患者症状体征和流行病学史，引导病例至专门的发热呼吸道门诊就诊。为就诊病人提供一次性口罩等防护用品，减少通过医院传播机会。将新型冠状病毒感染的肺炎确诊病例转诊至定点医院诊治收治，加强院内感染防控工作。

3. 疾病预防控制机构强化病例个案和聚集性病例的流行病学调查与处置，详细调查病例的感染来源，确定疫情波及范围，评估疫情影响及可能发展趋势，掌握病例发病至被隔离期间的接触人员，判定密切接触者。指导一般公共场所、交通工具、集体单位落实以环境清洁和开窗通风为主的卫生措施，必要时进行适度的消毒处理。

（二）街道（乡镇）和社区（村）。

1. 实行网格化、地毯式管理。社区要建立新型冠状病毒感染的肺炎疫情防控工作组织体系，建设专兼职结合的工作队伍，责任到人、联系到户，确保各项防控措施得到切实落实、不留死角。鼓励社区居民参与防控活动。

2. 加强人员追踪。以社区为网格，加强人员健康监测，摸排人员往来情况，有针对性地采取防控措施。重点追踪、督促来自疫情发生地区武汉市的人员居家医学观察14天，监测其健康状况，发现异常情况及时报告并采取相应的防控措施，防止疫情输入。充分利用大数据的手段，精准管理来自武汉的人员，确保追踪到位，实施医学观察，发挥街道（社区）干部、社区卫生服务中心医务人员和家庭医生队伍的合力，提高追踪的敏感性和精细化程度。

3. 做好密切接触者管理。发动社区网格员、家庭签约医生、预防保健医生对确诊病例和疑似病例的密切接触者进行规范管理，配合疾控机构规范开展病例流行病学调查和密切接触者追踪管理，落实密切接触者居家医学观察措施，及时按程序启动排查、诊断、隔离治疗等程序。

4. 大力开展爱国卫生运动。加大环境卫生专项整治力度，严格对社区人群聚集的公共场所进行清洁、消毒和通风，特别要加强对农贸市场的环境治理，把环境卫生治理措施落实到每个社区、单位和家庭，防止疾病传播。

5. 加强健康宣教。要通过“一封信”等多种形式，有针对性地开展新型冠状病毒感染等传染病防控知识宣传，发布健康提示和就医指南，科学指导公众正确认识和预防疾病，引导公众规范防控行为，做好个人防护，尽量减少大型公众聚集活动，出现症状及时就诊。

三、工作保障

（一）各县（区）党委政府应当加强对辖区内新型冠状病毒感染的肺炎疫情防控工作的组织领导，落实属地责任，建立联防联控工作机制或防控指挥部，及时调整防控策略，提供专项经费和物资保障，督导检查各项社区防控措施落实情况。

（二）各级医疗卫生机构要建立新型冠状病毒感染的肺炎疫情防控工作机制，加强与社区的配合，指导社区做好新型冠状病毒感染的肺炎疫情的发现、防控和应急处置，有效落实密切接触者的排查管理等措施，做到无缝衔接。

（三）街道（乡镇）和社区（村）要高度重视新型冠状病毒感染的肺炎疫情防控工作，强化责任意识、勇于担当作为，建立健全疫情防控工作机制和网格化工作体系，主动开展病例监测追踪、科普宣教、健康提示、信息报告、爱国卫生运动等综合防控工作，有效控制疫情扩散和传播。

附件：新型冠状病毒感染的肺炎疫情社区防控工作方案（试行）

应对新型冠状病毒感染的肺炎疫情联防联控工作机制

2020 年 1 月 24 日

（信息公开形式：主动公开）

附件

新型冠状病毒感染的肺炎疫情社区防控工作方案（试行）

为落实以社区防控为主的综合防控措施，指导社区科学有序地开展新型冠状病毒感染的肺炎疫情防控工作，及早发现病例，有效遏制疫情扩散和蔓延，减少新型冠状病毒感染对公众健康造成的危害，依据《中华人民共和国传染病防治法》《中华人民共和国基本医疗卫生与健康促进法》《突发公共卫生事件应急条例》《突发公共卫生事件应急预案》《新型冠状病毒感染的肺炎病例监测方案》等相关文件规定,特制定本工作方案。

一、工作要求

(一) 党政牵头、社区动员,实施网格化、地毯式管理,把各项防控措施落到实处。

(二) 落实"早发现、早报告、早隔离、早诊断、早治疗"原则,做好社区新型冠状病毒感染的肺炎疫情发现、防控和应急处置工作。

二、相关定义

(一) 社区。本方案中"社区"是指街道办事处或乡镇人民政府所辖的城乡社区(即城市社区和村)。

(二) 社区疫情划分。

1. 社区未发现病例。指在社区居民中,未发现新型冠状病毒感染的肺炎确诊病例。

2. 社区出现病例或暴发疫情。社区出现病例,是指在社区居民中,出现1例确诊的新型冠状病毒感染的肺炎,尚未出现续发病例。暴发疫情是指14天内在小范围(如一个家庭、一个工地、一栋楼同一单元等)发现2例及以上确诊病例,病例间可能存在因密切接触导致的人际传播或因共同暴露感染的可能性。

3. 社区传播疫情。指在社区居民中,14天内出现2例及以上感染来源不清楚的散发病例,或暴发疫情起数较多且规模较大,呈持续传播态势。

(三) 疫点、疫区的划分。

1. 疫点。如果社区出现病例或暴发疫情,将病例可能污染的范围确定为疫点。原则上,病人发病前3天至隔离治疗前所到过的场所,病人停留时间超过1小时、空间较小且通风不良的场所,应列为疫点进行管理。疫点一般以一个或若干个住户、一个或若干个办公室、列车或汽车车厢、同一航班、同一病区、同一栋楼等为单位。

2. 疫区。如果出现了社区传播疫情,可根据《中华人民共和国传染病防治法》相关规定将该社区确定为疫区。

(四) 密切接触者。

与病例发病后有如下接触情形之一,但未采取有效防护者:1.与病例共同居住、学习、工作,或其他有密切接触的人员,如与病例近距离工作或共用同一教室或与病例在同一所房屋中生活；2.诊疗、护理、探视病例的医护人员、家属或其他与病例有类似近距离接触的人员，如直接治疗及护理病例、到病例所在的密闭环境中探视病人或停留，病例同病室的其他患者及其陪护人员；3.与病例乘坐同一交通工具并有近距离接触人员，包括在交通工具上照料护理过病人的人员，该病人的同行人员（家人、同事、朋友等），经调查评估后发现有可能近距离接触病人的其他乘客和乘务人员；4.现场调查人员调查后经评估认为符合其他与密切接触者接触的人员。

三、社区防控策略及措施

（一）社区未发现病例。

实施“外防输入”的策略，具体措施包括组织动员、健康教育、信息告知、疫区返回人员管理、环境卫生治理、物资准备等。

1. 组织动员：社区要建立新型冠状病毒感染的肺炎疫情防控工作组织体系，以街道（乡镇）和社区（村）干部、社区卫生服务中心和家庭医生为主，鼓励居民和志愿者参与，组成专兼职结合的工作队伍，实施网格化、地毯式管理，责任落实到人，对社区（村）、楼栋（自然村）、家庭进行全覆盖，落实防控措施。

2. 健康教育：充分利用多种手段，有针对性地开展新型冠状病毒感染的肺炎防控知识宣传，积极倡导讲卫生、除陋习，摒弃乱扔、乱吐等不文明行为，营造“每个人是自己健康第一责任人”“我的健康我做主”的良好氛围。使群众充分了解健康知识，掌握防护要点，养成手卫生、多通风、保持清洁的良好习惯，减少出行，避免参加集会、聚会，乘坐公共交通或前往人群密集场所时做好防护，戴口罩，避免接触动物（尤其是野生动物）、禽类或其粪便。

3. 信息告知：向公众发布就诊信息，出现呼吸道症状无发热者到社区卫生防护中心（乡镇卫生院）就诊，发热患者到发热门诊就诊，新型冠状病毒感染者到定点医院就诊。每日发布本地及本社区疫情信息，提示出行、旅行风险。

4. 疫区返回人员管理：社区要发布告示，要求从疫区返回人员应立即到所在村支部或社区进行登记，并到本地卫生院或村医或社区卫生服务中心进行体检，每天两次体检，同时主动自行隔离 14 天。所有疫区返乡的出现发热呼吸道症状者，及时就近就医排查，根据要求居家隔离或到政府指定地点或医院隔离；其密切接触者应也立即居家自我隔离或到当地指定地点隔离。隔离期间请与本地医务人员或疾控中心保持联系，以便跟踪观察。5.环境卫生治理：社区开展以环境整治为主、药物消杀为辅的病媒生物综合防制，对居民小区、垃圾中转站、建筑工地等重点场所进行卫生清理，处理垃圾污物，消除鼠、蟑、蚊、蝇等病媒生物孳生环境。及时组织开展全面的病媒生物防制与消杀，有效降低病媒生物密度。6.物资准备：社区和家庭备置必需的防控物品和物资，如体温计、口罩、消毒用品等。

（二）社区出现病例或暴发疫情。

采取“内防扩散、外防输出”的策略，具体包括上述6项措施，以及密切接触者管理、加强消毒。7.密切接触者管理：充分发挥社区预防保健医生、家庭签约医生、社区干部等网格管理员的作用，对新型冠状病毒感染的肺炎确诊病例的密切接触者开展排查并实施居家或集中医学观察，有条件的应明确集中观察场所。每日随访密切接触者的健康状况，指导观察对象更加灵敏的监测自身情况的变化，并随时做好记录。做好病人的隔离控制和转送定点医院等准备工作。8.消毒：社区要协助疾控机构，做好病例家庭、楼栋单元、单位办公室、会议室等疫点的消毒，以及公共场所清洁消毒。

（三）社区传播疫情。

采取“内防蔓延、外防输出”的策略，具体包括上述8项措施，以及疫区封锁、限制人员聚集等2项措施。9.疫区封锁：对划为疫区的社区，必要时可采取疫区封锁措施，限制人员进出，临时征用房屋、交通工具等。10.限制人员聚集：社区内限制或停止集市、集会等人群聚集的活动，关闭公共浴池、温泉、影院、网吧、KTV、商场等公共场所。必要时停工、停业、停课。

附件

不同社区疫情的防控策略及措施

疫情情形	防控策略	防控措施
社区未发现病例	外防输入	1. 组织动员； 2. 健康教育； 3. 信息知告； 4. 疫区返回人员管理； 5. 环境卫生治理； 6. 物资准备；

（续表）

疫情情形	防控策略	防控措施
社区出现病例或暴发疫情	内防扩散、外防输出	上述1～6措施； 7. 密切接触者管理； 8. 消毒；
社区传播疫情	内防蔓延、外防输出	上述1～8措施； 9. 疫区封锁； 10. 限制人员聚集。

7.5.2 关于做好新型冠状病毒感染的肺炎疫情期间医疗机构医疗废物管理工作的通知

各省、自治区、直辖市及新疆生产建设兵团卫生健康委：

为做好新型冠状病毒感染的肺炎疫情期间医疗废物管理工作，有效防止疾病传播，按照《传染病防治法》《医疗废物管理条例》和《医疗卫生机构医疗废物管理办法》等法律法规规定，现将有关要求通知如下。

一、落实医疗机构主体责任

医疗机构要高度重视新型冠状病毒感染的肺炎疫情期间医疗废物管理，切实落实主体责任，其法定代表人是医疗废物管理的第一责任人，产生医疗废物的具体科室和操作人员是直接责任人。实行后勤服务社会化的医疗机构要加强对提供后勤服务机构和人员的管理，组织开展培训，督促其掌握医疗废物管理的基本要求，切实履行职责。加大环境卫生整治力度，及时处理产生的医疗废物，避免各种废弃物堆积，努力创造健康卫生环境。

二、加强医疗废物的分类收集

（一）明确分类收集范围。医疗机构在诊疗新型冠状病毒感染的肺炎患者及疑似患者发热门诊和病区（房）产生的废弃物，包括医疗废物和生活垃圾，均应当按照医疗废物进行分类收集。

（二）规范包装容器。医疗废物专用包装袋、利器盒的外表面应当有警示标识，在盛装医疗废物前，应当进行认真检查，确保其无破损、无渗漏。医疗废物收集桶应为脚踏式并带盖。医疗废物达到包装袋或者利器盒的3/4时，应当有效封口，确保封口严密。应当使用双层包装袋盛装医疗废物，采用鹅颈结式封口，分层封扎。

（三）做好安全收集。按照医疗废物类别及时分类收集，确保人员安全，控制感染风险。盛装医疗废物的包装袋和利器盒的外表面被感染性废物污染时，应当增加一层包装袋。分类收集使用后的一次性隔离衣、防护服等物品时，严禁挤压。每个包装袋、利器盒应当系有或粘贴中文标签，标签内容包括：医疗废物产生单位、产生部门、产生日期、类别，并在特别说明中标注“新型冠状病毒感染的肺炎”或者简写为“新冠”。

（四）分区域进行处理。收治新型冠状病毒感染的肺炎患者及疑似患者发热门诊和病区（房）的潜在污染区和污染区产生的医疗废物，在离开污染区前应当对包装袋表面采用1 000 mg/L的含氯消毒液喷洒消毒（注意喷洒均匀）或在其外面加套一层医疗废物包装袋；清洁区产生的医疗废物按照常规的医疗废物处置。

（五）做好病原标本处理。医疗废物中含病原体的标本和相关保存液等高危险废物，应当在产生地点进行压力蒸汽灭菌或者化学消毒处理，然后按照感染性废物收集处理。

三、加强医疗废物的运送贮存

（一）安全运送管理。在运送医疗废物前，应当检查包装袋或者利器盒的标识、标签以及封口是否符合要求。工作人员在运送医疗废物时，应当防止造成医疗废物专用包装袋和利器盒的破损，防止医疗废物直接接触身体，避免医疗废物泄漏和扩散。每天运送结束后，对运送工具进行清洁和消毒，含氯消毒液浓度为1 000 mg/L；运送工具被感染性医疗废物污染时，应当及时消毒处理。

（二）规范贮存交接。医疗废物暂存处应当有严密的封闭措施，设有工作人员进行管理，防止非工作人员接触医疗废物。医疗废物宜在暂存处单独设置区域存放，尽快交由医疗废物处置单位进行处置。用1 000 mg/L的含氯消毒液对医疗废物暂存处地面进行消毒，每天两次。医疗废物产生部门、运送人员、暂存处工作人员以及医疗废物处置单位转运人员之间，要逐层登记交接，并说明其来源于新型冠状病毒感染的肺炎患者或疑似患者。

（三）做好转移登记。严格执行危险废物转移联单管理，对医疗废物进行登记。登记内容包括医疗废物的来源、种类、重量或者数量、交接时间，最终去向以及经办人签名，特别注明“新型冠状病毒感染的肺炎”或“新冠”，登记资料保存3年。

医疗机构要及时通知医疗废物处置单位进行上门收取，并做好相应记录。各级卫生健康行政部门和医疗机构要加强与生态环境部门、医疗废物处置单位的信息互通，配合做好新型冠状病毒感染的肺炎疫情期间医疗废物的规范处置。

国家卫生健康委办公厅

2020年1月28日

（信息公开形式：主动公开）

7.5.3 关于印发新型冠状病毒感染的肺炎防控中居家隔离医学观察感染防控指引（试行）的通知

各省、自治区、直辖市及新疆生产建设兵团卫生健康委：

为积极应对新型冠状病毒感染的肺炎疫情，指导居家隔离医学观察的感染防控，遏制疫情蔓延，我委组织制定了《新型冠状病毒感染的肺炎防控中居家隔离医学观察感染防控指引（试行）》。现印发给你们，请参考使用。

国家卫生健康委办公厅

2020年2月4日

（信息公开形式：主动公开）

附件

新型冠状病毒感染的肺炎防控中

居家隔离医学观察感染防控指引（试行）

一、居家隔离医学观察随访者感染防控

（一）访视居家隔离医学观察人员时，若情况允许电话或微信视频访视，这时无需个人防护。访视时应当向被访视对象开展咳嗽礼仪和手卫生等健康宣教。

（二）实地访视居家隔离医学观察人员时，常规正确佩戴工作帽、外科口罩或医用防护口罩，穿工作服，一次性隔离衣。每班更换，污染、破损时随时更换。

（三）需要采集呼吸道标本时，加戴护目镜或防护面屏，外科口罩换为医用防护口罩，戴乳胶手套。

（四）一般情况下与居家隔离医学观察人员接触时保持1米以上的距离。

（五）现场随访及采样时尽量保持房间通风良好，被访视对象应当处于下风向。

（六）需要为居家隔离医学观察人员检查而密切接触时，可加戴乳胶手套。检查完后脱手套进行手消毒，更换一次性隔离衣。

（七）接触隔离医学观察人员前后或离开其住所时，进行手卫生，用含酒精速干手消毒剂揉搓双手至干。不要用手接触自己的皮肤、眼睛、口鼻等，必须接触时先进行手卫生。

（八）不重复使用外科口罩或医用防护口罩，口罩潮湿、污染时随时更换。

（九）居家隔离医学观察随访者至少须随身携带：健康教育宣传单（主要是咳嗽礼仪与手卫生）、速干手消毒剂、护目镜或防护面屏，乳胶手套、外科口罩/医用防护口罩、一次性隔离衣、医疗废物收集袋。

（十）随访中产生的医疗废物随身带回单位按医疗废物处置。

二、居家隔离医学观察人员感染防控

（一）居家隔离医学观察人员可以选择家庭中通风较好的房间隔离，多开窗通风；保持房门随时关闭，在打开与其他家庭成员或室友相通的房门时先开窗通风。

（二）在隔离房间活动可以不戴口罩，离开隔离房间时先戴外科口罩。佩戴新外科口罩前后和处理用后的口罩后，应当及时洗手。

（三）必须离开隔离房间时，先戴好外科口罩，洗手或手消毒后再出门。不随意离开隔离房间。

（四）尽可能减少与其他家庭成员接触，必须接触时保持1米以上距离，尽量处于下风向。

（五）生活用品与其他家庭成员或室友分开，避免交叉污染。

（六）避免使用中央空调。

（七）保持充足的休息时间和充足的营养。最好限制在隔离房间进食、饮水。尽量不要共用卫生间，必须共用时须分时段，用后通风并用酒精等消毒剂消毒身体接触的物体表面。

（八）讲究咳嗽礼仪，咳嗽时用纸巾遮盖口鼻，不随地吐痰，用后纸巾及口罩丢入专门的带盖垃圾桶内。

（九）用过的物品及时清洁消毒。

（十）按居家隔离医学观察通知，每日上午下午测量体温，自觉发热时随时测量并记录。出现发热、咳嗽、气促等急性呼吸道症状时，及时联系隔离点观察人员。

三、居家隔离医学观察人员的家庭成员或室友感染防控

（一）佩戴外科口罩。

（二）保持房间通风。

（三）尽量不进入隔离观察房间。

（四）与居家隔离医学观察人员交流或提供物品时，应当距离至少1米。

（五）注意手卫生，接触来自隔离房间物品时原则上先消毒再清洗。不与被观察者共用餐饮器具及其他物品。

其他人员如物业保洁人员、保安人员等需接触居家隔离医学观察对象时，按居家隔离医学观察随访者要求使用防护用品，并正确穿戴和脱摘。

7.5.4 关于印发新型冠状病毒肺炎流行期间商场和超市卫生防护指南的通知

各省、自治区、直辖市应对新型冠状病毒肺炎疫情联防联控机制（领导小组、指挥部）：

为针对性指导商场和超市等人群密集场所做好卫生防护，防止新型冠状病毒肺炎蔓延和扩散，我们组织编制了新型冠状病毒肺炎流行期间商场和超

市卫生防护指南。现印发给你们，供工作中指导督促商场和超市落实相关防护措施使用。

附件：

1. 新型冠状病毒肺炎流行期间商场卫生防护指南

2. 新型冠状病毒肺炎流行期间超市卫生防护指南

国务院应对新型冠状病毒肺炎
疫情联防联控机制综合组
（代　章）
2020年2月14日
（信息公开形式：主动公开）

附件1

新型冠状病毒肺炎流行期
商场卫生防护指南

一、适用范围

本指南适用于新型冠状病毒肺炎流行期间，正常运营的商场（商业综合体）等的卫生防护。主要内容包括经营场所运营管理、环境卫生要求、加强清洁消毒、个人卫生防护和功能区要求等。

二、经营场所运营管理

（一）落实主体责任。商场负责人是疫情防控第一责任人，建立防控制度，做好员工信息采集工作。

（二）提高风险防范意识。可通过视频滚动播放或张贴宣传材料等，加强从业人员和顾客对新冠病毒感染的风险防范认知。

（三）加强健康管理。员工在岗期间注意自身健康状况监测，当出现发热、咳嗽等症状时，要及时汇报并按规定去定点医院就医。合理安排从业人员轮休。

（四）实施人员体温检测。应当在经营场所门口设置专人对每位上岗员工和顾客测量体温，体温正常方可进入。

（五）所有人应当佩戴口罩。所有员工佩戴口罩上岗。安排专人提醒顾客在进入大型商场之前佩戴口罩，回家后注意洗手；顾客不戴口罩时，拒绝其进入大型商场购物。

（六）禁止组织聚集性活动。避免集体餐食，集中会议、培训、娱乐等；不得组织开展大规模促销活动、展览展示等聚集性活动；员工应当避免自发性的聚集活动。

（七）暂停部分服务设施。暂停母婴室、儿童游乐场所、室内娱乐场所服务；无法暂时关闭的，必须对全部公共设施进行消毒后开放。

（八）实行错时分桌就餐。员工应当采取错峰、打包的方式就餐，可考虑一人一桌就餐；避免聚集堂食用餐，尽量减少近距离交谈。

（九）合理使用电梯。所有人员乘梯时相互之间注意保持适当距离；低楼层购物推荐走安全通道，较高楼层优先使用扶梯并尽量避免与扶手直接接触，高楼层乘用直梯时，不要直接用手接触按键并快进快出。

（十）设置应急区域。可在经营场所内设立应急区域；当出现疑似症状人员时，及时到该区域进行暂时隔离，再按照相关规定处理。

三、环境卫生要求

（一）加强室内通风。在保证经营场所温度达标前提下，加强室内空气流通，首选自然通风，尽可能打开门窗通风换气，保证室内空气卫生质量符合《公共场所卫生指标及限值要求》(GB 37488—2019)。

运行的空调通风系统应当每周对开放式冷却塔、过滤网、过滤器、净化器、风口、空气处理机组、表冷器、加热（湿）器、冷凝水盘等设备部件进行清洗、消毒或更换。若场所内空调无消毒装置，需关闭回风系统。

（二）垃圾清运处理。每天产生的垃圾应当在专门垃圾处理区域内分类管理、定点暂放、及时清理。存放垃圾时，应当在垃圾桶内套垃圾袋，并加盖密闭，防止招引飞虫和污染其他食品和器具。垃圾暂存地周围应当保持清洁，每天至少进行一次消毒。

（三）其他卫生要求。确保商场地面无污水。下水道口应当每天清洁、除垢、消毒。确保公共卫生间及时清洁，做到无积污、无蝇蛆、无异味。

四、加强清洁消毒

（一）加强餐饮具消毒。员工用餐场所应当保持通风换气，加强公用餐（饮）具的清洁消毒，餐（饮）具应当一人一具一用一消毒，每日对餐桌椅及地面进行清洁和消毒。

（二）物体表面清洁消毒。应当保持环境整洁卫生，每天定期消毒，并做好清洁消毒记录。对高频接触的物体表面（如收银台、柜台、休息区、服务台、游戏机、电梯间按钮、扶手、门把手、公共桌椅座椅、公共垃圾桶、购物篮、购物车、临时物品存储柜等），可用含有效氯 250～500 mg/L 的含氯消毒剂进行喷洒或擦拭，也可采用消毒湿巾进行擦拭。建议每天至少在营业前消毒一次，可根据客流量增加情况适当增加消毒次数。

（三）垃圾桶消毒。可定期对垃圾桶等垃圾盛放容器进行消毒处理。可用含有效氯 250～500 mg/L 的含氯消毒剂进行喷洒或擦拭，也可采用消毒湿巾进行擦拭。

（四）卫生洁具消毒。卫生洁具可用有效氯含量为 500 mg/L 的含氯消毒剂浸泡或擦拭消毒，作用 30 分钟后，清水冲洗干净，晾干待用。

（五）消毒工作服。定期更换工作服；可用流通蒸汽或煮沸消毒 30 分钟，或先用 500 mg/L 的含氯消毒液浸泡 30 分钟，然后常规清洗。

（六）方便顾客洗手。确保经营场所内洗手设施运行正常，在问询台和收银台等处配备速干手消毒剂；有条件时可配备感应式手消毒设施。

五、个人健康防护

（一）佩戴口罩。从业人员在岗时应当佩戴防护口罩，与顾客交流时不得摘下口罩。顾客在商场内要一直佩戴口罩。

（二）保持安全距离。从业人员与顾客服务交流时宜保持一定距离和避免直接接触。

（三）注意手卫生。工作人员在上岗期间应当经常洗手，可用有效的含醇速干手消毒剂；特殊条件下，也可使用含氯或过氧化氢手消毒剂；有肉眼可见污染物时，应当使用洗手液在流动水下洗手。在工作中避免用手或手套触碰眼睛。

（四）商场内的重点防护人群包括柜台销售人员、收银员、接货员、理货员、保洁员、保安等与顾客接触较多的工作人员，需要注意在上岗时佩戴手套和口罩。

（五）接货员和采购人员传递文件或物品的前后都要洗手，传递时都要佩戴口罩；对于负责收发文件或其他用品频繁的工作人员，应当佩戴口罩和手套。

（六）收银员优先采用无线扫码支付方式，有条件的商场现金收银岗位人员可配护目镜。

（七）商场快递交接优先考虑网络下单付款和使用快递柜办理交接。

六、商场功能区要求

（一）商场中的酒吧、舞厅、电影院、电子游戏厅等人员密集的娱乐区域应当考虑关闭。

（二）商场中的学习培训机构应当暂停组织集中学习培训，推荐使用网络远程授课方式。

（三）商场中的服装专卖店等物品销售区，销售人员与顾客交谈时保持 1 米及以上距离，尽量不要直接接触；视情况适当控制销售大厅的顾客人员数量。

（四）商场中的运动健身区，建议顾客适当缩减健身时长；顾客健身时应当相对分散。

（五）商场中的餐饮集中区，应当推荐顾客采用打包带走方式用餐；或提供远程网络订餐，顾客取餐时注意不与服务人员直接接触。

（六）关于商场中的超市，环境卫生防护可按照专门要求办理。

附件 2

新型冠状病毒肺炎流行期间
超市卫生防护指南

一、适用范围

本指南适用于新型冠状病毒肺炎流行期间，正常运营的超市的卫生改善与健康防护。主要内容包括超市运营管理、环境卫生要求、加强清洁消毒、个人健康防护等，为保护超市卫生安全提供技术支持。

二、超市运营管理

（一）提高防范意识。可通过视频滚动播放或张贴宣传材料等，加强从业人员和顾客对新冠病毒感染的风险防范认知。

（二）加强健康管理。员工在岗期间注意自身健康状况监测，当出现发热、咳嗽等症状时，要及时汇报并按规定去定点医院就医。合理安排从业人员的轮流休息。

（三）人员体温监测。应当在超市门口设置专人对每位上岗员工和顾客测量体温，体温正常方可进入。

（四）引导顾客佩戴口罩。提醒顾客在进入超市之前应当佩戴口罩，回家后注意洗手；不戴口罩拒绝进入超市购物。

（五）设置应急区域。可在超市内设立应急区域，当出现疑似症状人员时，及时到该区域进行暂时隔离，再按照其他相关规范要求进行处理。

三、环境卫生要求

（一）加强通风。超市应当保持空气流通、清新，保证室内空气卫生质量符合《公共场所卫生指标限值要求》（GB 37488—2019）。超市的集中空调应当保证供风安全，每周对运行的集中空调通风系统的开放式冷却塔、过滤网、过滤器、净化器、风口、空气处理机组、表冷器、加热（湿）器、冷凝水盘等设备部件进行清洗、消毒或更换。若超市的空调无消毒装置，需关闭回风系统。

（二）垃圾处理。每天产生的垃圾应当在专门垃圾处理区域内分类管理、定点暂放、及时清理。存放垃圾时，应当在垃圾桶内套垃圾袋，并加盖密闭，防止招引飞虫和污染其他食品和器具。垃圾暂存地周围应当保持清洁，每天至少进行一次消毒。

（三）重点区域的卫生要求。确保超市地面无污水。生鲜加工区应当保持地面墙面整洁，下水道口应当每天清洁、除垢、消毒。确保公共卫生间及时清洁，做到无积污、无蝇蛆、无异味。

四、加强清洁消毒

（一）物体表面清洁消毒。应当保持环境整洁卫生，每天定期消毒，并做好清洁消毒记录。对高频接触的物体表面（如电梯间按钮、扶手、门把手、公共桌椅座椅、公共垃圾桶、购物篮、购物车、临时物品存储柜等），可用含有效氯250～500 mg/L的含氯消毒剂进行喷洒或擦拭，也可采用消毒湿巾进行擦拭。建议每天至少在营业前消毒一次，可根据客流量增加情况适当增加消毒次数。

（二）垃圾桶消毒。可定期对垃圾桶等垃圾盛放容器进行消毒处理。可用含有效氯 250～500 mg/L 的含氯消毒剂进行喷洒或擦拭，也可采用消毒湿巾进行擦拭。

（三）卫生洁具消毒。卫生洁具可用有效氯含量为 500 mg/L 的含氯消毒剂浸泡或擦拭消毒，作用 30 分钟后，清水冲洗干净，晾干待用。

（四）消毒工作服。定期更换工作服；可用流通蒸汽或煮沸消毒 30 分钟，或先用 500 mg/L 的含氯消毒液浸泡 30 分钟，然后常规清洗。

（五）方便顾客洗手。确保超市内洗手设施运行正常，配备速干手消毒剂；有条件时可配备感应式手消毒设施。

五、个人健康防护

（一）佩戴口罩。从业人员应当佩戴防护口罩上岗，与顾客交流时不得摘下口罩。顾客在超市内要一直佩戴口罩。

（二）注意手卫生。工作人员在上岗期间应当经常洗手，可用有效的含醇速干手消毒剂；特殊条件下，也可使用含氯或过氧化氢手消毒剂；有肉眼可见污染物时，应当使用洗手液在流动水下洗手。在工作中避免用手或手套碰自己的眼睛。

（三）重点人群防护。收银员、售货员、理货员、保洁员、保安等与顾客接触较多的工作人员，需要注意在上岗时佩戴手套；有条件的超市工作人员可配护目镜。

7.5.5 关于印发医疗机构废弃物综合治理工作方案的通知

各省、自治区、直辖市人民政府，司法部、交通运输部、税务总局：

经国务院同意，现将《医疗机构废弃物综合治理工作方案》印发给你们，请认真贯彻执行。

国家卫生健康委

生态环境部

国家发展改革委

工业和信息化部

公安部

财政部

住房城乡建设部

商务部

市场监管总局

国家医保局

2020 年 2 月 24 日

（信息公开形式：主动公开）

医疗机构废弃物综合治理工作方案

医疗机构废弃物管理是医疗机构管理和公共卫生管理的重要方面，也是全社会开展垃圾分类和处理的重要内容。为落实习近平总书记关于打好污染防治攻坚战的重要指示精神，加强医疗机构废弃物综合治理，实现废弃物减量化、资源化、无害化，针对当前存在的突出问题，借鉴国际经验，特制定本方案。

一、做好医疗机构内部废弃物分类和管理

（一）加强源头管理。医疗机构废弃物分为医疗废物、生活垃圾和输液瓶（袋）。通过规范分类和清晰流程，各医疗机构内形成分类投放、分类收集、分类贮存、分类交接、分类转运的废弃物管理系统。充分利用电子标签、二维码等信息化技术手段，对药品和医用耗材购入、使用和处置等环节进行精细化全程跟踪管理，鼓励医疗机构使用具有追溯功能的医疗用品、具有计数功能的可复用容器，确保医疗机构废弃物应分尽分和可追溯。（国家卫生健康委牵头，生态环境部参与）

（二）夯实各方责任。医疗机构法定代表人是医疗机构废弃物分类和管理的第一责任人，产生废弃物的具体科室和操作人员是直接责任人。鼓励由牵头医疗机构负责指导实行一体化管理的医联体内医疗机构废弃物分类和管理。实行后勤服务社会化的医疗机构要落实主体责任，加强对提供后勤服务组织的培训、指导和管理。适时将废弃物处置情况纳入公立医疗机构绩效

考核。(国家卫生健康委负责)

二、做好医疗废物处置

(一)加强集中处置设施建设。各省份全面摸查医疗废物集中处置设施建设情况,要在2020年底前实现每个地级以上城市至少建成1个符合运行要求的医疗废物集中处置设施;到2022年6月底前,综合考虑地理位置分布、服务人口等因素设置区域性收集、中转或处置医疗废物设施,实现每个县(市)都建成医疗废物收集转运处置体系。鼓励发展医疗废物移动处置设施和预处理设施,为偏远基层提供就地处置服务。通过引进新技术、更新设备设施等措施,优化处置方式,补齐短板,大幅度提升现有医疗废物集中处置设施的处置能力,对各类医疗废物进行规范处置。探索建立医疗废物跨区域集中处置的协作机制和利益补偿机制。(省级人民政府负责)

(二)进一步明确处置要求。医疗机构按照《医疗废物分类目录》等要求制定具体的分类收集清单。严格落实危险废物申报登记和管理计划备案要求,依法向生态环境部门申报医疗废物的种类、产生量、流向、贮存和处置等情况。严禁混合医疗废物、生活垃圾和输液瓶(袋),严禁混放各类医疗废物。规范医疗废物贮存场所(设施)管理,不得露天存放。及时告知并将医疗废物交由持有危险废物经营许可证的集中处置单位,执行转移联单并做好交接登记,资料保存不少于3年。医疗废物集中处置单位要配备数量充足的收集、转运周转设施和具备相关资质的车辆,至少每2天到医疗机构收集、转运一次医疗废物。要按照《医疗废物集中处置技术规范(试行)》转运处置医疗废物,防止丢失、泄漏,探索医疗废物收集、贮存、交接、运输、处置全过程智能化管理。对于不具备上门收取条件的农村地区,当地政府可采取政府购买服务等多种方式,由第三方机构收集基层医疗机构的医疗废物,并在规定时间内交由医疗废物集中处置单位。确不具备医疗废物集中处置条件的地区,医疗机构应当使用符合条件的设施自行处置。(国家卫生健康委、生态环境部、交通运输部、地方各级人民政府按职责分工负责)

三、做好生活垃圾管理

医疗机构要严格落实生活垃圾分类管理有关政策,将非传染病患者或家属在就诊过程中产生的生活垃圾,以及医疗机构职工非医疗活动产生的生活垃圾,与医疗活动中产生的医疗废物、输液瓶(袋)等区别管理。做好医疗机构生活垃圾的接收、运输和处理工作。(国家卫生健康委、住房城乡建设部按职责分工负责)

四、做好输液瓶(袋)回收利用

按照"闭环管理、定点定向、全程追溯"的原则,明确医疗机构处理以及企业回收和利用的工作流程、技术规范和要求,用好用足现有标准,必要时做好标准制修订工作。明确医疗机构、回收企业、利用企业的责任和有关部门的监管职责。在产生环节,医疗机构要按照标准做好输液瓶(袋)的收集,并集中移交回收企业。国家卫生健康委要指导地方加强日常监管。在回收和利用环节,由地方出台政策措施,确保辖区内分别至少有1家回收和利用企业或1家回收利用一体化企业,确保辖区内医疗机构输液瓶(袋)回收和利用全覆盖。充分利用第三方等平台,鼓励回收和利用企业一体化运作,连锁化、集团化、规模化经营。回收利用的输液瓶(袋)不得用于原用途,不得用于制造餐饮容器以及玩具等儿童用品,不得危害人体健康。商务部要指导地方做好回收企业确定工作。工业和信息化部要指导废塑料综合利用行业组织完善处理工艺,引导行业规范健康发展,培育跨区域骨干企业。(国家卫生健康委、商务部、工业和信息化部、市场监管总局、地方各级人民政府按职责分工负责)

五、开展医疗机构废弃物专项整治

在全国范围内开展为期半年的医疗机构废弃物专项整治行动,重点整治医疗机构不规范分类和存贮、不规范登记和交接废弃物、虚报瞒报医疗废物产生量、非法倒卖医疗废物,医疗机构外医疗废物处置脱离闭环管理、医疗废物集中处置单位无危险废物经营许可证,以及有关企业违法违规回收和利用医疗机构废弃物等行为。国家卫生健康委、生态环境部会同商务部、工业和信息化部、住房城乡建设部等部门制定具体实施方案,明确部门职责分工。市场监管总局、公安部加强与国家卫生健康委、生态环境部的沟通联系,强化信息共享,依法履行职责。各相关部门在执法检查和日常管理中发现有涉嫌犯罪行为的,及时移送公安机关,并积极为公安机关办案提供必要支持。公开曝光违法医疗机构和医疗废物集中处置单位。(国家卫生健康委、生态环境部牵头,商务部、工业和信息化部、住房城乡建设部、市场监管总局、公安部

参与,2020 年底前完成集中整治)

六、落实各项保障措施

(一)完善信息交流和工作协同机制。建立医疗废物信息化管理平台,覆盖医疗机构、医疗废物集中贮存点和医疗废物集中处置单位,实现信息互通共享。卫生健康部门要及时向生态环境部门通报医疗机构医疗废物产生、转移或自行处置情况。生态环境部门要及时向卫生健康部门通报医疗废物集中处置单位行政审批情况,面向社会公开医疗废物集中处置单位名单、处置种类和联系方式等。住房城乡建设(环卫)部门要及时提供生活垃圾专业处置单位名单及联系方式。商务、工业和信息化部门要共享有能力回收和利用输液瓶(袋)等可回收物的企业名单、处置种类和联系方式,并及时向卫生健康部门通报和定期向社会公布。医疗机构要促进与医疗废物集中处置单位、回收企业相关信息的共享联动,促进医疗机构产生的各类废弃物得到及时处置。建立健全医疗机构废弃物监督执法结果定期通报、监管资源信息共享、联合监督执法机制,相关部门既要履行职责,也要积极沟通,全面提升医疗机构废弃物的规范管理水平。(国家卫生健康委、生态环境部牵头,商务部、工业和信息化部、市场监管总局、公安部、住房城乡建设部参与)

(二)落实医疗机构废弃物处置政策。综合考虑区域内医疗机构总量和结构、医疗废物实际产生量及处理成本等因素,鼓励采取按床位和按重量相结合的计费方式,合理核定医疗废物处置收费标准,促进医疗废物减量化。将医疗机构输液瓶(袋)回收和利用所得列入合规收入项目。符合条件的医疗废物集中处置单位和输液瓶(袋)回收、利用企业可按规定享受环境保护税等相关税收优惠政策。医疗机构按照规定支付的医疗废物处置费用作为医疗成本,在调整医疗服务价格时予以合理补偿。(国家发展改革委、财政部、税务总局、国家医保局、国家卫生健康委按职责分工负责)

七、做好宣传引导

统筹城市生活垃圾分类和无废城市宣传工作,充分发挥中央主要媒体、各领域专业媒体和新媒体作用,开展医疗废物集中处置设施、输液瓶(袋)回收和利用企业向公众开放等形式多样的活动,大力宣传医疗机构废弃物科学分类、规范处理的意义和有关知识,引导行业、机构和公众增强对医疗机构废弃物处置的正确认知，重点引导其对输液瓶（袋）回收利用的价值、安全性有更加科学、客观和充分的认识。制修订相关标准规范时，要公开听取各方面意见，既广泛凝聚社会共识，也做好知识普及。加大对涉医疗机构废弃物典型案件的曝光力度，形成对不法分子和机构的强力震慑，营造良好社会氛围。（国家卫生健康委、生态环境部、住房城乡建设部、商务部、工业和信息化部按职责分工负责，中央宣传部、中央网信办、公安部参与）

八、开展总结评估

相关牵头部门要于2020年底前组织对各牵头工作进行阶段性评估，2022年底前完成全面评估，对任务未完成、职责不履行的地方和有关部门进行通报，存在严重问题的，按程序追究相关人员责任。根据评估情况，适时启动《医疗废物管理条例》修订工作。（国家卫生健康委、生态环境部、国家发展改革委、住房城乡建设部、商务部、工业和信息化部、司法部等按职责分工负责）

7.5.6　关于印发新冠肺炎应急救治设施负压病区建筑技术导则（试行）的通知

各省、自治区、直辖市及新疆生产建设兵团卫生健康委、住房和城乡建设厅（委、局）：

为进一步做好新冠肺炎疫情防控工作，加强新冠肺炎应急救治设施建设，现将《新冠肺炎应急救治设施负压病区建筑技术导则（试行）》印发你们，供各地结合防疫工作和实际需要参考执行。

一、总则

根据《综合医院建筑设计规范》GB 51039、《传染病医院建筑设计规范》GB 50849、《传染病医院建筑施工及验收规范》GB 50686等国家现行有关标准、规范和《新型冠状病毒肺炎应急救治设施设计导则（试行）》等有关要求，为指导新冠肺炎疫情期间应急救治设施负压病区的新建和改造，特制订本导则。

二、建筑设计

2.1　负压病区

2.1.1　负压病区由若干负压病房、负压隔离病房及其配套用房、辅助用房和相应室内公共空间组成。

2.1.2 新建负压病区应结合应急救治设施的整体规划和流程布局，并宜符合下列条件：

1. 地质条件应良好、地势较高且不受水淹威胁的地段；

2. 环境应安静，相对独立；

3. 便于患者到达和物品运送；

4. 与应急救治设施外周边建筑应设置大于或等于20米绿化隔离卫生间距；

5. 具有独立出入口。

2.1.3 既有普通病房或区域改造为负压病房或区域时，应选择院区内相对独立的建筑或区域，并应符合下列要求：

1. 应具备改造医疗流程的条件，并满足结构安全要求；

2. 应能满足机电系统改造的要求；

3. 在楼内局部改造时，宜布置在建筑的尽端或选择独立的区域，并应设置独立的出入口及必要的垂直交通条件。

2.1.4 负压病区功能配置应合理，建筑布局及人流、物流组织应结合院区整体布局，做到有序、安全、高效。

2.1.5 负压病区应按传染病医疗流程进行布局，且应根据救治流程需要细化功能分区，基本分区应分为：

清洁区——医护辅助区，包括医护会诊室、休息室、备餐间、医护开水间、值班室、医护集中更衣淋浴、医护卫生间等用房；

半污染区——医护工作区，包括护士站、治疗室、处置室、医生办公室、库房等与负压病房相连的医护走廊；

污染区——病房区，包括负压病房、负压隔离病房、病房缓冲间、病房卫生间、患者走廊、污物暂存间、污洗间、患者开水间等用房。

各相邻区域之间应设置相应的卫生通过空间或缓冲间，并考虑医护人员穿脱及存放工作装备的合理位置和空间。

2.1.6 负压病区应严格划分医务人员与患者的交通流线，流线应相对独立、避免相互影响，应合理划分清洁物品与污染物品流线。

2.1.7 每个负压病区床位配置宜为30床左右。改造项目可根据实际情况设置负压病区床位数。

2.1.8　治疗室宜靠近护士站；污物暂存间、污洗间应设于病区尽端，宜靠近污物外运出口或污物电梯。

2.1.9　负压病区应设固体医疗废弃物暂存间，并应具备就地封装的空间。

2.1.10　在负压病区内设置负压隔离病房时，应布置在病区尽端，相对独立，自成一区，走廊上应设隔离门，并应设置独立的医护卫生通过空间。

2.1.11　高于一层的负压病区宜设电梯，应采用专用病床规格电梯。供人员使用的电梯和专用污物电梯应分别设置。受条件限制无法设置电梯时，宜设置输送患者及物品的坡道，坡度应按无障碍要求设计，并应采用防滑等安全措施。

2.1.12　楼梯设置应同时符合消防疏散和功能分区的要求。

2.1.13　患者走廊应满足无障碍要求，走廊宽度和坡度应满足转运患者推床和带有防护罩的推床的要求，净宽不宜小于2.4米。

2.1.14　负压病区患者走廊两侧墙面宜设置靠墙扶手及防撞设施

2.1.15　负压病区室内面层应选用耐擦洗、防腐蚀、防渗漏的建筑材料，建筑构造应采取防结露、防渗和密闭的技术措施。墙面的踢脚不宜突出墙面，墙与地面交界处、墙的阳角宜做成圆角。

2.1.16　机电管道穿越房间处应采取密封措施。

2.1.17　负压病区的屋面应按相应规范要求，采取必要的防水、排水措施。

2.2　负压病房和负压隔离病房

2.2.1　负压病房、负压隔离病房与医护走廊之间应设置观察窗和物品传递窗，观察窗应采用固定窗扇；物品传递窗应采用双门密闭联锁传递窗，双窗间内壁或外墙附近设紫外线消毒灯插座。

2.2.2　负压病房、负压隔离病房与医护走廊之间应设置缓冲间，缓冲间宜采取措施防止患者误入；缓冲间应设置非手动式或自动感应龙头洗手池。缓冲间开向病房和医护走廊的门不得同时开启；缓冲间对医护走廊的门可为平开门或感应式移动门；门上应有观察窗，门宜配备闭门器；缓冲间与病房的门下边宜留有10毫米缝隙。

2.2.3 负压病房和负压隔离病房的卫生间应设大便器、淋浴器、脸盆等基本设施，大便器旁侧墙上空应设输液袋挂钩和无障碍扶手，应设报警按钮，配备淋浴器的宜设座凳。

2.2.4 负压病房和负压隔离病房的房门应直接开向患者走道，净宽应满足病床出入的要求。设置开向患者走廊或室外的窗户，应由医护人员控制开启。

2.2.5 负压病房和负压隔离病房内病床的排列宜平行于有采光窗的墙面。

2.2.6 负压病房和负压隔离病房建筑室内应密封严密，墙体与门窗、楼板和顶板的缝隙应填实密封。

2.2.7 负压病房可采用单床间或者双床间，可设独立缓冲间或两间病房共用一间缓冲间。负压隔离病房应采用单人病房，每间病房应设独立缓冲间。

2.2.8 负压隔离病房内病床与平行墙面的净距不宜小于1.2米；病床通道净宽不宜小于1.4米。

三、结构设计

3.1 负压病区结构的设计使用年限、可靠性目标及抗震设防标准等应与应急救治设施主体结构设计参数一致。

3.2 新建负压病区结构形式选择应因地制宜，方便加工、运输及快速施工，宜采用装配式钢结构等轻型结构。

3.3 既有建筑改造为负压病区时，采取的改造措施不应破坏原有主体结构。

3.4 负压病区地面采用架空形式时，应验算架空结构的承载力及变形。

3.5 负压病区采用轻质房屋时，送风、排风风机等设备基础及支架宜与房屋结构脱开设置。

3.6 负压病房及负压隔离病房主体结构及围护结构应满足密闭性要求，其结构材料应防渗。

四、给水排水设计

4.1 负压病区的建筑给水排水设计应符合现行国家标准《建筑给水排水设计标准》GB 50015等相关标准的要求。

4.2　当既有建筑改造为负压病区时，其建筑给水排水系统应根据现行国家标准《建筑与工业给水排水系统安全评价标准》GB 51188进行评价，并依据评价结果进行改造。

4.3　给水排水管道穿越楼板、墙处应采取密封措施，并应符合下列规定：1.应在穿越楼板和墙处设置套管，套管与楼板、墙应预埋或预制，实现密封；2.管道与套管之间的缝隙应采用柔性材料填充密实；3.套管的两侧应设置扣板，应用工程胶密实；4.管道穿越楼板和防火墙处应满足楼板或防火墙耐火极限的要求。

4.4　给水排水设备、器材应采用安全可靠的产品，以减少维修的风险。

4.5　负压病区的给水引入管应设置倒流防止器；有排水的倒流防止器应设置在清洁区。

4.6　用水点或卫生器具均应设置维修阀门。维修阀门应采用截止阀，并应设置标识。

4.7　水龙头宜采用单柄水龙头，且不宜采用充气式。

4.8　集中供应生活热水系统应采用机械循环的热水供应系统，其支管不循环的长度不应超过5米。

4.9　医生用洗涤水龙头应采用自动、脚动和膝动开关，当必须采用肘动开关时，其手柄的长度不应小于160毫米。

4.10　卫生器具的选择应符合下列规定：1.卫生器具应具有防喷溅和防黏结的功能；2.材料应耐酸腐蚀；3.不应采用具备吸附功能的材料；4.卫生间地面应采用防滑地面。

4.11　室内卫生间排水系统宜符合下列要求：1.当建筑高度超过两层且为暗卫生间或建筑高度超过十层时，卫生间的排水系统可采用专用通气立管系统；2.公共卫生间排水横管超过10米或大便器超过3个时，宜采用环行通气管；3.卫生间器具排水支管长度不宜超过1.5米。

4.12　卫生器具排水存水弯的水封高度不得小于50毫米，且不得大于100毫米。

4.13　地漏的通水能力应满足地面排水的要求，并应符合下列规定：1.地漏应采用带过滤网的无水封直通型地漏加存水弯；2.地漏应采用水封补水措施，并宜采用洗手盆排水给地漏水封补水的措施。

4.14 负压病区排水系统的通气管出口应设置高效过滤器过滤或采取消毒处理。

4.15 排水管道应进行闭水试验，且应采取防止排水管道内的污水外渗和泄漏的措施。

五、供暖通风及空调设计

5.1 一般规定

5.1.1 负压病区各功能房间室内设计温度宜为冬季 18 ℃～20 ℃，夏季 26 ℃～28 ℃。

5.1.2 负压病区应设置机械通风系统，并控制各区域空气压力梯度，使空气从清洁区向半污染区、污染区单向流动。

5.1.3 机械送风、排风系统应按清洁区、半污染区、污染区分区设置独立系统，并设计联锁。清洁区应先启动送风机，再启动排风机；半污染区、污染区应先启动排风机，再启动送风机；各区之间风机启动先后顺序为污染区、半污染区、清洁区。

5.1.4 送风机组出口及排风机组进口应设置与风机联动的电动密闭风阀。

5.1.5 送风机组宜采用具有过滤、加热及冷却等功能段的空气处理机组，其冷热源应根据应急救治设施现场条件确定。

5.1.6 清洁区送风至少应经过粗效、中效两级过滤，过滤器的设置应符合现行国家标准《综合医院建筑设计规范》GB 51039 的相关规定。半污染区、污染区的送风至少应经过粗效、中效、亚高效三级过滤，排风应经过高效过滤。

5.1.7 送风系统、排风系统内的各级空气过滤器应设压差检测、报警装置。设置在排风口部的过滤器，每个排风系统最少应设置 1 个压差检测、报警装置。

5.1.8 半污染区、污染区的排风机应设置在室外，并应设在排风管路末端，使整个管路为负压。

5.1.9 清洁区、半污染区房间送风、排风口宜上送下排，也可顶送顶排。送风、排风口应保持一定距离，使清洁空气首先流经医护人员区域。

5.1.10 半污染区、污染区排风系统的排出口不应临近人员活动区，排风口与送风系统取风口的水平距离不应小于20米；当水平距离不足20米时，排风口应高出进风口，并不宜小于6米。排风口应高于屋面不小于3米，风口应设锥形风帽高空排放。

5.1.11　清洁区最小新风量3次/h，半污染区、污染区最小新风量6次/h。

5.1.12　负压隔离病房应采用全新风直流式空调系统；其他区域在设有送排风的基础上宜采用热泵型分体空调机、风机盘管等各室独立空调形式，各室独立空调机安装位置应注意减小其送风对室内气流的影响。

5.1.13　半污染区、污染区空调的冷凝水应集中收集，并应采用间接排水的方式排入污水排水系统统一处理。

5.1.14　固体医疗废弃物暂存间等污染房间只设排风，不送风，排风经高效过滤后高空排放。

5.2　负压病房和负压隔离病房。

5.2.1　负压病房和负压隔离病房的送风至少应经过粗效、中效、亚高效三级过滤，排风应经过高效过滤。

5.2.2　负压病房及其卫生间排风的高效空气过滤器宜安装在排风口部；负压隔离病房及其卫生间排风的高效空气过滤器应安装在排风口部。

5.2.3　排风采用的高效过滤器的效率应不低于现行国家标准《高效空气过滤器》GB/T 13554的B类。

5.2.4　双床间病房送风口应设于病房医护人员入口附近顶部，排风口应设于与送风口相对远侧的床头下侧。单床间送风口宜设在床尾的顶部，排风口设在与送风口相对的床头下侧。排风口下边沿应高于地面0.1米，上边沿不应高于地面0.6米。

5.2.5　病房送风口应采用双层百叶风口，排风口采用单层竖百叶风口。送风口、排风口风速均不宜大于1.0 m/s。

5.2.6　负压病房最小新风量应按6次/h或60 L/s·床计算，取两者中较大者。负压病房宜设置微压差显示装置。与其相邻相通的缓冲间、缓冲间与医护走廊宜保持不小于5 Pa的负压差，确有困难时应不小于2.5 Pa。

5.2.7　负压隔离病房最小新风量应按12次/h或160 L/s计算，取两者中较大者。每间负压隔离病房应在医护走廊门口视线高度安装微压差显示装置，并标示出安全压差范围。与其相邻相通缓冲间、缓冲间与医护走廊应保持 5 Pa～15 Pa 的负压差。

5.2.8 病房内卫生间不做更低负压要求，只设排风，保证病房向卫生间定向气流。

5.2.9 每间病房及其卫生间的送风、排风管上应安装电动密闭阀，电动密闭阀宜设置在病房外。

六、电气及智能化设计

6.1 一般规定

6.1.1 负压病区电气及智能化设计应符合《民用建筑电气设计规范》JGJ 16、《医疗建筑电气设计规范》JGJ 312 等现行标准、规范的规定。

6.1.2 负压病区应为一级负荷，新建负压病区应采用双重电源供电；既有建筑改造为负压病区时，可由院区变电所（配电室）不同的低压母线段引出两路电源供电，并应设置应急电源。

6.2 电气设计

6.2.1 负压病房和负压隔离病房的下列负荷应按一级负荷供电，其中 1 至 4 项为一级负荷中特别重要负荷：1.医疗设备带、照明灯具；2.传递窗电源、消毒设施电源；3.通风系统、电动密闭阀、压差警报器；4.负压病区消防设备；5.插座、空调系统。

6.2.2 通风系统应从变电所或配电室引出专用回路供电。

6.2.3 电热水器、空调系统宜从变电所或配电室引出专用回路供电。

6.2.4 清洁区与半污染区、污染区内的用电设备不宜由同一分支回路供电。

6.2.5 负压病房和负压隔离病房照度宜在普通病房照度基础上提高一级，方便医护人员开展工作。

6.2.6 负压病房和负压隔离病房的一般照明应避免对病人产生眩光，宜采用带罩密闭型灯具，并宜吸顶安装，光源色温不宜大于 4 000 K，显色指数 Ra 应大于 80。照明灯具应表面光洁易于消毒。灯具布置应便于输液和隔帘导轨的安装。病房地脚灯应设置在卧床患者的视线外，避免影响患者休息。

6.2.7 各病房、缓冲间、病房卫生间和病区走廊等需要灭菌消毒的场所应设置固定式或移动式紫外线灯消毒设施。

6.2.8 负压病区配电箱不应设在患者活动区域。

6.2.9 负压病房和负压隔离病房的电动密闭阀控制开关宜设置在走廊高处，并应设置标识，防止误操作。

6.2.10 负压病房和负压隔离病房卫生间应设置等电位端子箱，并应将下列设备及导体进行等电位连接：1.设备带接地端子；2.外露可导电部分；3.除设备要求与地绝缘外，固定安装的、可导电的非电气装置的患者支撑物。

6.2.11 负压病区应按相关的现行国家标准做好防雷与接地措施。

6.3 智能化设计

6.3.1 负压病区应按护理单元设置医护对讲系统。各护理单元主机应设在其护士站。病房卫生间应设置紧急呼叫按钮(拉线报警器)，安装于卫生间大便器旁易于操作的位置，底边距地600毫米，医护对讲设备应易于消毒。

6.3.2 条件允许的情况下，病房内应设置病人视频监视系统，实现语音或视频双向通信，便于护士站远程视频监控。设备安装应便于观察和操作，易于消毒。

6.3.3 负压病区的送排风机启停、送风机及电预热装置启停应联锁控制；污染区和半污染区的压差应进行有效监控。如条件允许，宜采用建筑设备监控系统。

6.3.4 应在护士站或指定区域设置负压病区污染区及半污染区的压差监视和声光报警装置，病房门口宜设灯光警示。

6.3.5 应根据医疗流程，对负压病区设置易操作、非接触式出入口控制系统，实现对清洁区、半污染区、污染区之间人流、物流的控制。当火灾报警时，应通过消防联动控制相应区域的出入门处于开启状态。

6.3.6 负压病区应设置有线网络和无线网络，为减少线路穿越污染区，宜采用无线通信，设置无线AP点。医护区和病房应分别设置内网和外网信息插座，满足数据和语音的需求。

6.3.7 负压病区的火灾自动报警及消防联动系统设计应符合现行国家标准《火灾自动报警系统设计规范》GB 50116的规定和消防主管部门发布的应对突发公共卫生事件的相关规定。

6.3.8 宜充分利用5G网络技术，设置远程会诊系统和视频会议系统等信息化应用系统，满足多方会诊需求。

6.3.9　应根据应急防控需要，设置与疾控中心、应急指挥中心等管理部门的专用通信接口。

七、医用气体设计

7.1　负压病区的医用气体设计应符合国家现行规范《医用气体工程技术规范》GB 50751、《氧气站设计规范》GB 50030、《压缩空气站设计规范》GB 50029、《医用中心供氧系统通用技术条件》YY/T 0187、《医用中心吸引系统通用技术条件》YY/T 0186 等的相关规定。

7.2　医用氧气系统供气压力宜按 0.45～0.55 MPa 考虑。

7.3　医用气体的管材宜选用无缝铜管。

7.4　医用真空管道以及附件不得穿越清洁区。

7.5　供病人使用的医用氧气、医疗压缩空气管道上应设置止回装置，止回装置应靠近病房区域。

7.6　医用气体管道穿越不同功能分区时应设穿墙套管，套管内气体管道不应有焊缝与接头，管道与套管之间应采用不燃材料填实，套管两端应有封盖。

7.7　医用氧气、医疗压缩空气管道均应进行 10%的射线照相检测，其质量不低于Ⅲ级。

7.8　医用气体管道应做压力试验和泄漏性试验。

7.9　单床间每床的医用氧气终端、医用真空终端应设置 2 个，如设医疗空气系统，终端应设置 2 个。

7.10　双床间医用氧气终端宜设置 3 个，医用真空终端不宜少于 2 个，如设医疗空气系统，终端不宜少于 2 个。

7.11　负压病房医用氧气设计流量每床宜按 4～10 L/min 计算。床位数同时使用率按 100%计算。

7.12　负压隔离病房医用氧气设计流量每床宜按 30～50 L/min 计算。床位数同时使用率按 100%计算。

八、运行维护

8.1　运行维护工作人员应加强自我防护。

8.2　给水排水工程运行维护应符合《建筑给水排水及采暖工程质量验

收规范》GB 50242、《给水排水管道工程施工及验收规范》GB 50268 和《给水排水构筑物工程施工及验收规范》GB 50141 等现行国家标准、规范的规定。

8.3　应做好备品、备件的储备。各区域送风、排风机组的易损零部件及空气过滤器等应储存备用，污染区的排风机应在院区库房储存备用。

8.4　应加强风机故障和送风、排风系统的各级空气过滤器的压差报警监视，及时更换堵塞的空气过滤器，确保风机正常运行。

8.5　应加强气体压力报警装置的巡查工作，确保病区供气的可靠性。

8.6　在排风口安装的高效过滤器应满足现行国家标准《传染病医院建筑施工及验收规范》GB 50686 的有关要求，其安装应进行现场检漏，不具备现场检漏条件的，应采用经预先检漏的专用排风高效过滤装置。

8.7　拆除的排风高效过滤器、医用真空系统产生的医疗废弃物应当按照国家《医疗废物管理条例》的要求统一处理。

中华人民共和国国家卫生健康委员会办公厅

中华人民共和国住房和城乡建设部办公厅

2020 年 2 月 27 日

（信息公开形式：主动公开）

7.6　上海市相关政策案例

7.6.1　关于印发新型冠状病毒肺炎疫情防控期间环境卫生行业作业流程规范的通知

各区绿化市容局，市水管处、市废管处、市质监中心，各有关单位：

为坚决贯彻落实市委、市政府决策部署，持续强化和贯彻落实新型冠状病毒肺炎防控期间的依法防控、科学防控、联防联控等要求，坚决切断传染源、阻断传播途径，打好疫情防控“阻击战”，确保一线从业人员的作业安全和身体健康，促进各项环境卫生作业不断不乱，保障城市安全运行，有效阻击二次污染，特制定了相关作业规程和要求，现将有关事项通知如下。

一、适用范围

本通知适用范围为本市各类环境卫生作业、管理，包括：生活垃圾、废弃食用油脂等废弃物的收集、中转、处置，道路清扫、公共厕所保洁、水域保洁及船舶垃圾收集运输处置、粪便抽吸和清运等。

二、适用时间

从即日起至本市新型冠状病毒感染的肺炎防控解除之日为止，其他公共卫生事件参照本规程和要求。

三、工作要求

（一）统筹部署，筑牢疫情防线

各区绿化市容局、各有关单位要加强组织领导，全面开展疫情群防群控工作，严格落实设施运营、监管责任，及时成立疫情应急工作管理小组；细化工作职责、责任落实到人，在人员管理、物资保障、运营管理、安全生产和疫情防控等方面积极履职、统筹协调；及时掌握、传达疫情信息，建立 24 小时工作联络机制，把上级部署要求传达到各类企业，督促企业将各项工作措施落到实处。

（二）加强培训，提高规范意识

各区绿化市容局、各有关单位应利用各网络平台，第一时间转达上级关于防控疫情的要求、传播官方发布的疫情防控知识，引导职工科学防疫。加强对本规范的解读，及时组织职工系统培训和实务操作培训，确保作业人员熟练掌握相关规范。

（三）强化保障，加强物资管理

各区绿化市容部门、各有关单位应充分预估疫情防控任务的物资需求，综合各类平台资源，做好作业防控物资保障，同时应严格防疫防控物资管理，不得挪作私用。从工人作业防护必要性出发，为一线工人提供必要的作业防疫防护物资。

特此通知。

附件：新型冠状病毒感染的肺炎防控期间环境卫生行业作业规程与要求

上海市绿化和市容管理局

2020 年 2 月 14 日

7.6.2　关于进一步严格落实各项疫情防控措施的通告

本市坚决贯彻习近平总书记重要指示精神，按照党中央、国务院的决策部署，坚持把人民群众生命安全和身体健康放在第一位，把疫情防控作为当前最重要的工作，出台了一系列防控法规、政策和举措。当前正值疫情防控的重要关键期，现就进一步严格落实各项疫情防控措施通告如下：

一、进一步加强入沪通道管控。继续严格管控机场、火车站及所有进沪公路、水路道口，对进入上海的人员一律测量体温并申报相关信息、对来自重点地区的人员一律实施隔离观察、对其他地区来沪返沪人员要求由其个人及所在单位一律属地申报相关信息，并切实落实相应防控措施。对在沪无居所、无明确工作的人员加强劝返、暂缓来沪。

二、全面落实属地防控责任。各区、各街镇要进一步加强本地防控工作，统筹整合力量，加强社区联防联控和群防群控。居村委要结合实际，完善入沪通道管控、上门排摸、人员核实和实施居家隔离的联动机制。要切实把防控措施落实到户到人，做到排摸、登记、健康管理全覆盖。

三、严格城乡社区管理。居村委、物业公司要严控小区（村）出入口数量，在出入口设置检查点，加强门岗力量配备，做到人员进入必询问、必登记、必测温，发现异常的要及时报告、移送。外来人员和车辆进入小区要从严管理；快递、外卖等实行无接触式配送，由客户到指定区域自行领取；无物业管理的小区，居村委要落实防控措施。

四、加强重点人群管理。对重点地区来沪返沪的人员，严格实行为期14天的隔离观察，一律不得外出；出现发热症状的，应按规定就诊排查。拒绝接受隔离观察等防控措施的，依法追究法律责任。对经卫生健康部门流行病学调查确认后的密切接触者，实行集中隔离观察；拒不配合的，依法采取强制措施。

五、加强健康信息填报核查。对来沪返沪人员填报的健康信息，认真进行核查。个人有隐瞒病史、重点地区旅行史、与患者或疑似患者接触史、逃避隔离医学观察等行为，除依法严格追究相应法律责任外，有关部门还应当按照国家和本市规定，将其失信信息向本市公共信用信息平台归集，并依法采取惩戒措施。

六、严格落实行业防控规范。切实落实单位主体责任，从严条件管理，有序组织复工。对来沪返沪从事教育、托育、医务、家政、护理以及劳动密集型企业等从业人员，实施更为严格的管理措施。单位有隔离条件的，实施单位隔离；有居所的，实施居家隔离；无居住条件的，到地区提供的集中隔离点进行健康观察，单位或个人承担一定费用。物业、快递、公交、出租车等行业的从业人员，由单位安排隔离。居家或集中隔离观察期限为抵沪之日起 14 天。有集体宿舍的单位应当切实履行从严防控的主体责任。

七、加强公共交通运力配备。轨道交通、地面公交等运营企业要科学配置运力，高峰时段线路发车应实施最小间隔。要通过分批放行、分散进站、动态管控等综合措施，降低排队密集度，减少站区拥挤度。如遇客流集聚，通过增开临客、区间车等临时措施迅速疏散客流。

八、强化公共交通疫情防控。乘坐公共交通工具时，应当自觉佩戴口罩。所有公共交通包括市内包车、班车、轮渡的从业人员在营运时，必须全程佩戴口罩。严格落实公共交通工具清洁消毒、通风换气等防控措施，地面公交和轮渡内一律不开空调，开窗通风；轨道交通列车运行期间确保通风系统运行，车站确保全新风 24 小时运行。

九、抓好公共场所疫情防控。公共场所从业人员每天上岗前要检测体温，并全程佩戴口罩。进入医疗卫生机构、商场、大型超市、农贸市场等人员密集的公共场所，都应当自觉佩戴口罩，配合接受体温检测；拒不配合的，工作人员应当拒绝其进入。公共场所经营者要加强消毒和通风，电梯、自动扶梯、门把手等经常接触部位每天定时消毒。

十、加强建筑工地疫情防控。建筑工地要严格实行有条件复工管理，工地入口应设立健康观察点，对所有进场人员实施体温检测。加强对进场人员身份及健康等信息核实，并实行信息日报和紧急报告制度。强化施工现场管控和安全管理，落实环境消毒制度，对重要场所定期进行预防性消毒。

十一、实行错峰上下班。各园区、楼宇和企事业单位要认真组织落实错峰上下班，严格落实复工报备制。鼓励分行业、分区域、分楼层、分单位错开通勤时间，推行弹性工作制和轮流工作制，提倡居家办公、在线办公等灵活工作方式,可采取轮班上岗、轮流上岗等措施。公安、交通等部门要优化交通组织,为市民自驾出行创造便利条件。

希望广大市民继续理解配合、积极参与疫情防控,支持一线人员开展工作,守望相助、同舟共济、共克时艰,坚决打赢疫情防控阻击战,合力推进全市经济社会平稳健康发展。

上海市人民政府

2020年2月10日

7.6.3　关于进一步加强疫情防控期间危险化学品管理的紧急通知

各区应急管理局,各有关单位:

新型冠状病毒感染的肺炎疫情暴发以来,75%乙醇(75%酒精)、乙醚、次氯酸钠溶液(有效氯5%以上)、过氧乙酸等可有效灭活新型冠状病毒的危险化学品成为紧缺物资。上述品种均列入《危险化学品目录(2015版)》,应当按照危险化学品有关法律法规规定进行管理。

近期,本市连续发生多起非法销售、储存乙醇等用于消毒用途的危险化学品案件,构成一定安全风险。为进一步加强本市危险化学品安全管理,打好安全生产“保卫战”,打赢疫情防控“阻击战”,现就疫情防控期间乙醚、75%乙醇、次氯酸钠溶液(有效氯5%以上)、过氧乙酸等用于消毒用途的危险化学品安全管理提出如下要求。

一、加强监管力度,确保企业依法依规

各区应急管理局要加强对辖区内上述的危险化学品生产、经营、分装、储存、使用企业情况的排摸,明确生产、经营、储存列入《危险化学品目录(2015版)》此类品种,必须向应急管理部门提出申请,并依法取得相应许可证书,严禁未经许可擅自生产、经营、分装、储存。要督促各相关企业严格遵守危险化学品相关法律法规和标准规范规定,指导企业将此类危险化学品储存在符合安全条件的设施内,严禁违规和超量储存。

二、加强流动流向监管,打击违法违规行为

当前正处于新型冠状病毒感染肺炎疫情防控关键时期,对未经许可生产、经营、分装、储存用于消毒用途的危险化学品，各区应急管理局要适时联合公安、市场监管等部门对违法行为开展执法检查，加大处罚力度。同时，要充分运用社区、居（村）委基层力量，采取设置投诉举报奖励等制度，鼓励社会各方面形成合力，共同参与安全管理。要加大属地监管的责任落实，加强对辖区用于消毒用途的危险化学品流动流向监管。

三、加强宣传教育，引导安全使用

各区应急管理局、各相关企业要充分发挥本辖区、本企业内部专业力量，并利用安全生产委员会办公室平台，联合街道、乡镇、社区、居（村）委、学校等部门，利用电视、网络、微信、海报、宣传栏等方式，做好危险化学品相关法律法规的宣传工作，重点宣传消毒用途类危险化学品的使用安全知识、应急处置方法、废弃处置、注意事项等，引导广大市民安全、正确使用，确保疫情防控有效、安全形势平稳。

上海市应急管理局

2020 年 2 月 20 日